JavaScript全栈开发

凌杰 著

人民邮电出版社
北京

图书在版编目（ＣＩＰ）数据

JavaScript全栈开发 / 凌杰著. -- 北京 : 人民邮电出版社, 2021.6
ISBN 978-7-115-55366-9

Ⅰ. ①J… Ⅱ. ①凌… Ⅲ. ①JAVA语言—程序设计
Ⅳ. ①TP312.8

中国版本图书馆CIP数据核字(2020)第229052号

内 容 提 要

这是一本JavaScript入门指南。它回答了如何单独使用JavaScript这门编程语言解决Web应用程序前后端开发过程中涉及的所有技术栈问题，帮助Web开发者减少其需要使用的编程语言种类，从而降低其学习成本。

本书将从ECMAScript标准定义的基本语法开始，系统阐述JavaScript在浏览器端、服务器端的开发思路和设计理念。在此过程中，作者将提供大量可读性强、能够正确运行的代码示例，以帮助读者理解书中介绍的技术、概念、编程思想与程序设计模式。本书主要由三部分组成：第一部分介绍JavaScript语言的核心知识点；第二部分介绍JavaScript在浏览器端的使用，包括BOM和DOM组件、AJAX技术等内容；第三部分介绍JavaScript在Node.js平台中的应用。

本书内容循序渐进，实操性强，适合对HTML和CSS有所了解的JavaScript初学者，以及对Web全栈开发及其背后的设计理念感兴趣的读者。

◆ 著　　　凌 杰
责任编辑　郭 媛
责任印制　王 郁　焦志炜

◆ 人民邮电出版社出版发行　　北京市丰台区成寿寺路 11 号
邮编　100164　　电子邮件　315@ptpress.com.cn
网址　https://www.ptpress.com.cn
三河市君旺印务有限公司印刷

◆ 开本：800×1000　1/16
印张：23.5
字数：511 千字　　　　2021 年 6 月第 1 版
印数：1 – 2 000 册　　　2021 年 6 月河北第 1 次印刷

定价：99.90 元

读者服务热线：(010)81055410　印装质量热线：(010)81055316
反盗版热线：(010)81055315
广告经营许可证：京东市监广登字 20170147 号

前言

大约两年以前，我在 Facebook 上看到一张名为“如何成为 Web 全栈开发者”的图，展示了一摞接近一米高的书，其中除了最基本的与 HTML 和 CSS 相关的书，还有若干本介绍浏览器端编程的 JavaScript 语言及其框架的书，若干本在服务器端使用的语言（例如 Java、C#等）及其框架的书，最后再加上关于 MySQL、SQLite3 这类数据库以及 Apache 服务器的书，一共十几本，颇为“壮观”。当时我就在心里想：“这是在吓唬谁呢?”

在我个人看来，这些书中至少有一半与编程语言相关的问题可以用一本全面介绍 JavaScript 的书来解决，为了验证这一设想，我尝试着写了各位手中的这本书。

本书简介

简而言之，本书是一本涵盖 Web 前后端全栈开发的 JavaScript 入门教程，从基于 ECMAScript 标准的基本语法开始，循序渐进、层层深入地介绍 JavaScript 在浏览器端、服务器端的开发思路、设计理念。在此过程中，本书提供大量可读性强、能够正确运行的代码示例，以帮助读者理解书中介绍的技术、概念、编程思想与程序设计理念。

除了前言部分，本书的主体由三部分组成。第一部分讨论的是 JavaScript 语言的核心，这里用 4 章的篇幅介绍 JavaScript 语言由 ECMAScript 标准所规范的基本语法、面向对象机制、异步编程方法等直接与语言本身相关的内容。第二部分讨论的是前端开发，这里用 5 章的篇幅来介绍 JavaScript 在浏览器端的使用，包括 DOM 和 BOM 组件、AJAX 技术等。第三部分讨论的是后端开发，这里用 4 章的篇幅来介绍 JavaScript 在 Node.js 平台中的使用，包括如何创建 Web 服务器并响应浏览器的请求，如何读取服务器上的文件或在服务器上执行数据库操作等。下面是本书各章的内容简介。

第 1 章，JavaScript 简介。这一章会让读者对 JavaScript 这门编程语言有一个整体的认知。首先详细介绍 JavaScript 的起源以及它的标准化过程，帮助读者了解它的组成和特性，以及能发挥其特性优势的领域。然后介绍如何搭建可用于执行/调试 JavaScript 脚本的运行环境。

第 2 章，变量、表达式与语句。这一章介绍注释、变量、表达式以及语句等 JavaScript 的基本语法元素及其用法。首先对如何在 JavaScript 代码中进行注释做一些相关的介绍和建议。然后介绍变量的定义、命名规范、数据类型、存储类型等基础知识，以及用于操作变量的操作符。最后讲解如何编写程序的最基本执行单位——语句，其中包括用于选择执行的条件语句和用于重复执行的循环语句。

第 3 章，函数与对象。这一章介绍封装的概念及其在编程中的意义。首先介绍如何将归属于不同任务的操作分离出来，封装成独立的函数并调用它。然后介绍如何将函数与其相关的数据进一步封装成对象。最后由对象的定义进一步引出数据结构的概念，帮助读者理解数据结构在编程中的作用。除此之外，本着“不要重复发明轮子”的基本编程原则，本章还将详细介绍一系列 JavaScript 中常用的内置函数和对象。

第 4 章，面向对象编程。这一章介绍如何在 JavaScript 中实现面向对象编程。首先从程序设计的需求面切入，解释什么是面向对象编程，以及将调用接口与具体实现分开设计的意义。然后详细介绍如何在构建对象的过程中将实现细节隐藏起来，并开放公有接口。接着进入面向对象编程的核心内容：类与类之间的继承关系。在针对该内容的讨论中，先详细介绍 ES6 新增的类定义与类继承语法，随即将时间拉回到 ES6 标准发布之前，为读者说明在没有类定义与继承语法的情况下，如何在 JavaScript 中实现面向对象编程。最后再回过头来证明 ES6 新增的语法并没有改变这一继承机制，它只是一个在使用上提供方便的“语法糖”。

第 5 章，异步编程。这一章介绍异步编程的概念及其用法与执行机制，其主要内容包括事件处理与 Promise 对象。本章会详细说明异步编程在 JavaScript 编程中的特殊地位，它是使用该语言编程最核心的技能之一。换句话说，只有掌握了异步编程，JavaScript 在我们手中才能展现出其真正强大的能力。

第 6 章，前端编程概述。这一章介绍服务器和浏览器在 Web 应用程序架构中的分工，以便帮助读者明确前端编程的任务。作为本书第二部分的开篇，本章会介绍前端编程中具体要使用的对象，其中包含用于处理 HTML 和 XML 文档页面元素的 DOM、用于处理浏览器部分功能的 BOM、用于支持 AJAX 编程的 XMLHTTP 系列对象，以及用于装饰 Web 页面的 CSS 等美工技术。

第 7 章，DOM 标准与使用。这一章介绍如何在前端处理 XML 与 HTML 文档的 DOM 对象。首先介绍 DOM 出现的历史背景以及标准化过程。然后详细介绍 DOM 的使用方式及其背后的编程思维。简而言之，DOM 的本质是将浏览器所读取到的 XML 或 HTML 文档映射到内存中的一个树形的数据结构中，以便开发者通过对该树结构的节点进行增、删、改、查等操作的方式来实现 Web 应用程序用户界面的动态化。

第 8 章，DOM 扩展与 BOM。这一章介绍一系列具有专门用途的 DOM 扩展接口。通过使用这些接口，我们可以大幅度地降低开发、维护程序的成本，并提高程序的运行效率。本章还会介绍可用于在 JavaScript 脚本中执行浏览器相关操作的 BOM 接口。通过这些接口，我们可以在 JavaScript 脚本中完成页面的定位与导航、识别用户使用的浏览器、判断用户设备屏幕的大小、弹出系统对话框等任务。

第 9 章，前端事件处理。这一章详细介绍可用于响应用户界面操作的前端事件处理机制。首先对事件处理中所涉及的一些概念进行梳理，帮助读者了解何谓事件、如何触发事件、事件流是什么、如何响应事件等基础知识。然后从用户界面事件、鼠标操作事件、键盘操作事件以及焦点得失事件等几大类事件来介绍在 Web 应用程序的前端究竟可以处理哪些事件。除此之外，本章还会介绍事件在 DOM 事件流中的传播路径，它又分为事件捕获、处于目标与事件冒泡三个阶段，选择在哪一个阶段响应事件将在很大程度上决定事件处理函数的设计。

第 10 章，AJAX 编程方法。这一章详细介绍 AJAX 编程方法。AJAX 是一种让浏览器与服务器单独进行异步数据通信的方法，目的是让浏览器在不刷新当前页面的情况下与服务器进行数据交换，并根据交换的结果局部更新页面中的内容。首先介绍 `XMLHttpRequest` 对象提供的常用接口，以及用该对象进行异步数据通信的基本操作。然后介绍如何将 `XMLHttpRequest` 对象执行异步数据通信的基本操作后封装成常用的 AJAX 工具函数。除此之外，还会演示如何使用这些封装好的 AJAX 工具函数请求服务器端的数据。在此过程中，还会详细介绍 JSON 和 XML 这两种常用于网络传输的数据格式，演示如何在 JavaScript 代码中解析和序列化它们，并将请求到的数据在不刷新页面的情况下显示在页面中。

第 11 章，Node.js 概述。这一章作为第三部分的开篇，会对 Node.js 这个可在浏览器之外运行 JavaScript 代码的运行环境进行概要性的介绍，为读者打好基础。

第 12 章，构建 Web 服务。这一章讨论如何在 Node.js 平台中构建 Web 服务。这是 Node.js 与 PHP、JSP 等 Web 应用开发方式的重大区别之一。使用 PHP、JSP 等应用开发方式通常需要借助 Apache、Nginx、IIS 这类服务器软件来构建 Web 服务，这无疑增加了 Web 全栈开发人员的学习成本和部署成本。当然，使用 Node.js 来构建 Web 服务也增加了编程的工作量。所以两种 Web 开发方式各有利弊，读者需根据自己的需要来取舍。

第 13 章，响应客户请求。这一章讨论如何编写基于 Node.js 的 Web 应用程序后端的核心任务：响应客户端请求。响应客户端请求的第一步是要对客户端发来的请求信息进行全面而细致的分析，这通常需要借助 `http.IncomingMessage` 类的实例来完成。本章首先会详细介绍该类对象常用的属性和方法，以及可以注册的事件处理函数。响应客户端请求的第二步是根据分析的结果构建要返回给客户端的响应数据。响应数据主要可分为静态数据与动态数据两大类，可以根据客户端请求的 URL 来区分它们。另外，在构建响应数据的过程中，通常需要借助 `fs` 模块中的方法将服务端的本地文件读取到程序中。若是静态资源就直接将读取出来的数据发送给客户端；若是动态资源，读取出来的数据必须进行一些处理才能发送给客户端，此时需要借助模板引擎构建响应数据。因此，本章也会对 fs 模块中的常用方法和模板引擎进行介绍。响应客户端请求的最后一步是将响应数据发送给客户端，这通常要借助 http.ServerResponse 类的实例来完成。本章会对该类对象常用的属性和方法，以及可以处理的事件进行详细介绍。

第 14 章，实现数据存取。这一章详细介绍如何在 Web 应用程序开发中解决数据持久化存取的问题。对于客户端，首先让人想到的是最传统的解决方案：Cookie。该方案虽然具有可自由配置数据有效时间、数据结构简单易用等优点，但也有大小非常有限、需要不断地在客户端与服务端来回传送、安全性不佳等缺点。为了解决 Cookie 方案存在的问题，HTML5 提供了新的解决方案，即使用 localStorage 与 sessionStorage 这两个对象在客户端持久化存取不需要在客户端与服务端之间来回传送的数据。而对于服务端，数据存取操作通常需要借助数据库这种专用系统提供的解决方案来完成。本章会对这些解决方案进行逐一介绍。

读者须知

由于这是一本专注于 JavaScript 本身及其运行环境的书，而 JavaScript 语言主要是一门面向 Web 应用程序开发领域的编程语言，即使是用于开发桌面应用程序的 Electron 框架，它在本质上也可以被视为一个针对 Google Chromium 浏览器（Chrome 浏览器的开源版本）的扩展，它的用户界面布局也主要依靠 HTML、CSS 及其扩展技术来完成。所以在阅读本书之前，希望读者已经掌握了与 HTML 和 CSS 相关的基础知识。

同样，由于本书只专注于讨论如何使用 JavaScript 语言与其运行环境提供的接口，因此不打算过多地涉及时下五花八门的开发框架。这样做主要是基于两个方面的考虑。第一，介绍 JavaScript 语言及其运行环境本身就足以撑起一本结构完整、内容丰富的书了。如果再加上众多开发框架的介绍，就会淡化这本书的主题，并使其臃肿不堪。第二，JavaScript 社区的开发框架不仅五花八门，选择众多，而且更新换代极为迅速。这意味着，即使这本书介绍了客户端的 React 框架、服务端的 Express 框架、桌面端的 Electron 框架，也很有可能到这本书写完并最终出版之时，开发者已经有了更好的选择。正所谓"授之以鱼不如授之以渔"，读者真正应该掌握的是快速学习新框架的能力，这就需要读者了解这些框架的设计思路，理解为什么决定开放那些接口给用户，以及为什么要对用户隐藏那些实现，从而习得开发框架的能力。换句话说，虽然不必重复发明轮子，但一个优秀的工程师或设计师应该了解轮子是如何被发明的，这样才能清楚用什么样的轮子构建什么样的车。

另外，要想学好一门语言，无论是英语、汉语这样的自然语言还是 C/C++、Java、JavaScript 这样的编程语言，最好的办法就是尽可能地在实践中使用它，在实际需求的驱动下模仿、试错并总结经验。所以本书不鼓励读者使用可直接复制和粘贴的代码示例，我更希望读者"自己动手"去模仿本书提供的示例，亲手将自己想要执行的代码输入计算机中，并观察它们是如何工作的，然后试着修改它们，并验证其结果是否符合预期。

如果符合预期；就总结当下的经验；如果不符合预期，则去思考应该做哪些调整使其符合预期。如此周而复始，才能让学习事半功倍。

致谢与勘误

本书能够出版，离不开很多人的鼓励和帮助，我在这里需要感谢很多人。如果没有人民邮电出版社的陈冀康分社社长及曹修山、郭媛两位编辑的鼓励和鞭策，我是完成不了本书的。另外，感谢我的好朋友朱磊和陆禹淳分别对本书的初稿进行认真的审阅，并提供了不少宝贵的建议。还有，我的父母与女友蔓儿，感谢他们对我的照顾和给我温暖的爱，这是我在这个世界上奋斗的动力。最后感谢人民邮电出版社愿意出版这本题材也许没有那么热门的书，希望不会辜负他们信任。

当然，无论如何本书都会存在一些不够周全或者表达不清的地方。如果读者有任何意见，欢迎发邮件至 lingjiexyz@hotmail.com，或者在异步社区本书的勘误页面中提出，以帮助我在本书的后续修订中进一步完善它。

凌杰
2020 年 7 月

谨将此书献给我在天上的外公

资源与支持

本书由异步社区出品，社区（https://www.epubit.com/）为您提供相关资源和后续服务。

配套资源

本书提供如下资源：

- 本书源代码；
- 本书彩图文件。

要获得以上配套资源，请在异步社区本书页面中点击 配套资源 ，跳转到下载界面，按提示进行操作即可。

提交勘误

作者和编辑尽最大努力来确保书中内容的准确性，但难免会存在疏漏。欢迎您将发现的问题反馈给我们，帮助我们提升图书的质量。

当您发现错误时，请登录异步社区，按书名搜索，进入本书页面，点击“提交勘误”，输入勘误信息，点击“提交”按钮即可（见下图）。本书的作者和编辑会对您提交的勘误进行审核，确认并接受后，您将获赠异步社区的100积分。积分可用于在异步社区兑换优惠券、样书或奖品。

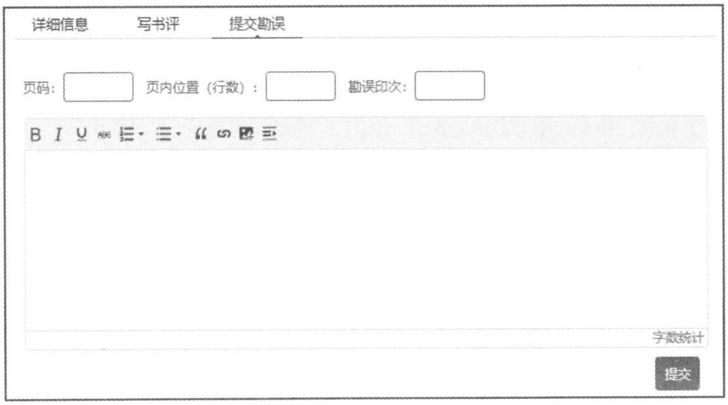

扫码关注本书

扫描下方二维码，您将会在异步社区微信服务号中看到本书信息及相关的服务提示。

与我们联系

我们的联系邮箱是 contact@epubit.com.cn。

如果您对本书有任何疑问或建议，请您发邮件给我们，并请在邮件标题中注明本书书名，以便我们更高效地做出反馈。

如果您有兴趣出版图书、录制教学视频，或者参与图书翻译、技术审校等工作，可以发邮件给我们；有意出版图书的作者也可以到异步社区在线提交投稿（直接访问 www.epubit.com/selfpublish/submission 即可）。

如果您所在的学校、培训机构或企业，想批量购买本书或异步社区出版的其他图书，也可以发邮件给我们。

如果您在网上发现有针对异步社区出品图书的各种形式的盗版行为，包括对图书全部或部分内容的非授权传播，请您将怀疑有侵权行为的链接发邮件给我们。您的这一举动是对作者权益的保护，也是我们持续为您提供有价值的内容的动力之源。

关于异步社区和异步图书

"异步社区"是人民邮电出版社旗下 IT 专业图书社区，致力于出版精品 IT 技术图书和相关学习产品，为作译者提供优质出版服务。异步社区创办于 2015 年 8 月，提供大量精品 IT 技术图书和电子书，以及高品质技术文章和视频课程。更多详情请访问异步社区官网 https://www.epubit.com。

"异步图书"是由异步社区编辑团队策划出版的精品 IT 专业图书的品牌，依托于人民邮电出版社近 30 年的计算机图书出版积累和专业编辑团队，相关图书在封面上印有异步图书的 LOGO。异步图书的出版领域包括软件开发、大数据、AI、测试、前端、网络技术等。

异步社区

微信服务号

目录

第一部分 JavaScript核心

第二部分 浏览器端的JavaScript

第三部分 服务器端的 JavaScript

第 1 章　JavaScript 简介

在如今种类众多的编程语言中，JavaScript 是一个非常特殊的存在。如果从语言设计的角度来分析，JavaScript 应该被归类为基于原型的、解释型的高级编程语言。也就是说，尽管 JavaScript 在语法上与 Java、C/C++非常相似，但从编程方法的应用上来说，它受 Self 和 Scheme 这类语言的影响多一些，因此在具体使用方式上更接近后者。除此之外，JavaScript 还是一门支持多种编程范式的语言。它支持面向对象编程、指令式编程以及函数式编程，因而具有极为灵活的表达能力。

而在适用领域方面，JavaScript 从最初的纯浏览器端脚本语言，逐步发展成了如今这样一门可在 Web 浏览器端、移动设备端、桌面应用端以及服务器端通用的强大编程语言。由于这门语言在使用上的深度和广度，以及其在语法、设计理念上的复杂度，因此在具体学习该语言之前，需要先系统地了解一下它的概况。

在阅读完本章内容之后，希望读者能了解：

- JavaScript 的发展史和标准化过程；
- JavaScript 所具有的特性；
- JavaScript 适用的领域；
- JavaScript 运行环境的搭建。

1.1　JavaScript 的前世今生

1.1.1　JavaScript 的起源

如果仔细观察一下如今在世界范围内广受欢迎的那些 Web 应用程序，例如

Twitter、Facebook、YouTube、哔哩哔哩、新浪微博、淘宝等，就会发现它们能获得如此大的成功主要是因为它们首先在 Web 浏览器端实现了与桌面应用相似的人机交互体验，然后在移动端也实现了同样良好的用户体验。但众所周知的是，在过去相当长的一段时间里，Web 站点都只是一组依靠超链接简单串联在一起的 HTML 文档。这些文档既无数据处理能力，也无法响应用户的操作，简单到甚至都不能被称为程序，更像一本被放在互联网上供人浏览的书。然而，随着 Web 站点的业务需求与日俱增（例如电子商务、线上交友、视频分享等），开发者越来越希望自己所创建的 Web 站点具有更强大的数据交互功能，并能即时响应用户的操作。于是，JavaScript 应运而生。

当然，罗马不是一天建成的，JavaScript 这门语言也不是生来就如此强大的，甚至它最初的设计目标只是想在 Web 浏览器中运行一些嵌入式脚本而已。JavaScript 的历史开始于 1995 年，当时世界上非常成功的 Web 浏览器提供商——网景公司聘请了一个名叫布兰登·艾奇（Brendan Eich）的人，希望他研发一门能与 Java 语言搭配使用、语法也与其相似的浏览器端脚本语言。他没有辜负网景公司的重托，本着速战速决的态度，仅用了 10 天就完成了该语言的原型设计，并在 Netscape Navigator 2.0 的 Beta 版中发布了它，当时这门语言的名称还是 LiveScript。同年 12 月，网景公司在 Netscape Navigator 2.0 Beta 3 版发布时又将它重新命名为 JavaScript，相传这样做主要是想让这门新生的编程语言蹭一下 Java 的热度。他们当时可能也没有想到，这个名字反而在日后成了大众对该语言的诸多误解之一。事实上，Java 和 JavaScript 之间并没有任何从属关系。

之后的事情大家都耳熟能详了。网景公司凭借着 JavaScript 在 Web 浏览器市场上大获成功，这最终引起了微软公司的注意。为了与之竞争，微软公司随后在 Internet Explorer 3.0 浏览器上提供了自家的 JavaScript 实现，即 JScript。如果这能带来良性竞争倒也不失为一件好事，但让人非常遗憾的是，当时微软公司在自己的版本中加入了很多 IE（Internet Explorer）浏览器的专属特性。这些举措让不少基于 IE 浏览器设计的 Web 页面无法在非 IE 浏览器中正常显示，结果就导致了它与网景公司之间的恶性竞争，最终引燃了一场非常惨烈且影响深远的浏览器大战（时间大约是从 1996 年到 2001 年）。站在今天回顾那段历史，我们会发现那场大战不只开启了开源运动的时代，也让 JavaScript 这门语言的标准化问题被提上了议程。

1.1.2 JavaScript 的标准化

1996 年 11 月，为了反制微软公司的恶性竞争，同时也为了使 JavaScript 语言的实现趋于标准化，网景公司正式向 ECMA（European Computer Manufacturers Association，欧洲计算机制造商协会）提交语言标准。然后在次年的 6 月，ECMA 就以当下的 JavaScript

语言实现为基础制定了 ECMA-262 标准规范。自此，JavaScript 核心部分的实现也被称为 **ECMAScript**。截至 2019 年 5 月，ECMA 一共更新了 9 个版本的标准规范，如表 1-1 所示。

表 1-1 ECMAScript 的标准化历史

版本	发表日期	相关说明
1.0	1997 年 6 月	随着 1.0 版标准规范的发布，JavaScript 语言进入标准化的时代
2.0	1998 年 6 月	这一版修正了语言的编程格式，使其形式与 ISO/IEC16262 国际标准一致
3.0	1999 年 12 月	这一版增加了新的控制指令、异常处理功能以及功能强大的正则表达式，优化了词法作用域链、错误定义，以及数据输出格式等特性
4.0	2008年7月(放弃)	由于草案的目标过于激进，相关各方对标准的方案出现了严重分歧，争论过于激烈，因此 ECMA 最终决定放弃发布 4.0 版的标准规范
5.0	2009 年 12 月	这一版新增了“严格模式（strict mode）”，提供更彻底的错误检查，以避免结构出错。澄清了许多 3.0 版标准中的模糊之处，并适应了与规范不一致的真实世界实现的行为。除此之外，这一版的 ECMAScript 还增加了部分新的功能，例如 getters 及 setters，支持 JSON 的解析和序列化等
5.1	2011 年 6 月	ECMAScript 的 5.1 版所做的修改主要是为了与国际标准 ISO/IEC 16262—2011 保持一致
6.0	2015 年 6 月	ECMAScript 2015（ES2015），这一版最早被称为 ECMAScript 6（ES6）。这一版的 ECMAScript 新增了类和模块的语法，以及包括迭代器、Python 风格的生成器和生成器表达式、箭头函数、二进制数据、静态类型数组、集合（maps、sets 和 weak maps）、promise、reflection 和 proxies 在内的其他特性
7.0	2016 年 6 月	即 ECMAScript 2016（ES2016），这一版小幅度地新增了一些新的语言特性
8.0	2017 年 6 月	即 ECMAScript 2017（ES2017），这一版小幅度地新增了一些新的语言特性
9.0	2018 年 6 月	即 ECMAScript 2018（ES2018），这一版新增了异步循环、生成器、新的正则表达式特性和 rest/spread 语法

与所有编程语言的标准化工作一样，标准规范与实际生产过程中的实现或多或少还是会存在一些偏差。目前市场上所使用的 ECMAScript 基本以 ES5、ES6 为主。下面来了解一下目前主流的 JavaScript 脚本引擎对不同版本标准规范的兼容性，如表 1-2 所示。

表 1-2 各主流 JavaScript 脚本引擎对 ECMAScript 的支持情况

脚本引擎	代表性浏览器	ES5	ES6	ES7	ES7 之后
Chakra	Microsoft Edge 18	100%	96%	100%	58%
SpiderMonkey	Firefox 63	100%	98%	100%	78%
Chrome V8	Google Chrome 70	100%	98%	100%	100%
JavaScriptCore（Nitro）	Safari 12	99%	99%	100%	90%

正是基于这样的现实，本书的内容主要以 ES5 或 ES6 为标准来展开。这样做既有助于读者理解 JavaScript 发展至今所形成的设计理念与编程思想，也有助于这门语言的初学者快

速上手并实验本书中所呈现的示例，而不必因为相关运行环境对标准的兼容性而发愁。

1.2 JavaScript 的组成与特性

1.2.1 组成结构

如前所述，JavaScript 最初只是一门依附于 Web 浏览器的脚本语言，正是由于 Node.js 运行环境的出现，它才发展成了如今这样一门横跨 Web 开发领域的前后端、移动设备端以及桌面应用端的全能型编程语言。所以，在讨论 JavaScript 这门语言的时候，读者必须要了解该语言除了被 ECMAScript 标准所定义的核心部分，还有其所在的具体运行环境。

例如，当我们讨论基于 Web 浏览器的 JavaScript 的时候，就应该知道这时候的讨论内容除了 ECMAScript 标准所规定的语法和基本对象，通常还会涉及用于处理 Web 页面内容的文档对象模型（Document Object Model，DOM）和用于处理 Web 浏览器事务的浏览器对象模型（Brower Object Model，BOM）。但在 Node.js 运行环境中，DOM 和 BOM 就不存在了，这时候就要专注于 Node.js 所提供的核心模块，以及各种特定用途的第三方模块了。

总而言之，JavaScript 这个术语所代表的不仅是 ECMAScript 标准所规范的一门脚本语言，还涉及这门语言所在的运行环境。在之后学习 JavaScript 的过程中，我们会越来越意识到这一点的重要性。这种意识将有助于理解 JavaScript 在 Web 应用的前后端开发中扮演的不同角色，而不至于产生混淆。

1.2.2 语言特性

当然，这里所说的“全能型编程语言”仅仅指 JavaScript 适用的领域很广泛，并不是说可以用这门语言来解决所有的编程问题。JavaScript 自诞生以来一以贯之的设计理念让它具备了一些与众不同的特性，这些特性基本上决定了它的编程思想以及专长的领域。下面是 JavaScript 的特性介绍。

- **动态化类型**。和大多数动态脚本语言一样，JavaScript 中的数据类型是直接取决于变量中的“值”的，变量本身没有数据类型上的约束，这也一直是动态脚本语言与编译型语言最大的区别之一。也就是说，JavaScript 中的同一个变量可以存储不同类型的值。例如，如果我们在 JavaScript 代码中定义了一个名为 `x` 的变量，那么 `x` 的初始值可以为数字，然后在执行过程中被重新赋值为字符串，JavaScript 的运行环境会负责自动识别该变量中存储了什么类型的数据。
- **多范式编程**。JavaScript 虽然在语法上与 Java、C/C++非常类似（例如 `if-else`、`switch` 条件语句，`while`、`for` 循环语句等），但在内在的设计上，它更接近

Self 和 Scheme 这一类语言。也就是说，它既支持面向对象编程，也支持指令式编程和函数式编程，因而具有极为灵活的表达能力。

- **单线程执行**。由于最初脱胎于 Web 浏览器，JavaScript 一直习惯采用单线程的执行模式（尽管如今有了支持多线程的 Worker 组件），这一习惯即使到了 Node.js 运行环境中也没变。采用单线程的最大好处是不用像多线程编程那样处理很容易产生 bug 的同步问题，这就从根本上避免了死锁问题，也避免了线程上下文交换所带来的性能上的开销。当然，单线程的执行方式也有它自身的弱点。例如，它无法充分发挥多核处理器的性能、一个错误就会导致整个程序崩溃，以及执行大量计算时会因长期占用处理器而影响其他异步 I/O 的执行。
- **事件驱动**。在 Web 开发领域，JavaScript 之所以能在浏览器端扮演越来越重要的角色，很大程度上得益于其具有与桌面应用相似的事件驱动模型。当然，这种编程模型虽然具有轻量级、松耦合等优势，但在多个异步任务的场景下，由于程序中的各个事件是彼此独立的，因此它们之间的协作就成了一个需要费心解决的问题。
- **异步编程**。在目前流行的 Vue、React 等 JavaScript 前端框架以及 Node.js 运行环境提供的接口中，我们可以很容易地观察到其大部分操作都是以异步调用的方式进行的，而这些异步调用往往以回调函数的形式存在，这成了使用 JavaScript 编程的一大特色。不过，虽然大家都认为回调函数是执行异步调用并接收其返回数据的最佳方式，但这种方式会导致代码的编写顺序与其具体执行顺序不一致。对于很多习惯同步编程方式的人来说，阅读这样的代码会是一个不小的挑战。另外在流程控制方面，由于程序中穿插了各种异步方法和回调函数，因此代码在可读性上也远没有常规的同步方式那么一目了然，这也会给程序的调试和维护工作带来一定的麻烦。

1.3 JavaScript 的适用领域

如前所述，如果想判断一门编程语言是否适用于某个领域，很大程度上要去分析该领域是否能发挥出该语言的特性优势。既然我们已经对 JavaScript 的语言特性有了一定的了解，那么接下来就可以对这门语言的适用领域做一些分析了。这些分析将有助于初学者明确 JavaScript 适合用来解决什么问题，不适合用来解决什么问题，以便厘清自己的学习需求和努力方向。以下是一些适合用 JavaScript 来解决问题的领域。

- **Web 浏览器端的应用**。JavaScript 在 Web 浏览器端的优势是最显而易见且无可争议的，毕竟这门语言最初就是为解决这一领域的问题而设计的。正是由于 JavaScript 赋予了 Web 页面在浏览器端强大的用户交互能力，我们才迎来了电子商务、云端办公、社交网络等各种 Web 应用蓬勃发展的 Web 2.0 时代。

- **轻量级的服务器应用**。Node.js 运行环境的出现让 JavaScript 的适用领域扩展到了 Web 浏览器之外，尤其是在服务器端的应用。与 ASP、PHP 这些传统的服务器端脚本语言相比，JavaScript 支持事件驱动、异步编程的特性使它在实现轻量级数据密集型的服务器应用方面有一些高性能、高负载的优势。当然在另一方面，单线程执行和非阻塞 I/O 的特性也让 JavaScript 在资源利用率和安全性方面受到了一些限制，使其不适合被用来实现需要大规模并行计算，或对数据安全有高要求的应用。
- **轻量级的桌面应用**。Electron 框架的出现让 JavaScript 可以被用来实现一些适用于事件驱动、异步编程、非阻塞型 I/O 等特性的轻量级桌面应用。目前流行的 VSCode、Atom 等代码编辑器都是基于这一框架的 JavaScript 应用。但由于其单线程执行的特性使 JavaScript 无法充分利用多核处理器的计算资源，因而不适合用来实现需要大规模并行计算的桌面应用。
- **富媒体式的应用**。在 HTML5 出现之前，市面上用于创作富媒体的应用程序（如 Flash）大多数采用的是 ActionScript 脚本。由于它也是一种基于 ECMAScript 标准的脚本语言，所以也可视它为 JavaScript 的一种应用。当然，目前这种形式的应用正在逐渐被人们遗忘，毕竟 HTML5 为我们提供了更好的选择。

除此之外，JavaScript 有时候还会被用来实现一些 Web 浏览器的扩展与插件、移动端的一些应用，甚至一些用于系统管理的命令行脚本。总而言之，虽然目前 JavaScript 已经发展成了一门无处不在的全能型编程语言，但还是得注意语言特性的发挥，能发挥出其特性优势的领域才是它真正适用的领域。反之，不分场合地强行使用这门语言只会弄巧成拙、事倍功半。

1.4 运行环境的搭建

“工欲善其事，必先利其器。”在进入具体的学习任务之前，我们需要先将 JavaScript 的运行环境搭建起来。众所周知，JavaScript 的运行环境主要分为 Web 浏览器环境和 Node.js 运行环境两种。如果不考虑 Web 浏览器特有的 BOM 和 DOM 组件，只是单纯学习 ECMAScript，那么 Node.js 应该被优先考虑。因为它可以让我们像使用 Shell、Ruby 或 Python 脚本语言一样直接在命令行终端中执行 JavaScript 指令和脚本文件，在某种程度上更便于我们在初期的学习过程中随时查看代码的执行结果。

1.4.1 Node.js 的安装

接下来，就让我们一起来安装 Node.js 运行环境吧。它主要有两种安装方式：通常在 Windows 操作系统和 macOS 中下载.msi 和.dmg 格式的安装包，然后使用安装包的图形化向导来进行安装，而在 Linux 和 FreeBSD 这一类操作系统中，则往往会使用 apt 和 yum 这样的包管理器来安装。这两种方式都不复杂，下面分别以 Windows 和 Ubuntu 操作系统为例，简单介绍一下这两种安装方式。

1.4.1.1 使用安装包

在 Windows 操作系统中想要安装 Node.js，首先要选择一个合适的版本。打开 Node.js 的官网，可以看到有 LTS 和 Current 两种版本可供下载，如图 1-1 所示。LTS 版即得到长期支持的版本，其组件通常都经过了充分的测试，比较稳定，适合用于正式的生产开发。而 Current 版本则是最新的版本，通常包含了最新加入的特性，比较适合想对 Node.js 本身进行研究的朋友。

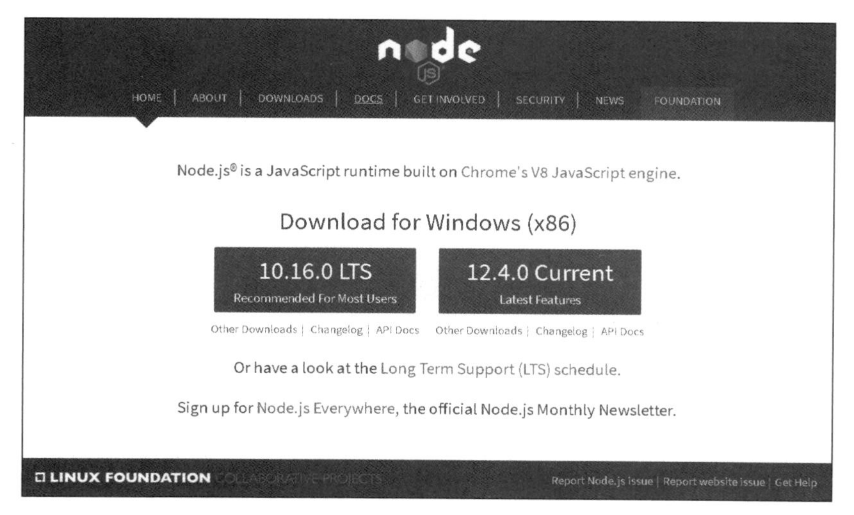

图 1-1 选择版本

下载完.msi 格式的安装包之后，打开安装包启动它的图形化安装向导。在安装的开始阶段，需要设置一些选项，大多数时候只需采用默认选项，直接单击“Next”按钮即可。只是在组件选择的窗口中（如图 1-2 所示）需要注意一下，如果你对 Node.js 的组件并不熟悉，最好选择安装全部组件。另外，请记得点开图 1-2 中“Add to PATH”选项前面的“+”号，这样安装程序就会主动把 Node.js 和 npm 这两个模块的命令路径添加到系统环境变量里，这对初学者来说是非常方便的。

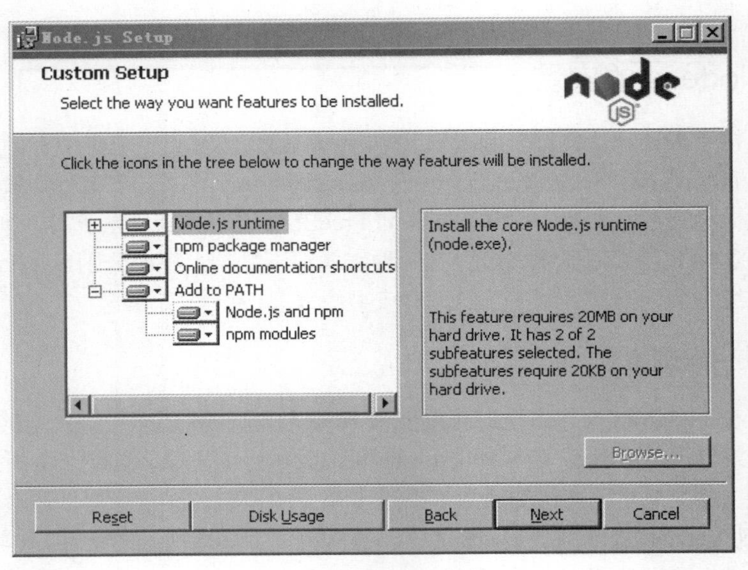

图 1-2　选择安装组件

待一切选项设置完成之后，单击下面的“Install”按钮即可完成安装，如图 1-3 所示。

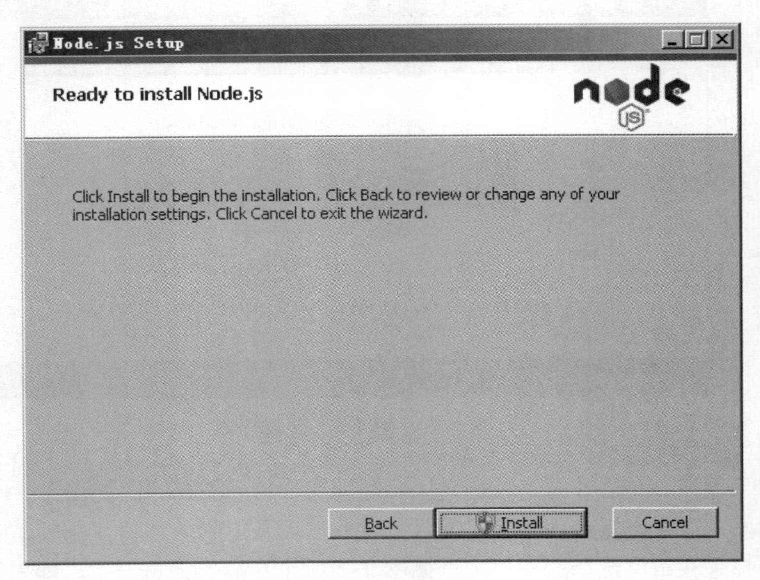

图 1-3　完成安装

如果一切顺利，在 Windows 操作系统中打开 cmd 终端，在其中输入 node-v 命令并按“Enter”键后，就会看到相关的版本信息，如图 1-4 所示。

图 1-4 在 Windows 中检查版本

1.4.1.2 使用包管理器

对于 Ubuntu 这类 Linux 操作系统，安装软件往往都会选择使用 apt 这一类的包管理器，简单而方便，依次执行以下命令即可：

```
sudo apt update
sudo apt install nodejs
# 最新的 Node.js 已经集成了 npm，所以某些情况下是无须单独安装 npm 的
sudo apt install npm
```

除此之外，安装 n 管理器也能管理 Node.js 的版本，其安装命令如下：

```
sudo npm install -g n
```

该工具的具体使用方式如下：

```
sudo n lts              # 长期支持
sudo n stable           # 稳定版
sudo n latest           # 最新版
sudo n 12.4.0           # 直接指定版本
sudo n                  # 使用上下键切换已有版本
```

同样地，如果一切顺利，打开 `cmd` 终端，并在其中输入 `node -v` 命令并按“Enter”键后，就会看到图 1-5 所示的版本信息。

关于在 Node.js 中如何具体执行/调试 JavaScript 脚本，第 2 章介绍 ECMAScript 标准语法时会做具体演示，这里只需知道如何搭建并启动这个运行环境。

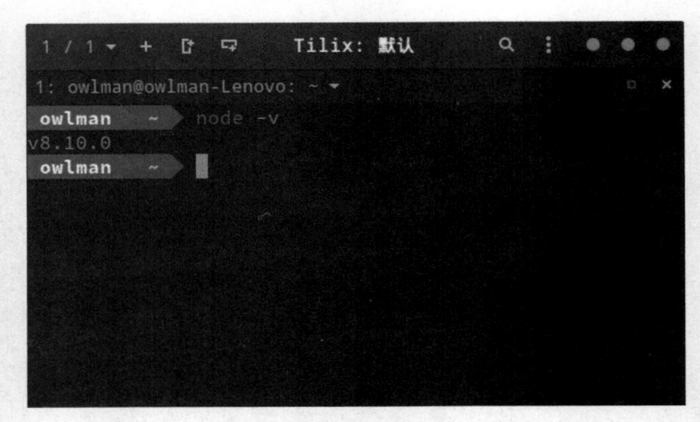

图 1-5　在 Linux 中检查版本

1.4.2　浏览器端运行环境

目前，大部分开发者都会将 Google Chrome 或 Mozilla Firefox 设为自己的默认 Web 浏览器，因为它们本身都自带了一款非常不错的 JavaScript 运行环境。其中的 Google Chrome 浏览器，我们只需下载并安装它，然后在其主菜单中依次单击“更多工具”→“开发者工具”，在弹出的页面中单击“Console”选项卡，就可以看到图 1-6 所示的 JavaScript 运行环境了。

图 1-6　Google Chrome 浏览器的 JavaScript 控制台

Mozilla Firefox 则是另一款可扩展的浏览器，在 Windows、Linux 以及 macOS 这些

主流操作系统上都有相应的版本，读者可根据自己的操作系统下载并安装相应的版本。安装完成之后，在任何网页中按“F12”键或在菜单栏中依次单击“工具”→“Web 开发者”→“Web 控制台”，就可以看到图 1-7 所示的 JavaScript 运行环境。

图 1-7　Mozilla Firefox 浏览器的 JavaScript 控制台

关于如何在浏览器中具体执行/调试 JavaScript 脚本，本书的第二部分在讨论浏览器端的 JavaScript 时会做具体演示，这里只需知道如何搭建并启动这个运行环境。

本章小结

本章致力于让读者对 JavaScript 这门编程语言有一个整体的认知，知道它从何而来、它的标准化过程，了解它的组成和特性，以及能发挥其特性优势的领域；然后搭建了用于执行/调试 JavaScript 脚本的运行环境。在做完以上这些准备之后，下一章就可以开始正式学习 JavaScript 了。

第一部分

JavaScript 核心

正如第 1 章提到的，当我们说到 JavaScript 这个术语时，其实讨论的通常是两部分的内容：第一部分是被 ECMAScript 标准所规范的这门语言本身；第二部分则是该语言所在的运行环境。因此，在学习如何具体针对实际运行环境进行浏览器端或服务器端的开发之前，我们得先通过以下几章的内容来熟悉一下 JavaScript 这门语言本身。

- 第 2 章：变量、表达式与语句。
- 第 3 章：函数与对象。
- 第 4 章：面向对象编程。
- 第 5 章：异步编程。

第 2 章　变量、表达式与语句

本章会对 JavaScript 语言的变量、表达式和语句这些基本的语法元素做一些较为详细的介绍。在阅读完本章内容之后，希望读者能掌握：

- 在 JavaScript 代码中编写注释；
- 在 JavaScript 中定义并使用变量；
- 在 JavaScript 中编写流程控制语句。

2.1 第一个 JavaScript 程序

自 *The C Programming Language* 这本程序设计领域的经典教程问世以来，在命令行终端中（例如 Windows 操作系统中的 `cmd`、Linux 操作系统中的 `bash` 等）输出“Hello World”字样就成了我们学习一门新的编程语言或者测试该语言运行环境的第一个演示程序。这样做的好处是让大家对要学习的语言，以及如何执行该语言的程序有一个整体的印象。这样既可以确认语言的运行环境是否搭建完成，也可以为接下来关于语法元素的介绍做一个开场或者提供一个切入点。所以，接下来就让我们来编写 JavaScript 版的“HelloWorld”吧！

“Hello World”翻译成中文就是“你好世界”。顾名思义，这个程序的作用就是让我们用自己新学的语言来向世界发出第一声问候。在这里，出于想增加一点趣味性和复杂度的考虑，本书的第一个 JavaScript 程序打算更换一下问候的内容。此程序的创建步骤如下。

（1）在计算机中创建一个名为 `code` 的目录。当然，读者也可以给该目录起其他任何自己喜欢的名字，这个目录将用于存放接下来在学习过程中要写的所有代码。

（2）在 `code` 目录下创建一个名为 `01_sayhello` 的目录。由于 JavaScript 的输出

方式有很多种，所以我们之后还会陆续编写分别用浏览器输出的、文件输出的、TCP 服务输出的“Hello World”版本。

(3) 在 code/01_sayhello 目录下创建一个名为 01-sayHello.js 的脚本文件，并输入如下代码：

```
// 第一个 JavaScript 脚本
// 作者：owlman

const name = 'owlman';
console.log('你好！', name);
```

(4) 在保存文件并退出编辑器之后，打开命令行终端进入 code/01_sayhello 目录，并执行 node 01-sayHello.js 命令，如果之前搭建的运行环境一切正常，程序的输出结果就如图 2-1 所示。

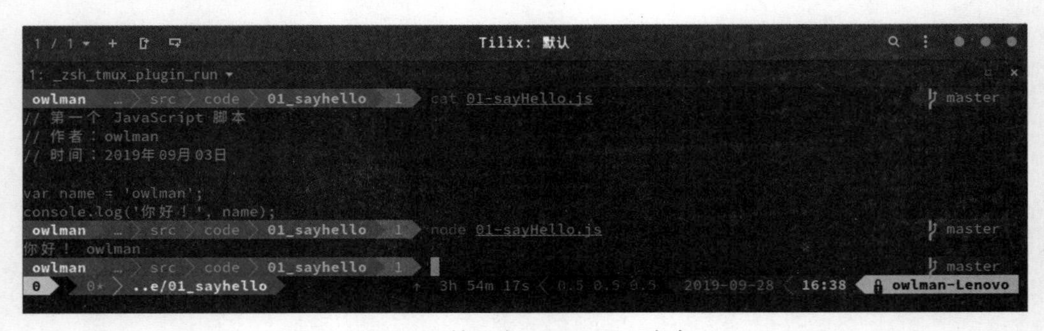

图 2-1 第一个 JavaScript 脚本

当然，和 Python、Ruby 这些脚本语言的解释器一样，node 解释器也有命令模式和交互模式两种使用方式。如果读者想使用交互模式来输出 Hello World，可按以下步骤来操作。

(1) 打开命令行终端，直接输入 node 命令并按“Enter”键，如果一切正常，就会看到 node 解释器的交互模式，如图 2-2 所示。

图 2-2 node 解释器的交互模式

（2）在 node 解释器交互模式下的>提示符后面输入 `console.log('你好！owlman')`这行代码并按“Enter”键，就会看到其产生的输出，如图 2-3 所示。

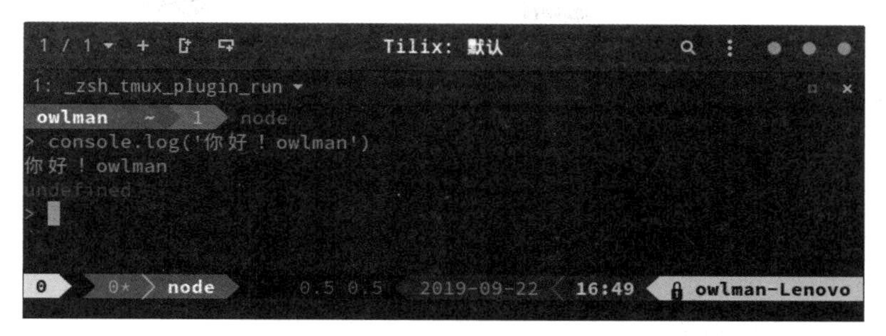

图 2-3 交互模式的输出

node 解释器的这两种使用方式的主要区别在于：命令模式需要用户先将代码写在一个文件里，然后一次性执行；而交互模式则是像用户在与 node 解释器对话一样，用户写一行代码，解释器就立即执行该行代码并给出反馈。因此，只有在测试或调试某些具体代码细节时使用交互模式。除此之外，在大多数情况下，还是应该以命令模式为主。另外，读者可能已经发现了，在浏览器中打开 JavaScript 的运行环境时，它使用的就是交互模式。如果想要在浏览器中执行一段完整的 JavaScript 代码，就得将代码内嵌到某个 HTML 文档中。这也解释了为什么我们要推荐读者在 Node.js 运行环境中学习 JavaScript 的基本语法：因为这样做可以尽量避免 HTML、CSS 这些无关因素的干扰。

在确认了 JavaScript 的运行环境运行正常，并掌握了它的使用方式之后，我们接下来就可以从第一个 JavaScript 程序的代码切入，开始学习这门语言的语法了。

2.2 为代码编写注释

在上面的“Hello World”程序中，我们首先看到的是两行以//开头的注释信息。在 JavaScript 中，注释主要有以下两种形式。

- **//注释内容的形式**：这种形式的注释可以在代码的任意地方以//开头编写注释信息，直到其所在行结束为止。例如：

```
// JavaScript 支持加减法运算
const a = 100;
const b = 50;
const c = a + b;// 请问 c = ?
```

- **/* 注释内容 */的形式**：这种形式的注释可以在代码的任意地方以/*开头编写注释信息，然后以*/结束。由于这种形式的注释内容可以包含换行符，因此通常用于编写多行注释，例如之前的“Hello World”程序中的那两行注释还有另一种写法：

```
/*
 * 第一个 JavaScript 脚本
 * 作者：owlman
 */

const name = 'owlman';
console.log('你好！', name);
```

和所有的编程语言一样，注释不会被 JavaScript 解释器视为可执行代码。它主要用于说明相关代码的作用，以此来增强代码的可读性，方便日后的维护工作。例如在上面这段程序中，我们用注释说明了程序的基本信息。当然，我们永远应该记得：JavaScript 本身就是一门语言，它的作用除了让计算机按照它的意图正确执行操作，也应该让任何会使用这门语言的人读得懂它的意图，注释只是辅助说明，可不能充当翻译。换言之，我们应该尽量用代码本身来表达它的意图，而不是处处都借助注释。例如下面这段代码中的注释在很大程度上是画蛇添足的：

```
const a = 100;     // 变量 a = 100
const b = 50;      // 变量 b = 50
const c = a + b;   // 变量 c = a + b
```

注释还有一个额外的作用：在调试过程中，临时暂停某一条或某一段代码的执行。举个例子，如果在执行上面这个“Hello World”程序的时候发现命令行终端不能显示中文，为了确定这不是代码本身的问题，可以选择像下面这样临时注释掉中文的输出，然后增加一条英文的输出：

```
/*
 * 第一个 JavaScript 脚本
 * 作者：owlman
 */

const name = 'owlman';
// console.log('你好！', name);
console.log('Hello ', name);
```

这时候，如果想让用户自己来选择这个程序是输出中文还是英文，也可以直接把上面的代码交给用户，让他们自己使用注释语法来切换，这是一种很常用的代码编写技巧。

2.3 变量与操作符

下面继续“Hello World”程序的讲解。在看完程序基本信息的注释说明之后，紧接着看到的是 `const name = 'owlman';`这行代码，它的作用是在程序中定义一个变量。**变量**这个概念最早源自数学中的代数运算，为了方便演算过程的书写，我们通常会用一些简单的字母来指代演算过程中不断变化的已知量或未知量，毕竟在公式中写 x、y、z 这样的字母要比写 10^{2019} 或者 3.141592653589 这样的数字简单方便。

而到了计算机程序中，变量的概念得到了进一步扩展，除了可以指代某个数据值，它还关联着计算机中用于存储该数据的一块内存空间。换言之，变量还是程序用来存储某个数据的容器。当然，这些容器既然能被称为“变”量，也就说明它们所存储的数据是会随着程序的执行而变化的。由于变量是程序所要操作的基本对象，所以在编写程序时，往往首先要定义变量。下面介绍具体该如何定义并使用变量。

2.3.1 变量的定义

在 JavaScript 中，定义变量的动作是用定义语句来描述的（关于语句的概念，我们会在 2.4 节中做详细介绍），它主要由以下 3 部分组成。

- **变量的定义指令**：在 ES6 标准发布之前，JavaScript 一直是使用 var 关键字来定义变量的，而 ES6 增加了 let、const 这两个新的关键字，以便大家能更精确地定义变量的作用。关于这 3 个关键字之间的差异，在介绍作用域和常量对象时会分别做详细介绍。
- **变量的名称**：在 JavaScript 中，每个变量都必须要有相应的变量名，这些变量名通常由一个或多个字母、数字、下画线和美元符号$组成，并且只能以字母、下画线或$符号开头。另外，变量名不能与 JavaScript 语言内部使用的关键字相同。关于变量的命名规范，稍后会做详细说明。
- **变量的初始值**：这部分内容是可选的，但为了避免程序出现各种无意义的操作，通常都会在定义变量时赋予它一个初始值。

接下来具体讨论一下变量的命名问题。根据 ECMAScript 标准，变量名可以由字母、数字、下画线及美元符号$以任何顺序排列组合而成，并且只能以字母、下画线或$符号开头。例如，下面这些变量名都是不合法的：

```
const 2day;
const 'Week;
const \Month;
const /Year;
```

需要特别提醒的是，JavaScript 中的变量名是区分大小写的。为了证明这一点，读者可以在 node 解释器的交互模式中进行图 2-4 所示的测试。

由图 2-4 可知，a 和 A 在 JavaScript 中是完全不同的变量。在这里，细心的读者可能会好奇，这些变量定义代码为什么会返回一个 undefined？这就涉及表达式的概念了，后面的章节会详细介绍它。眼下读者只需要知道这里的 undefined 是表达式返回的值，暂时忽略它即可。

图 2-4 变量名区分大小写

除此之外，每一种编程语言都会有一些有特殊用途的关键字，这些关键字不能被用作变量名。表 2-1 所示为 JavaScript 的关键字。

表 2-1 关键字

关键字	关键字	关键字	关键字	关键字
abstract	arguments	boolean	break	byte
case	catch	char	class	const
continue	debugger	default	delete	do
double	else	enum	eval	export
extends	false	final	finally	float
for	function	goto	if	implements
import	in	instanceof	int	interface
let	long	native	new	null
package	private	protected	public	return
short	static	super	switch	synchronized
this	throw	throws	transient	true
try	typeof	var	void	volatile
while	with	yield		

与此同时，原则上还应该避免使用 JavaScript 标准库中使用的对象及其属性和方法的名称。表 2-2 所示为编程时需要注意不要意外与标准库冲突的变量名。

表 2-2 变量名

变量名	变量名	变量名	变量名	变量名
Array	Date	eval	function	hasOwnProperty
Infinity	isFinite	isNaN	isPrototypeOf	length
Math	NaN	name	Number	Object
prototype	String	toString	undefined	valueOf

最后，出于对代码可读性方面的考虑，命名变量时应该尽量使用有意义的单词或单词组合，不能太过随意。这里建议读者在变量的命名上遵守某种一致的命名规范。例如匈牙利命名法，这套命名规范建议我们将变量的数据类型写到变量名中，如在 `const strname='owlman'`这个变量定义中，用 `str` 表明这是个字符串类型的变量。再例如驼峰命名法，遵守这种命名规范的变量名通常由一个以上的单词组成，除了首个单词的首字母不大写，其余单词的首字母均大写，如 `myName`、`myBook`、`someValue`、`getObject` 等。

2.3.2 变量的类型

在计算机中，如果程序想要对某一块内存空间中的数据进行存储和操作，首先要明确的是该空间内数据的存储方式和操作方式。例如，变量中存储的是数据本身还是数据在内存空间中的位置？这决定着这些数据的复制方式。再例如，变量中的数据可以执行什么操作？是算术运算还是逻辑判断，抑或是文本处理？这就需要我们对这些内存空间中的数据，即变量的值进行归类。例如将用来做算术运算的数据归为一类，将用于文本处理的数据归为另一类。在编程术语上，这些归类被人们约定俗成地称为**类型**（type）。简而言之，变量的值所属的类型决定了该变量的存储形式及其可以执行的操作。下面从变量的数据类型开始介绍。

2.3.2.1 数据类型

具体到 JavaScript 语言中，变量的数据类型可以分成基本数据类型和对象类型两种。关于对象类型，下一章会单独介绍，以下是 JavaScript 所支持的 5 种基本数据类型。

- **`Number`**：数字类型。这一类型的数据包括以下几种。
  - 整数与浮点数，例如 `0`、`1`、`-1`、`-0.25`、`3.14` 等。
  - 八进制数与十六进制数，例如 `0377`、`0xff` 等。
  - 指数，即用科学记数法表示的数字，例如 `1e+2`、`10e+3` 等。
  - `Infinity` 与 `NaN`，这是 JavaScript 中的两个特殊数字。其中，`Infinity` 表示的是一个超出 JavaScript 接受范围的数字，相当于 JavaScript 世界中的“无穷大”，和数学中有正无穷大和负无穷大一样，这类值也是有 `Infinity` 和`-Infinity` 两种的。而 `NaN` 则表示的是一种不符合规范但仍属于数字类型的数字，例如当一个数字与一个字符串相乘时，结果就会是一个 `NaN`。
- **`String`**：字符串类型。这一类型的数据主要指的是被反引号、单引号或双引号所引起来的、由任意个字符组成的字符序列，例如 `a`、`123`、`"one"`、`"one two three"`等。另外，出于代码可读性方面的考虑，建议读者在字符串的表示风格上保持一致，不要时而用单引号，时而用双引号。当然，ES6 新增的反引号表示的字符串形式比较特殊，它主要用于建立模板字符串，通常只有在特定场景中才会用到它。例如，当我们需要将某个变量的值嵌入某个 HTML 标签中时，可以这样做：

```
const name = 'owlman';
console.log('<h1> ${ name }</h1>'); // 输出<h1> owlman </h1>
```

在模板字符串中，我们只需要使用${[变量名]}这样的语法就可以将现有变量的值嵌入字符串中，这里的[变量名]可以是任何已在别处定义的变量的名称。这样就避免了一系列拼接字符串的麻烦，既简洁又不易出错。

- **Boolean**：布尔类型。这一类型的数据只有 `true` 和 `false` 两种值，主要用于关系运算和逻辑运算。关于这两种运算，稍后会详细说明。
- **undefined**：这是 JavaScript 中的一个特殊值，当我们访问一个不存在的变量或未被初始化的变量时，程序就会返回一个 `undefined` 值。
- **null**：这也是 JavaScript 中的一个特殊值，通常是指没有值或值为空，不代表任何东西。`null` 与 `undefined` 最大的不同在于，被赋予 `null` 的变量会被认为是初始化了的，只不过它是个空值。关于空值的概念，我们以后会通过一些具体的示例来解释。

在 JavaScript 中，任何不属于上述 5 种基本数据类型的值都会被视为对象，某些运行环境甚至将 `null` 值也视为一个对象。下一章将深入阐述对象的概念，现在我们还需要再进一步来探讨一下类型与值的关系。

作为一种动态类型的脚本语言，JavaScript 的数据类型是直接与“值”，而不是与变量相关联的。这也就意味着，在 JavaScript 代码的执行过程中，变量的类型是可以随着变量的值而变化的。例如，如果我们在代码中定义了一个名为 `x` 的变量，`x` 是可以初始值为数字，然后在执行过程中被重新赋予其他类型的值的，JavaScript 的运行环境会负责自动识别变量的类型。下面，我们可以用类型操作符 `typeof` 来验证一下（该操作符会返回一个代表数据类型的字符串），打开 node 解释器并设为交互模式，执行图 2-5 所示的测试。

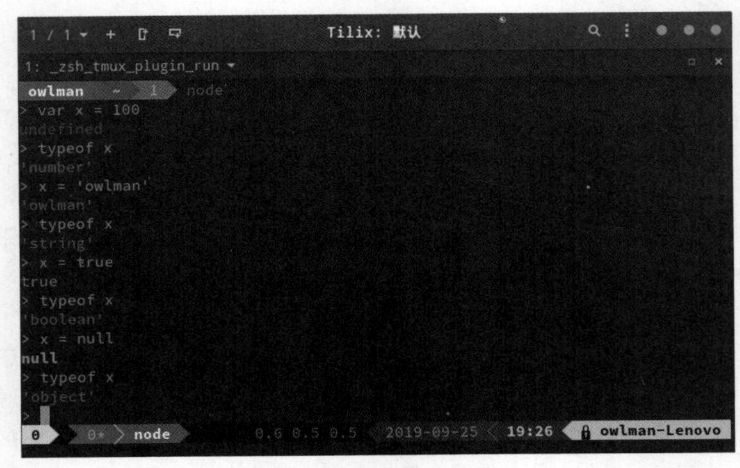

图 2-5　动态化类型

2.3.2.2 存储类型

前面我们讨论的是变量“值”所属的数据类型，它决定的是这些值可执行的操作。但在 JavaScript 中，变量只负责存储数据，与数据类型并没有直接的关联，这是它与 Java、C/C++这些强类型语言的一个重大区别。那么，变量在存储上有没有分类型呢？答案是有，变量的存储类型决定了变量值的存储方式。根据 ECMAScript 标准的规定，变量的存储方式可分为以下两种类型。

- **原始类型**：在这一类型的存储方式下，变量的值往往会直接存储在变量所在栈空间中。由于这种方式所占的内存空间是固定的，所以通常用来存储一些简单且需要快速存取的数据。
- **引用类型**：在这一类型的存储方式下，变量的值往往会被分配在堆空间中，然后将其在堆空间中的位置存储在变量中，通常用来存储一些复杂且内存开销较大的数据。[1]

那么，当我们为一个变量赋值时，该如何判断该值的存储类型呢？答案很简单，在 JavaScript 中，只有基本数据类型是以原始值的方式存储的。也就是说，除了 `Number`、`String`、`Boolean`、`undefined` 和 `null` 这 5 种基本数据类型，其他的值都是以引用的形式存储的。

请记住，如果某个数据是以引用的方式来存储的，则说明这个数据所占用的内存空间大小是不固定的，因此需要让 JavaScript 解释器在堆空间中为其分配内存。如果将其分配在栈空间中，其不固定的内存空间势必会降低数据的存取速度。所以，我们选择了将该数据在堆空间中的位置存储在变量所在的栈空间中，而位置信息的大小是固定的，把它存储在栈中对程序的执行性能无任何负面影响。

2.3.3 变量的操作

在定义好变量之后，我们就可以对其进行相关的操作了。例如在上面的“Hello World”程序中，`console.log('你好！', name);`这行代码的作用就是将'你好！'这个字符串和 `name` 变量中的内容拼接成一个字符串，并输出在命令行终端中。当然，我们在这里调用的是一个函数，该函数由拼接字符串等一系列基本操作组成。所以想要学好编程，首先要学会编写这些基本操作。

和大多数编程语言一样，JavaScript 中的大部分基本操作是通过操作符来完成的。这里所谓的操作符，通常指的是能对一到两个目标执行某种操作，并返回结果的符号。为了让读者更清晰地理解这一概念，我们先来看一个具体的示例，在 node 解释器的交互模式下输入 `7 + 8` 这行代码，可以看到如下结果：[2]

1 本质上，这就是一个指针。

2 为简洁起见，本书会用代码形式来呈现 node 解释器的交互模式下的输入与输出，并忽略所有无关的 `undefined` 值。

```
> 7 + 8
15
```

根据这一结果，我们大致上可以得到下面这几点信息。

- +是一个操作符。
- 该操作是一次加法运算。
- 该操作的目标是 7 和 8 这两个数字（它们也叫操作数）。
- 该操作的结果为 15。

当然，刚才我们是直接拿了两个数字来当作操作目标，接下来改用变量来执行同样的操作，继续在 node 解释器的交互模式下输入如下代码。

```
> const a = 7
> const b = 8
> const c = a + b
> c
15
```

在理解了操作符的概念之后，我们还需要知道在 JavaScript 中到底有多少个操作符，以及这些操作符可以执行哪些类型的操作？一般而言，JavaScript 中的操作符分为基本操作符与对象操作符两大类。下面先来介绍一下基本操作符。

2.3.3.1 基本操作符

在 JavaScript 中，我们可以将其支持的基本操作符按作用分为位操作符、算术操作符、逻辑操作符、关系操作符、字符串操作符与赋值操作符 6 种。它们主要用于操作一些简单的数据。下面一一介绍这 6 种操作符。

1. 位操作符

众所周知，计算机中的所有数据都是以二进制形式存储的。位运算是一种直接对整数底层存储形式进行操作的运算，它主要作用于 32 位的负整数。表 2-3 所示为位操作符及其使用示例。

表 2-3 位操作符及其使用示例

操作符	中文术语	使用示例	二进制结果	转换成十进制
&	按位与	x = 5 & 1	00000001	1
|	按位或	x = 5|1	00000101	5
~	取反	x = ~ 5	11111010	−6
^	异或	x = 5 ^ 1	00000100	4
<<	左移	x = 5 << 1	00001010	10
>>	右移	x = 5 >> 1	00000010	2

当然，由于很少用 JavaScript 代码来执行计算机的底层操作，所以位运算在 JavaScript

应用中并不常见。如果读者对二进制与十进制之间的转换运算并不熟悉，也可以忽略这部分内容。

2. 算术操作符

接下来是算术操作符，它主要用于基于数字的算术运算。表 2-4 所示为 JavaScript 所支持的算术操作符和相应的使用示例。

表 2-4　算术操作符及其使用示例

操作符	中文术语	使用示例	y 的值	x 的值
+	加法	x = y + 2	y = 5	x = 7
-	减法	x = y - 2	y = 5	x = 3
*	乘法	x = y * 2	y = 5	x = 10
/	除法	x = y / 2	y = 5	x = 2.5
%	余数（取模）	x = y % 2	y = 5	x = 1
++（前置）	自增	x = ++y	y = 6	x = 6
++（后置）	自增	x = y++	y = 6	x = 5
--（前置）	自减	x = --y	y = 4	x = 4
--（后置）	自减	x = y--	y = 4	x = 5

3. 逻辑操作符

再接下来是逻辑操作符，它主要用于进行布尔类型的计算，以及确定布尔值之间的逻辑关系。表 2-5 所示为 JavaScript 所支持的逻辑操作符和相应的使用说明。

表 2-5　逻辑操作符及其使用说明

操作符	中文术语	使用说明
&&	逻辑与	仅 true && true 时为 true，其余 3 种情况均为 false
||	逻辑或	仅 false || false 时为 false，其 3 种情况均为 true
!	逻辑非	!false 为 true，!true 为 false

4. 关系操作符

关系操作符有时也被称为比较操作符，它主要用于判断相关值之间的关系，常用于流程控制的条件判断。表 2-6 所示为 JavaScript 提供的关系操作符及其使用说明（这里变量 x 的值一律赋为 5）。

表 2-6　关系操作符操作及其使用说明

操作符	中文术语	使用说明
==	等于	符号两边的值相等时为真，例如 x == 8 为 false，x == 5 为 true
===	恒等于	符号两边的类型和值均相同时为真，例如 x === "5"为 false，x === 5 为 true
!=	不等于	符号两边的值不相等时为真，例如 x != 8 为 true，x != 5 为 false
!==	不恒等于	符号两边的类型和值均不相同时为真，例如 x !== "5"为 true，x !== 5 为 false

续表

操作符	中文术语	使用说明
>	大于	符号左边的值大于右边的值时为真，例如 x > 8 为 false，x > 4 为 true
<	小于	符号左边的值小于右边的值时为真，例如 x < 8 为 true，x < 4 为 false
>=	大于或等于	符号左边的值大于或等于右边的值时为真，例如 x >= 8 为 false，x >= 5 为 true
<=	小于或等于	符号左边的值小于或右边的值时为真，例如 x <= 8 为 true，x <= 6 为 false

5. 字符串操作符

或许是因为 JavaScript 一开始就被设计用来处理 HTML 文本的关系，所以基于字符串类型的文本操作在 JavaScript 中是较为特殊的一种操作。它的特殊之处主要体现在其变量类型上。在大多数编程语言中，字符串通常都属于对象数据类型，采用引用的方式来存储。但在 JavaScript 中，字符串属于基本数据类型，它的数据是直接存储在变量中的。字符串操作并没有单独的操作符，它只是改变了一些现有的算术操作符和关系操作符的定义，然后用它们来执行字符串操作。例如，只要有一个操作目标为字符串类型，+操作符执行的就是字符串的拼接操作，即使另一个操作目标不是字符串类型，它也会被自动转换为字符串类型。再例如，当操作目标为字符串类型时，>、<、=等这些关系操作符比较的就不是数字的大小，而是字符在字母表中的先后顺序了。下面在 node 解释器的交互模式下测试一下这些操作符。

```
> '1' + 1
'11'
> 1 + '1'
'11'
> 1 + '' + 1
'11'
> 'a' > 'b'
false
> 'bat' > 'owl'
false
> 'cd' < 'dvd'
true
> '10' < '9'
true
> '123' == 123
true
> '123' === 123
false
> '123' === '123'
true
```

值得一提的是，从上面所进行的最后 3 个测试中，我们看到了一个有趣现象，即字符串'123'和数字 123 进行==比较时，由于只是单纯进行值比较，所以数字被转换成字符串之后，该操作就返回 true 了；但是当它们进行===比较时，比较的除了值还有类型，该操作就得返回 false 了。正因为如此，今后在判断两个字符串变量是否相同时，应尽量使用===操作符。

6. 赋值操作符

最后是赋值操作符，它主要用于赋予变量一个指定的值，并让其所在的赋值表达式返回该值（下一节会介绍赋值表达式的概念）。表 2-7 所示为 JavaScript 提供的赋值操作符，以及它们的使用示例（这里设 x = 10、y = 5）。

表 2-7 赋值操作符

操作符	使用示例	示例说明
=	x = y	将 y 的值赋给 x，结果 x = 5
+=	x += y	将 x + y 的值赋给 x，结果 x = 15
- =	x - = y	将 x - y 的值赋给 x，结果 x = 5
*=	x *= y	将 x * y 的值赋给 x，结果 x = 50
/=	x /= y	将 x / y 的值赋给 x，结果 x = 2
%=	x %= y	将 x % y 的值赋给 x，结果 x = 0

2.3.3.2 对象操作符

通常我们会将基本操作符之外的所有操作符归类为对象操作符。这些操作符往往都对应着一种特定的对象类型，大致上可以分成以下几类。

- **函数操作符**：例如，function 操作符用于定义函数，() 操作符用于调用函数。
- **数组操作符**：例如，[] 操作符用于索引数组元素，in 操作符用于判断某元素是否存在于数组中。
- **实例操作符**：例如，. 操作符用于调用对象实例的方法与属性，new 操作符用于新建对象实例，delete 操作符用于删除对象实例。
- **类型操作符**：例如，typeof 操作符用于查看变量值的数据类型，instanceof 操作符用于判断某个变量值是否是某个类型的实例。

由于这些操作符都与某种类型的对象相关，所以等到具体介绍相关对象时再来说明它们的使用方法，这里就不再单独介绍了。

2.3.3.3 操作符优先级

计算机实际执行的操作往往是由几种不同类型的操作符共同组合而成的。当几种不同类型的操作符出现在同一条操作指令中时，程序会如何决定这些操作的执行顺序呢？理论上，这个问题可以交由操作符的优先级来解决。如果读者有学习 C/C++、Java 等编程语言的经验，想必都还记得在学习语言的初期会把不少时间花在记忆操作符的优先级上。例如，经常会有一些书出题让读者回答下面这类算术运算的操作顺序：

```
++a * b + c / d ;
```

为了回答这类问题，读者就必须要记住以下两点。

- 单目操作符拥有最高的优先级，所以前置的++会先被执行。
- 乘除法的优先级高于加减法，所以*和/会先于+被执行。

除此之外，为了解决类似的习题，读者还必须要记住算术操作符的优先级高于关系操作符、关系操作符的优先级高于逻辑操作符、赋值操作符的优先级低于逻辑操作符等规则。但是，读者最终会发现记住这些规则的最大用处就是解决上面这类习题。在实际编程中，我们通常会极力避免写出上面这种含糊不清的操作指令。这一方面是为了增强代码的可读性，另一方面也是为了降低编写这类复杂指令时的出错率。所以，我们通常会将复杂的操作指令拆分成几条简单的指令，例如上面的指令可以改写为：

```
++a;
const x = a * b;
const y = c / d;
x + y;
```

即使在特定情况下不得不写一些复杂的指令，通常会使用圆括号来辅助表达自己的意图。例如，如果我们不想额外增加 x 和 y 这两个变量，可以这样写：

```
++a;
(a * b) + (c / d);
```

这样一来，无论操作符优先级是如何规定的，我们都可以确定圆括号中的操作会被优先执行，这就不存在任何表达上或阅读上的歧义了。另外，圆括号也可以用于改变原本的执行顺序。例如，如果我们想先执行加法再执行乘除法，就可以这样写：

```
a * (b + c) / d;
```

总而言之，我们需要记住，编程语言归根结底是一门语言，清晰、正确地表达意图是最重要的，任何有可能让我们的表达变得含糊不清，或让别人产生困惑的做法都应该极力避免，切忌华而不实地炫技。

2.4 表达式与语句

众所周知，计算机程序本质上就是一组用某一门编程语言编写而成的指令序列。人类用这门语言表达自己的意图，而计算机则利用这门语言的解释器或编译器理解人类的意图，将该意图转换成机器指令并执行它。所以，程序员的任务就是要学会用编程语言来表达自己的意图。在 JavaScript 中，表达意图的基本指令单元通常被称为**语句**。上一节的变量和操作符相当于人类语言中的名词和动词，而本节就接着来介绍如何按照自己的意图将这些名词和动词组织成语句。

和英文语句通常是由多个短语组成的一样，在 JavaScript 的语句中，表达式就扮演了短语的角色。一条语句通常包含一个或多个表达式。另外，和我们写完一句话时常用句号来结尾一样，JavaScript 语句也通常以分号结束。但 JavaScript 的特殊之处在于，即使我们忘了在语句末尾加上分号，解释器在大部分情况下也会自动加上。这就意味着，在 JavaScript 中，语句末尾的分号是可以省略的。事实上，如今确实也有一些 JavaScript 的编程规范，例如 JavaScript Standard Style（JavaScript 标准编码风格）建议我们不加分号，他们认为这样做有助于形成一些良好的编程习惯。当然，不加分号也会带来一些麻烦（例如，如果语句以(、[符号开头，就可能会出现一些不可预料的结果）。总而言之，用不用分号结束语句完全取决于个人或团队的喜好。这属于编程风格的问题，我们只需要保持前后一致，并确保代码的可读性良好即可。

下面从最简单的表达式语句开始，介绍如何编写 JavaScript 语句。

2.4.1 表达式语句

如前所述，使用语言最根本的目标是要准确且清晰地表达意图。所以编写语句的第一步是要明确自己要表达的内容，内容可以是执行某个动作，也可以是呈现某个状态。当然，在没有习惯用 JavaScript 语言表达自己意图之前，不妨先用自己熟悉的人类语言将要表达的内容写出来。举个例子，如果想将 100 元人民币的币值换算成美元，通常可以像下面这样表达。

- 先获取人民币的币值：100。
- 再取得人民币兑美元的汇率。本书写作时，汇率为 0.1404。
- 将人民币的币值乘以汇率，结果即为美元币值。

下面用 JavaScript 语言来翻译一下上面 3 条短句（这里假设 `CNY`、`exRate` 和 `USD` 这 3 个变量已经完成了定义）：

```
CNY = 100;
exRate = 0.1404;
USD = CNY * exRate;
```

这里有 3 条 JavaScript 语句。由于这些语句都由一个或两个表达式组成，所以它们所表达的意图是由其中的表达式类型来决定的，而表达式类型取决于表达式中起最终作用的操作符。例如在这个例子中，前两条语句中只有一个赋值操作符，所以这两条语句无疑都属于赋值表达式；而第三条语句由一个乘法操作符和一个赋值操作符组成，似乎应该是一个由算术表达式和赋值表达式组合而成的复合表达式，但在习惯上是用“起最终作用”的操作符来为表达式归类的，所以它属于赋值表达式。

依次类推，还有算术表达式、关系表达式、逻辑表达式、函数调用表达式或对象操作表达式等执行各类不同操作的表达式，它们都可以直接组成语句。对于这种只包含表达式的语句，我们通常称之为**表达式语句**，这是 JavaScript 中最简单的一种语句。

2.4.2 复合语句

在 JavaScript 中，更多语句是由表达式和其他语法元素共同组合而成的。这些语句往往被用于表述比表达式更复杂的意图，我们将其统称为复合语句。在作用上，复合语句可以进一步细分为**语句块**、**条件语句**和**循环语句** 3 种类型。下面分别介绍一下它们。

2.4.2.1 语句块

在某些情况下，我们会发现自己用若干条语句描述了一个独立于程序其他部分的意图，这时候就可以选择用一对大括号将这些语句括在一起构成一个语句块。例如，上面这个币值换算操作可以这样写：

```
{
    let CNY, exRate, USD;
    CNY = 100;
    exRate = 0.1404;
    USD = CNY * exRate;
}
```

这样一来，上面的一条定义语句（这类语句在 2.3.1 小节中已经介绍过了）和 3 条赋值语句就组成了一个语句块，它在 JavaScript 解释器眼里是一条语句。这样做的好处是，我们可以在语句块内部创建一个独立的变量命名空间，在该空间中命名的任何变量都不会影响空间外的任何地方，该空间被称为变量的**块级作用域**。当然，在这里需要特别说明一件事，读者在阅读一些年代久远的代码时可能会发现，在 ES6 标准发布之前，JavaScript 中的所有变量都是用 `var` 关键字来定义的，而该关键字所定义的变量只有全局作用域和函数作用域两种，并不支持块级作用域。为了解决这个问题，ES6 标准新增了 `let` 和 `const` 这两个关键字，以便在块级作用域中定义局部变量。`var` 关键字与 `let` 关键字的区别如下。

（1）在之前创建的 `code` 目录中创建一个名为 `02_console` 的目录，用于今后存放一些需在命令行终端中执行的程序。

（2）在 `02_console` 目录中创建一个名为 `02-test.js` 的脚本文件，并输入以下代码：

```
// 测试 JavaScript 的语法
// 作者：owlman
```

```
{
    var CNY, exRate, USD;
    CNY = 100;
    exRate = 0.1404;
    USD = CNY * exRate;
}

console.log(USD);

{
    let CNY, exRate, USD;
    CNY = 200;
    exRate = 0.1404;
    USD = CNY * exRate;
}

console.log(USD);
```

（3）在保存文件并退出编辑器之后，打开命令行终端进入 code/02_console 目录，并执行 node 02-test.js 命令，如果一切正常，程序输出结果就如图 2-6 所示。

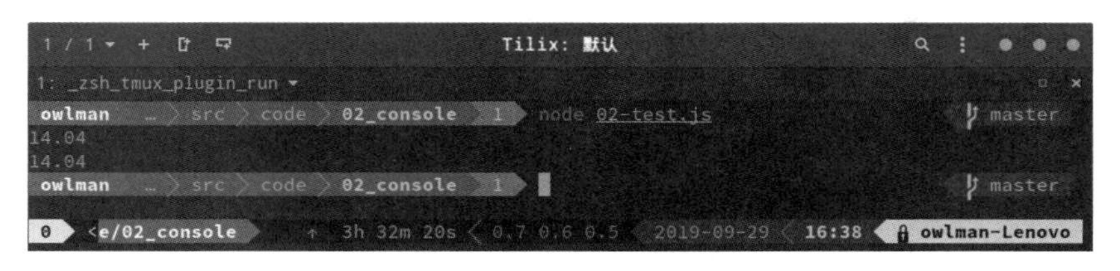

图 2-6　块级作用域

程序输出的两个结果都是第一个语句块中用 var 关键字定义的全局变量，第二个语句块中用 let 关键字定义的变量对其不产生任何影响。当然，如果我们不希望某个变量在程序执行过程中被修改，也可以改用 const 关键字来定义它，以表示该变量存储的值是不可“变”的。例如，如果我们希望人民币兑美元的汇率是固定的，就可以将上述代码中的第二个语句块修改成：

```
{
    let CNY, USD;
    const exRate = 0.1404;// 汇率是固定的
    CNY = 200;
    USD = CNY * exRate;
}
```

基于 ES6 标准所带来的以上变化，并且为了更清晰地表述变量的作用，后文会尽量使用 let 和 const 关键字来定义变量。

2.4.2.2 条件语句

到目前为止，我们所看到的所有程序都是按照语句出现的顺序一路执行到底的，基本没有任何应变能力。如果我们希望自己编写的程序具备一定的“随机应变”能力，就得让它执行条件判断。在编程语言中，用来表述条件判断的语句被称为**条件语句**。条件语句在编程设计概念中属于流程控制语句中的一种，它的主要作用是根据某一由程序员预先指定的条件来决定是执行还是跳过某部分的语句（这些语句通常被称为**条件分支**）。

在 JavaScript 中，条件语句主要有 `if` 语句和 `switch` 语句两种。下面分别介绍一下它们。

`if` 语句是编程设计中最常见、最基本的一种流程控制语句，根据条件分支的多少，它可以分为以下 3 种形式。

- **单分支形式**：这种形式的 `if` 语句只用于指定在某条件成立时程序需要执行的条件分支。具体语法如下：

```
if ([条件表达式])
  [分支语句]
```

- **双分支形式**：这种形式的 `if` 语句会同时指定在某条件成立或不成立时程序需要执行的条件分支。具体语法如下：

```
if ([条件表达式])
  [分支语句]
else
  [分支语句]
```

- **多分支形式**：这种形式的 `if` 语句会根据多个条件来决定程序需要执行的条件分支。具体语法如下：

```
if ([条件表达式])
  [分支语句]
else if ([条件表达式])
  [分支语句]
else if ([条件表达式])
  [分支语句]
 ...
else
  [分支语句]
```

在这里，[条件表达式]主要是一些返回布尔值的表达式，例如关系表达式、逻辑表达式等。个别时候也会使用一些返回 `null`、`undefined` 值的表达式。即如果表达式的值为 `null` 或 `undefined`，则认为条件成立。而[分支语句]既可以是简单的表达式语句，也可以是一个由多条语句组成的语句块。

下面，我们通过一个具体的例子来演示一下 `if` 语句的用法。货币的币值不会为负数，基于这一点，我们可以对之前的币值换算代码做出如下修改：

```
let CNY, USD;
```

```
const exRate = 0.1404;
CNY = 200;
if (CNY >= 0) {
  USD = CNY * exRate;
  console.log('换算的美元币值为：', USD);
}
```

这样，我们只会在 CNY 的值大于或等于 0 时才会看到输出结果。但是这种做法有个问题，那就是一旦 CNY 的值为负数，我们在执行这段代码时将看不到任何反馈信息，甚至不确定程序是否运行过。为了解决这个问题，我们要让程序在条件不成立时输出一条提示信息：

```
let CNY, USD;
const exRate = 0.1404;
CNY = 200;
if (CNY >= 0) {
  USD = CNY * exRate;
  console.log('换算的美元币值为：', USD);
} else {
   console.log('人民币的币值不能为负数！');
}
```

将上述修改更新到之前的 02-test.js 的脚本文件中，执行该脚本文件然后查看 CNY 的值分别为 100 和−100 时执行结果，如图 2-7 所示。

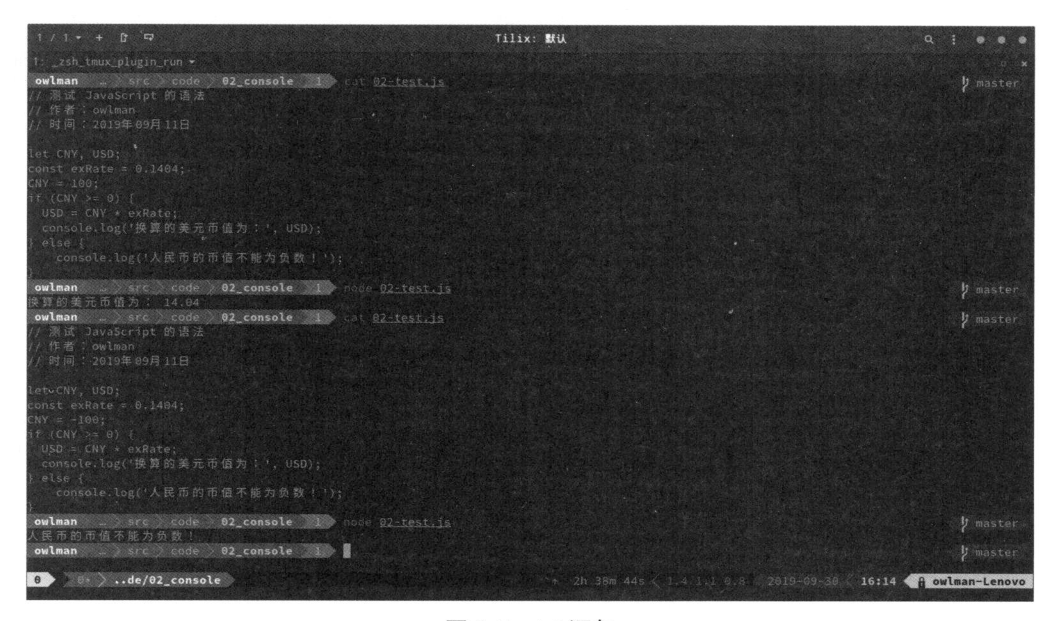

图 2-7 if 语句

当然，如果我们还想确保汇率也不是负数，可以继续将代码修改成一个多分支判断：

```
let CNY, USD;
const exRate = -0.1404; // 现在汇率为负数
CNY = 200;
if (CNY < 0) {
    console.log('人民币的币值不能为负数！');
} else if (exRate < 0) {
    console.log('人民币对美元的汇率不能为负数！');
} else {
    USD = CNY * exRate;
    console.log('换算的美元币值为：', USD);
}
```

将上述修改更新到 02-test.js 的脚本文件中，执行脚本文件并查看 exRate 的值为−0.1404 时的执行结果，如图 2-8 所示。

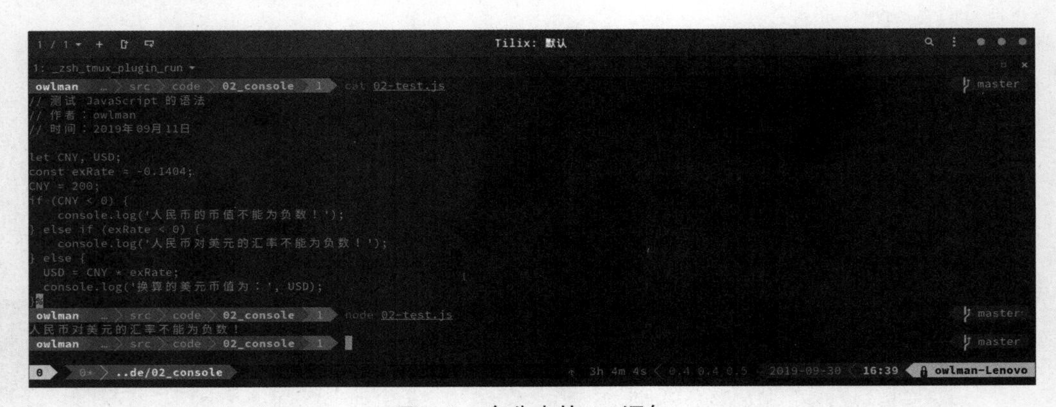

图 2-8　多分支的 if 语句

我们之前用 if 语句处理多个条件分支时，面对的是不同的条件表达式。但是如果多个条件分支取决于相同的表达式，并且条件分支的数量在 3 个以上，就要考虑用 switch 语句来替代 if 语句了。下面是 switch 语句的基本语法：

```
switch ([表达式]) {
  case [预估值 1]:
    [分支语句]
    break;
  case [预估值 2]:
    [分支语句]
    break;
  case [预估值 3]:
    [分支语句]
    break;
  ...
  case [预估值 n]:
```

```
    [分支语句]
    break;
  default:
    [分支语句]
    break;
}
```

在这里，[表达式]通常是一个变量，但也可以是其他任何能提供返回值的成分。[预估值 1]到[预估值 n]则都是程序员预测[表达式]可能会返回的值。在该语句被执行时，程序会拿这些预估值去一一比对[表达式]返回的实际值，如果存在匹配的预估值，就执行该值之后的**所有语句**。请注意，这里说的所有语句是指匹配预估值后面所有分支的语句。如果我们只想执行它当前所在分支的[分支语句]，就必须在该[分支语句]后面加上一个 `break` 跳转语句，跳出 `switch` 语句的执行。关于跳转语句，后面会详细介绍。

如果程序没有找到任何匹配的预估值，就会执行由关键字 `default` 标记的分支。和 `if` 语句中的 `else` 分支一样，这里的 `default` 分支也是可选的，如果程序员觉得没有必要，也可以不设置这一分支。在这种情况下，如果程序没有找到匹配的预估值，`switch` 语句就什么也会不做。

说得更具体一点，整个 `switch` 语句的执行步骤可细分为以下几步。

(1) 对 `switch` 语句的[表达式]进行求值，并记录结果。

(2) 进入第一个 `case` 分支，将预估值与步骤 1 的结果进行比对。

(3) 如果步骤 2 中的比对结果为 `true`，则执行该 `case` 分支后面的“所有代码”。

(4) 在相关 `case` 分支中的语句执行完成之后，如果遇到 `break` 语句就直接退出 `switch` 语句。

(5) 如果步骤 2 中的比对结果为 `false`，就进入下一个 `case` 分支中，重复步骤 2～5 中的操作。

(6) 如果直到最后一个 `case` 分支的比对结果依然为 `false`，就执行 `default` 分支后面的代码。

(7) 如果 `default` 分支不存在，就直接退出 `switch` 语句。

下面，我们同样通过一个具体的例子来演示一下 `switch` 语句的用法。`switch` 这个单词的其中一个含义是交换机，这就让人联想到了拨打电话的原理。接下来，我们就用 `switch` 语句来模拟一个只能给 4 个人打电话的电话交换机：

```
let number = 1002;

switch (number) {
  case 1001:
    console.log('张三');
    break;
  case 1002:
    console.log('李四');
```

```
    break;
  case 1003:
    console.log('王五');
    break;
  case 1004:
    console.log('赵六');
    break;
  default:
    console.log('你拨打的是空号！');
    break;
}
```

将上述代码更新到 02-test.js 的脚本文件中，执行脚本文件然后查看当 number 的值分别为 1001、1002、1003、1004 和其他任意数字时的执行结果。number 的值为 1002 和 1005 时的结果如图 2-9 所示。

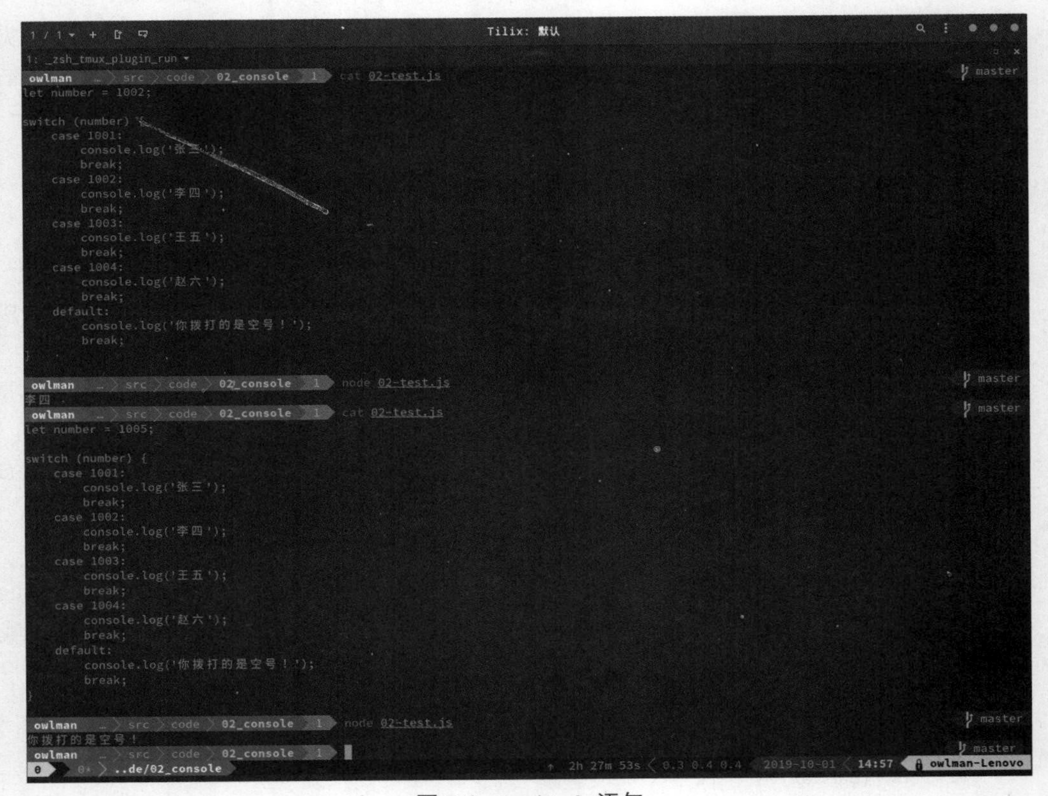

图 2-9　switch 语句

除此之外，读者也可以将其中任意一个或几个 break 语句注释掉，看看程序的执行结果与之前有何不同。

2.4.2.3 循环语句

在测试上面这些条件语句时，细心的读者可能已经发现了一个问题，那就是这些条件语句都只能执行一次。而我们如果想测试不同的数据，就得去修改代码本身。这种测试方法不仅操作不方便，而且根本没有办法处理海量的测试数据。如果想要解决这个问题，我们就得想办法让程序能根据我们指定的条件来重复执行某部分的语句，而这就涉及编程语言中另一种流程控制语句：**循环语句**。

在 JavaScript 中，循环语句主要有两种：`for` 语句和 `while` 语句。下面分别介绍一下它们。

1. for 语句

从使用习惯上来说，`for` 语句的整个循环过程通常会由某个被指定的变量来驱动，因此通常更适合用来描述一些执行次数确定的循环。其具体语法如下：

```
for ([定义循环变量]; [循环条件测试]; [更新循环变量])
  [被循环语句]
```

`for` 语句中的语法单元介绍如下。

- [定义循环变量]是一个带初始化动作的变量定义语句（例如 `let i = 0`）。由于这个变量将被用于驱动整个循环的执行，故而被称为**循环变量**。
- [循环条件测试]是一个用于测试循环变量并能返回布尔值的表达式（例如 `i < 10`）。只要该表达式的测试结果为 `true`，循环就会一直执行下去，该表达式是循环是否继续的判断依据。
- [更新循环变量]是该循环每重复执行一次之后，循环变量所要做的更新操作（例如`++i`）。通常情况下，循环变量每更新一次，[循环条件测试]就更趋向于返回 `false`，否则就有可能导致无限循环。
- [被循环语句]就是该循环要重复执行的语句。它既可以是简单的表达式语句，也可以是一个由多条语句组成的语句块。例如，如果想在命令行终端中输出从 0 到 9 这 10 个数字，就可以这样写：

```
for (let i = 0; i < 10; ++i) {
  console.log('数字：', i);
}
```

除此之外，`for` 语句还有 `for-of` 和 `for-in` 两种特殊形式。其中，`for-of` 形式是 ES6 新增的一种循环，主要用于遍历数组、集合等数据结构；而 `for-in` 则主要用于枚举对象的属性。这两种形式的具体语法等到具体介绍数组和对象时再来说明。

2. while 语句

`while` 语句与 `for` 语句相比，最大的区别在于它并没有为循环变量的初始化和更新预留语法单元，其具体语法如下：

```
while ([循环条件测试])
  [被循环语句]
```

while 语句中的语法单元只有两个介绍如下。

- [循环条件测试]是一个返回布尔值的表达式。只要该表达式的测试结果为 true，循环就会一直执行下去，该表达式是循环是否继续执行的判断依据。
- [被循环语句]就是该循环要重复执行的语句。它既可以是简单的表达式语句，也可以是一个由多条语句组成的语句块。

这就意味着，while 语句具有更高的自由度。它允许程序员更灵活地安排循环的执行方式（当然了，也相对更容易出错），因此在习惯上更适合用来描述一些执行次数不确定的循环操作。例如，我们有一个用于逐行读取文本的函数 readLine(text)[1]，它要读取的文本是不确定的，程序无法事先知道文本中有多少行内容，但可以确定该函数会在读取完文本之后返回 false，那么我们就可以这样写：

```
let line = null;
let i = 1;
while (line = readLine(text)) {
    console.log(i + '. ', line);
    i++;
}
```

当然，如果我们硬要用 for 语句来实现这样的循环，也是可以做到的；而且 while 语句也可以用来执行循环次数确定的操作。除此之外，while 语句还有一种特殊的形式，被称为 do-while 语句，其具体语法如下：

```
do {
  [被循环语句]
} while ([循环条件测试]);
```

该循环与一般 while 循环最大的不同在于，它即使在[循环条件测试]一开始就返回 false 的情况下，[被循环语句]也至少会被执行一次。例如，对于上面输出文本的循环，如果我们希望在输出正式内容之前无论如何都要先输出一条提示信息，就可以这样写：

```
let line = '下面是目标文件的内容：';
let i = 1;
do {
    console.log(i + '. ', line);
    i++;
} while (line = readLine(text));
```

1 对于如何定义函数，下一章会做具体说明。

2.4.3 跳转语句

在程序执行过程中，常常会遇到一些需要提前结束当前执行单元（例如条件语句、循环语句）的特殊情况，这时候就需要用到一种能让程序直接改变执行位置的语句，我们称之为**跳转语句**。下面介绍一下 JavaScript 提供的几种跳转语句。

- **break 语句**：对于这种跳转语句，我们之前在介绍 switch 语句时就已经遇到过了，它的主要作用就是让程序直接跳出当前正在执行的条件语句与循环语句。例如，如果我们希望之前那个读取文本的程序在遇到空行时就停止读取，就可以这样写：

```
let line = '下面是目标文件的内容：';
let i = 1;
do {
  if (line === '')
     break;
  console.log(i + '. ', line);
  i++;
} while (line = readLine(text));
```

- **continue 语句**：这种跳转语句只能被运用在循环语句中，它的作用是停止执行当前这一轮循环操作，直接进入下一轮循环。例如，如今有很多文本格式是用空行来分割段落的（例如 Markdown），这时候如果我们觉得遇到空行就直接停止读取的方式不妥当，那么程序只需不输出空行就可以了，所以也可以这样写：

```
let line = '下面是目标文件的内容：';
let i = 1;
do {
   if (line === '')
       continue;
   console.log(i + '. ', line);
   i++;
} while (line = readLine(text));
```

- **return 语句**：这种跳转语句主要用于终止函数或整个程序的执行，我们将会在下一章介绍函数时再来说明它的具体使用方法。
- **throw 语句**：这种跳转语句是异常处理机制的一部分，主要用于终止函数或整个程序的执行，第 5 章介绍 JavaScript 的异常处理机制时会说明它的具体使用方法。

2.5 综合练习

在学习了那么多知识之后，我们希望读者在进入下一章的学习之前能停下来沉淀一下，消化一下学到的东西。读者可以实际做一点编程练习，看看能不能将这些基本语法元素组合起来，解决一些简单的问题。为了启发读者，这里提供一个小小的示例，示范一下如何只用目前已学的知识来解决一些实际问题。

正如之前所说，我们在测试用 switch 语句实现的那个迷你电话交换机时遇到了一个问题：如果我们想测试该交换机的所有线路，就会发现每测试一条线路就得去修改一次 number 变量的值。或许这在只有 4 条线路的情况下还尚可被接受，但如果该电话交换机的线路有十几条，甚至数十条呢？很显然，这种测试方法不仅操作不方便，而且根本没有办法处理大量的测试数据。当时我们说这个问题可以用循环语句来解决，现在就来示范一下这个解决方案，其具体步骤如下。

(1) 在之前创建的 02_console 目录中创建一个名为 02-testTelephoneExchange.js 的脚本文件。

(2) 用编辑器打开 02-testTelephoneExchange.js 脚本文件，并输入以下代码：

```
// 电话交换机测试
// 作者：owlman

for (let number = 1001; number < 1006; ++number) {
  switch (number) {
    case 1001:
      console.log('张三');
      break;
    case 1002:
      console.log('李四');
      break;
    case 1003:
      console.log('王五');
      break;
    case 1004:
      console.log('赵六');
      break;
    default:
      console.log('你拨打的是空号！');
      break;
  }
}
```

（3）在保存文件并退出编辑器之后，打开命令行终端进入 `code/02_console` 目录，并执行 `node 02-testTelephoneExchange.js` 命令，如果一切正常，程序的输出结果就如图 2-10 所示。

```
owlman  … src code 02_console 1  cat 02-testTelephoneExchange.js
// 测试 switch 语句的所有分支
// 作者：owlman
// 时间：2019年09月12日

for (let number = 1001; number < 1006; ++number) {
    switch (number) {
        case 1001:
          console.log('张三');
          break;
        case 1002:
          console.log('李四');
          break;
        case 1003:
          console.log('王五');
          break;
        case 1004:
          console.log('赵六');
          break;
        default:
          console.log('你拨打的是空号！');
          break;
    }
}
owlman  … src code 02_console 1  node 02-testTelephoneExchange.js
张三
李四
王五
赵六
你拨打的是空号！
```

图 2-10　电话交换机测试

由于这个交换机线路的电话号码是连续的整数，所以用循环变量递增的方式就可以对其进行测试了。但是如果这些号码是不连续的整数呢？要想应对这种更复杂的情况，通常就得先用一个数组之类的数据结构将测试数据收集起来，然后用 `for-of` 这种专用的遍历循环进行操作。相信读者也意识到了，如果电话线路多达数十条，用 `switch` 语句来实现电话交换机会让代码长得无法接受，这也需要先用一个映射集之类的数据结构建立一个**电话簿**，然后让程序去查询。由此可以看出，如果我们想编写更实用的程序，就势必要构建数据结构，而这正是下一章要介绍的内容。

本章小结

在这一章中，我们首先按照编程教学的惯例给读者展示了 JavaScript 版本的“Hello World”程序。然后以该程序为切入点，依次介绍了注释、变量、表达式以及语句这些基本语法元素的概念和用法。在这个过程中，我们首先对如何对代码进行注释做了相关的介绍和建议；然后介绍了变量的定义、命名规范、数据类型、存储类型等基础知识，紧接着介绍了用于操作变量的操作符。最后详细讲解了如何编写程序的最基本执行单位——语句。这其中既包含了只有操作符或关键字组成的表达式语句和跳转语句，也包含了由多条语句组成的语句块，以及由表达式和语句块进一步组成的条件语句和循环语句。

在学习了上述知识之后，读者应该已经可以开始编写一些具有简单功能的程序了。下一章会将它们封装成粒度更大的语法元素，并重复调用它们，以便实现一些功能更为复杂的程序。

第 3 章　函数与对象

在上一章中，最后的综合练习留下了一个问题，那就是如果想要实现更具实用价值的程序，就要将相关的数据封装到合适的数据结构中，然后再基于数据结构来执行相关的操作。但是，为什么要进行封装呢？要如何封装数据结构才能有利于问题的解决呢？应该如何基于数据结构编写代码呢？本章将围绕这些问题展开，以便对 JavaScript 这门语言进行更深入的介绍。在阅读完本章内容之后，希望读者能掌握：

- 封装在编程方法中的意义与作用；
- 在 JavaScript 中定义并使用函数；
- 在 JavaScript 中定义并使用对象；
- 数据结构的作用和基本使用方法。

3.1 封装的意义

在具体介绍封装这个概念，以及它在编程中的意义之前，先再仔细看看在上一章中实现的“电话交换机测试”程序：

```
// 电话交换机测试
// 作者：owlman

for (let number = 1001; number < 1006; ++number) {
  switch (number) {
    case 1001:
      console.log('张三');
      break;
```

```
    case 1002:
      console.log('李四');
      break;
    case 1003:
      console.log('王五');
      break;
    case 1004:
      console.log('赵六');
      break;
    default:
      console.log('你拨打的是空号！');
      break;
  }
}
```

之所以要回到这个程序上，是因为该程序的代码除了能证明 switch 语句的所有分支可以用循环来进行全覆盖的测试，还有另一个作用，就是充当编程方法论中的反面教材。是的，这段代码在编程方法论上几乎可以说是一无是处。

除了在电话交换机的实现方式及其测试方案的设计上都做得非常笨拙，这段代码更大的问题是完全模糊了编程任务之间的界线。换句话说，整个程序原本应该很清楚地被分为电话交换机的**实现代码**和**测试代码**两部分。它们在理论上应该是两个彼此独立的任务，结果前一个任务的代码出现了在后一个任务的代码内部。这意味着，无论我们是想更改电话交换机的实现方式，还是想重新设计测试交换机的方案，都得修改同一段代码，这种牵一发而动全身的局面对任何程序的维护都是非常不利的。在编程方法论上，这种任务之间的依赖关系被称为**耦合度**，任务之间的耦合度越高，它们所组成的程序就越难以维护。

为了降低程序中各种任务之间的耦合度，程序员们在漫长实践中总结出了一个被称为**过程式编程**的编程范式。在这种编程范式中，我们需要先将不同的任务打包成各自独立的执行单元，然后让这些执行单元以某种特定方式进行通信。在编程术语上，这个任务打包的过程被称为**封装**，它在编程中最大的作用之一就是降低程序中不同任务之间的耦合度。

与此同时，一旦各种特定的任务都被打包成了独立的执行单元，这些执行单元被重复使用的难度也会随之下降。例如，在将“电话交换机测试”这个程序打包成两个独立的执行单元之后，我们既可以用测试交换机的执行单元去测试其他电话交换机，也可以用其他测试代码来测试当前电话交换机的执行单元，这大大降低了我们重复编写相同代码的可能性，提高了编程效率。

除了可以将任务打包成独立的执行单元，我们还可以根据任务中数据存取的需要，将相关的数据打包成不同的数据结构。例如上一章中提到过，收集一般性测试数据的工作应该使用便于枚举的数组来完成，存储电话簿的任务则应该使用便于查询关联的键/值对的映射集来实现。这些都是基于数据的具体存取需求来设计的数据结构，它们将有助于改善程序的执行效率。

除此之外，在面向对象编程、泛型编程等编程范式中，还可以将数据和操作进一步打包在一起，以此来创建由用户自定义的新类型，这将极大地扩展编程语言本身的表述能力，这种能力也是以封装为基础的。

综上所述，我们可以将封装在编程中的意义总结如下。

- 封装有利于降低不同任务之间的耦合度，提高代码的可维护性。
- 封装有利于提高代码被重复使用的概率，提高编程的效率。
- 封装有利于程序对数据的组织和管理，提升程序的执行效率。
- 封装有助于创建用户自定义的新类型，扩展编程语言自身的表述能力。

现在，相信有一些读者已经开始对笔者喋喋不休的长篇大论感到不耐烦了。毕竟，这段论述显然无法让初学者对封装这个概念，或者以此为基础展开的编程方法论有多么深入的理解，势必还是需要用具体的代码来帮助读者理解它们。但笔者还是认为先在理论上和思维方式上给出一个大致的方向是必要的，这对我们接下来要对“电话交换机测试”这个程序进行的多层次的封装工作会起到一个提纲挈领的作用。例如，现在读者至少应该已经明白了一件事：如果我们想要把上面那个“电话交换机测试”程序修改成一个更复杂、更实用的程序，就得从任务的封装开始着手。

3.2 函数的运用

在编程术语中，由任务封装而成的执行单位通常被称为**函数**（function）。在大部分编程语言中，函数是最低层次的封装，它原本就在编程行为中享有着非常重要的地位。而具体到了 JavaScript 中，函数的地位则变得更为重要了。因为在 ES6 标准发布之前，JavaScript 中并没有专门用于创建用户自定义类型的语法元素，所以无论是过程式编程还是面向对象编程，函数都是绝对的主角。即使在 ES6 标准新增了 `class` 等专门用于创建自用户定义类型的语法支持之后，但由于业界存在着大量 ES6 发布之前的 JavaScript 项目，因此无论我们是想继续维护它们，还是将它们升级到 ES6，都需要了解 ES5 及其更早之前的做法。接下来，我们将对 JavaScript 中的函数进行详细介绍。

3.2.1 函数的定义

在 JavaScript 中，定义函数的语法主要有以下 3 种形式。

- **function 语句形式**：这种形式的函数定义通常会以 `function` 关键字开头，接下来的语法与 C 语言、Java 中的函数定义类似，具体语法如下：

```
function [函数名称]([形参列表]) {
  [函数要执行的语句]
}
```

在这里，[函数名称]的命名规范与变量完全相同，我们可以按照之前所学的变量命名规范给函数起任何自己喜欢的名字。通常情况下，函数的名称应该要能反映该函数的功能。[形参列表]这部分所设定的是该函数希望从外部获取的数据[1]。[函数要执行的语句]这部分设置的就是要封装在该函数中的任务。

- **直接量形式**：这种形式的函数定义通常会将一个被称为函数直接量的值赋给一个变量。具体语法如下：

```
[定义变量关键字] [变量名] = [函数直接量];
```

在这里，[定义变量关键字]可以是 var、let 和 const 中的任何一个，至于具体选择哪一个，就取决于我们期待这个函数变量拥有哪个级别的作用域，以及函数本身是否可被修改（我们在下一节中会介绍如何修改函数本身）。[变量名]就等同于 function 语句形式中的[函数名称]，它们遵循相同的命名规范。[函数直接量]在 ES6 标准发布之前通常是一个由 function 语句定义的匿名函数，像这样：

```
[定义变量关键字] [变量名] = function ([形参列表]) {
  [函数要执行的语句]
};
```

匿名函数的定义语法除无须指定[函数名称]之外，其余都与采用 function 语句形式定义的具名函数完全相同。也正因为匿名函数是一个没有名称的、具有函数类型的数据值，故而被称为**函数直接量**。在 ES6 标准发布之后，[函数直接量]还多了一种被称为**箭头函数**的新形式，所以对于上面的[函数直接量]，也可以这样写：

```
[定义变量关键字] [变量名] = ([形参列表]) => [函数要执行的语句];
```

- **构造函数形式**：这种形式的函数定义通常会以调用构造函数，创建对象的方式来呈现。具体语法如下：

```
[定义变量关键字] [变量名] = new Function()('[形参列表]','[函数要执行的语句]');
```

关于构造函数的使用，下一节介绍对象这个概念时再做说明。在这里，我们只需要知道这种形式的存在和函数在 JavaScript 中也属于对象即可。但出于对代码的可读性和可维护性方面的考虑，通常不建议使用这种形式来定义函数。

下面用上述 3 种形式各自定义一个执行加法运算的函数，以此来示范一下如何在 JavaScript 中定义函数：

```
function add_1 (x,y) {                              // function 语句形式
  return x + y;
}
```

1 函数的参数按照其起到的具体作用可分为形参（形式参数）与实参（实际参数）两种。它们出现的场合是不一样的，形参是在定义函数时所设置的参数，而实参则是在调用函数时所传递的参数。

```
const add_2 = function (x,y) {                        // 直接量形式 1
  return x + y;
};

const add_3 = (x,y) =>{                               // 直接量形式 2
  return x + y;
};

const add_4 = new Function('x,y','return x + y;'); // 构造函数形式
```

在上述代码中，add_1、add_2、add_3 和 add_4 4 个函数虽然采用的是不同的定义形式，但它们执行的都是 return x + y 这个操作。值得一提的是，JavaScript 和 C/C++、Java 这些语言不同，它的函数是不必特别指定返回值类型和形参类型的，其返回值类型由函数体内的 return 语句决定，而形参类型则由传递给该函数的实参来决定。当然，如果想验证这 4 个函数执行的结果是否相同，我们就需要执行它们，以便比对结果。

3.2.2 函数的调用

在编程术语中，执行封装在函数中的代码的操作通常被称为**调用**（call）。和大多数编程语言一样，在 JavaScript 中，这一动作也是通过函数调用表达式来完成的，其语法具体如下：

```
[函数名称]([实参列表]);
```

在这里，[函数名称]必须是已经被定义的函数或引用了函数直接量的变量。[实参列表]则是调用方传递给被调用函数的数据。在通常情况下，函数调用方提供的[实参列表]应该与被调用函数所声明的[形参列表]一一对应。但与 C/C++、Java 等语言不同的是，在 JavaScript 中这种对应关系不是强制性的。并且，函数收到的所有实参都会被存储在一个名为 arguments 的数据结构中，所以从理论上讲，在 JavaScript 中调用函数时是可以使用任意数量的实参的，例如像这样：

```
function printArguments() {
  for (let i = 0; i < arguments.length; ++i) {
    console.log(arguments[i]);
  }
}

printArguments('one','two','three');
printArguments('batman','owlman');
printArguments(1,'123','three');
```

在这里，arguments.length 返回的是该函数收到的参数数量，程序根据它来循环

遍历该函数收到的所有参数，下面将上述代码更新到之前用于测试语法的 02-test.js 脚本文件中，执行脚本文件并看看结果，如图 3-1 所示。

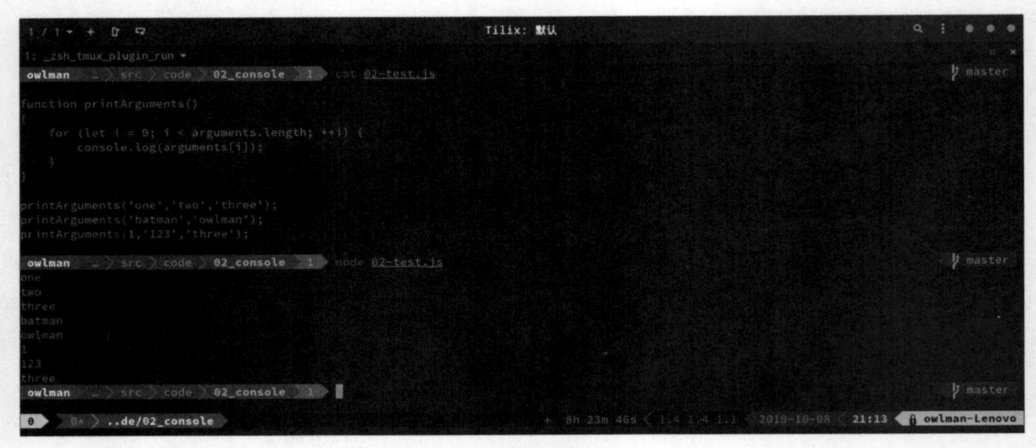

图 3-1 函数的参数传递

但是，我们通常不建议这样调用函数。一个函数的形参列表代表的是该函数的作者“希望”调用方提供的数据，并且他是基于这个“希望”来编写代码的，所以如果不想让代码产生某些不可预测的行为，就应该充分尊重函数作者的意愿，按照他们所“希望”的方式来调用函数。

现在来验证一下那 4 个执行加法操作的函数，具体代码如下：

```
function add_1 (x,y) {                                   // function 语句形式
    return x + y;
}

const add_2 = function(x,y) {                            // 直接量形式 1
    return x + y;
};

const add_3 = (x,y) =>{                                  // 直接量形式 2
    return x + y;
};

const add_4 = new Function('x,y', 'return x + y;');  // 构造函数形式

console.log(add_1(4,7));
console.log(add_2(4,7));
console.log(add_3(4,7));
console.log(add_4(4,7));
```

将上述代码更新到 02-test.js 脚本文件中，执行脚本文件并看看结果，会看到 4 个函数输出的结果是完全相同的。

3.2.3 函数就是值

到目前为止，我们介绍的都是函数的一般用法，它们看起来与 C/C++、Java 等语言中的函数并没有太大的区别。但在 JavaScript 中，函数事实上是一种非常特殊的存在。从某种程度上来说，我们能否很好地驾驭这门语言就取决于能否随心所欲地使用它的函数。函数在 JavaScript 中有如此特殊的地位，主要是因为它在 JavaScript 中不仅是一种封装了代码的执行单元，同时也是一种数据类型的值。也就是说，在 JavaScript 中，函数可以和数字、字符串一样被当作数据赋给变量，被当作实参传递给另一个函数，以及被别的函数当作返回值传回来，这赋予了这门语言极大的灵活性。例如之前示例中定义的 `printArguments()` 函数，我们也可以用一个变量来调用它：

```
function printArguments() {
  for (let i = 0; i < arguments.length; ++i) {
    console.log(arguments[i]);
  }
}

const caller = printArguments;

printArguments('one','two','three');
caller('batman','owlman');
```

从上述代码中，可以很容易看出来，函数在 JavaScript 中是作为引用值存储在变量中的。`caller` 相当于是指向 `printArguments()` 函数的指针，它们执行的是同一段代码。接下来，为了让读者更深入地理解这种灵活性，回到之前那个“电话交换机测试”的程序中，研究一下如何将电话交换机的实现代码和测试代码分离出来，并各自封装成一个函数。这其中，交换机实现代码的封装是相对简单的，它只是一条 `switch` 语句，并且需要一个数字类型的数据作为参数，具体代码如下：

```
function telephoneExchange(number) {
  switch (number) {
     case 1001:
       console.log('张三');
       break;
     case 1002:
       console.log('李四');
       break;
     case 1003:
       console.log('王五');
       break;
     case 1004:
       console.log('赵六');
       break;
     default:
```

```
      console.log('你拨打的是空号！');
      break;
  }
}
```

然后测试代码的函数应该怎么写呢？有些人可能会这样写：

```
function testTelephoneExchange () {
  for (let number = 1001; number < 1006; ++number) {
    telephoneExchange(number);
  }
}
```

这样做的确也可以完成任务，代码执行的结果是正确的，但它并没有解决之前提出的耦合度问题。一旦有人觉得交换机的实现函数 `telephoneExchange()`名字过长，想修改函数名，他就必须同步修改其测试函数 `testTelephoneExchange()`中的调用操作。而且，如果想让测试函数测试一下别的交换机实现，也得修改它的代码，这大大影响了该函数被重复使用的可能性。那么，应该怎么做呢？我们可以先想一个问题：测试函数中有什么数据应该由调用方提供呢？正是它要测试的函数。毕竟从逻辑上来说，只有测试函数的调用方才知道它要测试的是哪个函数。所以，被测试的函数应该是个参数，由调用方来提供。这样一来，对于这个“电话交换机测试”程序的解耦合工作，最终处理的结果应该是这样的：

```
function telephoneExchange(number) {
  switch (number) {
    case 1001:
      console.log('张三');
      break;
    case 1002:
      console.log('李四');
      break;
    case 1003:
      console.log('王五');
      break;
    case 1004:
      console.log('赵六');
      break;
    default:
      console.log('你拨打的是空号！');
      break;
  }
}

function testTelephoneExchange (callback) {
  for (let number = 1001; number < 1006; ++number) {
    callback(number);
```

```
  }
}

testTelephoneExchange(telephoneExchange);
```

这样一来，如果想修改 telephoneExchange()函数的名字，就只需要告诉测试函数的调用方即可，无须再修改 testTelephoneExchange()函数。另外，如果测试函数的调用方想测试一个临时的交换机实现方案，我们也可以写一个函数直接量，并将其作为实参传递给 testTelephoneExchange()函数，像这样：

```
testTelephoneExchange( number =>{
  if (number == 1001) {
    console.log('batman');
  } else if (number == 1002) {
    console.log('owlman');
  } else {
    console.log('你拨打的是空号！')
  }
});
```

在编程术语上，这种让函数执行其调用方提供的函数的操作通常被称为**回调**（callback）。这是 JavaScript 中非常常见的函数使用方法，是这门语言强大的重要原因之一。下面用编辑器重新打开之前编写的 02-testTelephoneExchange.js 脚本文件，将上面所写的代码更新到其中：

```
// 电话交换机测试
// 作者：owlman

function telephoneExchange(number) {
  switch (number) {
    case 1001:
      console.log('张三');
      break;
    case 1002:
      console.log('李四');
      break;
    case 1003:
      console.log('王五');
      break;
    case 1004:
      console.log('赵六');
      break;
    default:
      console.log('你拨打的是空号！');
      break;
  }
```

```
}

function testTelephoneExchange (callback) {
  for (let number = 1001; number < 1006; ++number) {
    callback(number);
  }
}

testTelephoneExchange(telephoneExchange);

testTelephoneExchange( number =>{
  if (number == 1001) {
    console.log('batman');
  } else if (number == 1002) {
    console.log('owlman');
  } else {
    console.log('你拨打的是空号！')
  }
});
```

然后在命令行终端中执行它，结果如图 3-2 所示。

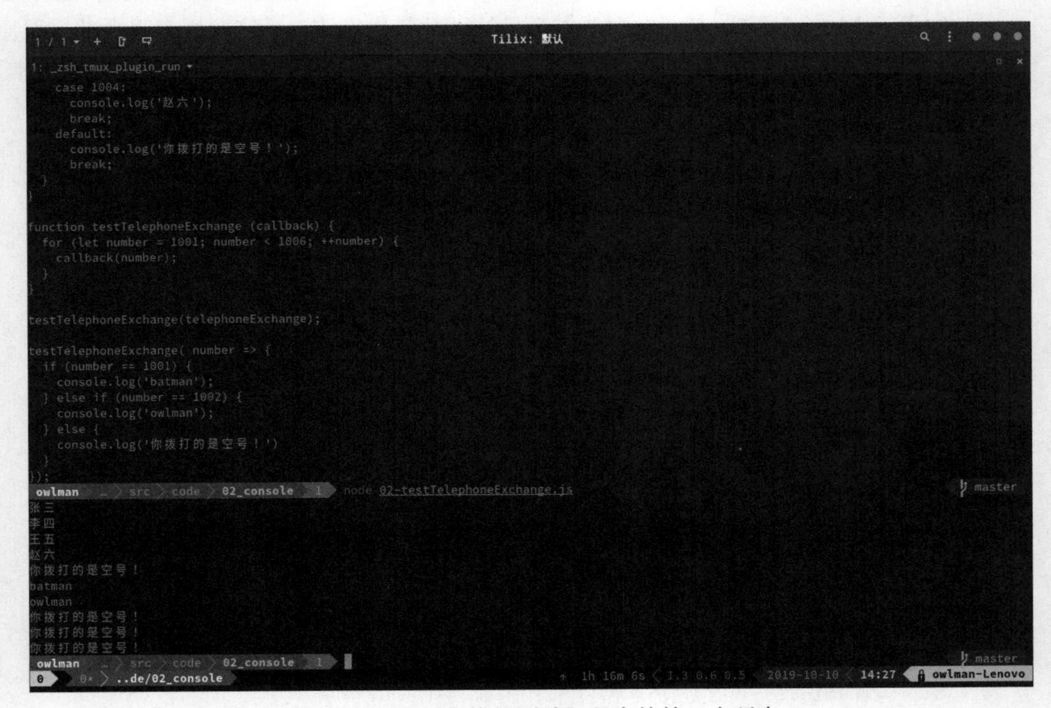

图 3-2 “电话交换机测试”程序的第二个版本

3.2.4　使用内置函数

程序员群体中流行着一些指导原则，这些原则能让我们的编程行为更有的放矢、事半功倍。这里先来讨论一下“不要重复发明轮子”这条原则。该原则的意思是，在开始编程之前，程序员应该先搞清楚自己所在的编程环境和手里拥有的工具。只要有现成的东西可用，就应该尽量避免自己去创建一个一模一样的东西。例如 ECMAScript 标准定义了一些内置函数，这些函数是各个版本的 JavaScript 实现都会提供的。所以在编写 JavaScript 代码之前，应该了解一下这些函数，以避免“重复发明”它们。这些内置函数包括：

- `parseInt()`；
- `parseFloat()`；
- `isNaN()`；
- `isFinite()`；
- `eval()`；
- `encodeURI()`；
- `decodeURI()`；
- `encodeURIComponent()`；
- `decodeURIComponent()`。

下面通过一系列示例来介绍这些函数的参数和返回值，以便最终实现熟练应用。

1. parseInt()函数

`parseInt()`函数主要用于将其收到的实参值（通常是字符串）转换成整数类型输出，如果转换失败就返回 `NaN`。例如，在 node 解释器的交互模式下执行以下代码：

```
> parseInt('12345')
12345
> parseInt('abcd1234')
NaN
> parseInt('1abcd234')
1
> parseInt('1234abcd')
1234
```

除此之外，该函数还有个可选的第二形参，该参数主要用于指定输出整数的进制，即二进制、八进制、十进制或十六进制。例如，如果试图以十进制转换字符串"AB"，结果就会为 `NaN`；而改为十六进制结果就是 `171`：

```
> parseInt('AB', 10)
NaN
> parseInt('AB', 16)
171
```

八进制、二进制也是如此，读者可自行在 node 解释器的交互模式下实验一下。当然，如果在调用 parseInt()函数时没有特别指定进制，就默认为十进制，但以下两种情况例外。

- 如果首参数字符串以 0x 开头，第二参数就会被默认指定为 16（也就是默认其为十六进制数）。
- 如果首参数以 0 开头，第二参数就会被默认指定为 8（也就是默认其为八进制数）。

从原则上来说，建议大家明确指定实参的进制。如果省略了它，尽管在大多数情况下并没有多大的影响（毕竟最常用的还是十进制数），但偶尔还是会在调试时发现一些小问题。例如，当我们从日历中读取日期时，对于 08 这样的数据，如果不明确它为十进制，就可能会导致意想不到的结果。

2. **parseFloat()**函数

parseFloat()函数的功能与 parseInt()类似，只不过它转换的是浮点数，并且仅支持将输入值转换为十进制数。因此，该函数只有一个参数，示例如下：

```
> parseFloat('125')
125
> parseFloat('2.5')
2.5
> parseFloat('2.43abcd.1200')
2.43
> parseFloat('a.bc2.43')
NaN
```

和 parseInt()函数一样，parseFloat()函数也会在遇到第一个异常字符时就返回 NaN，无论剩余的那部分字符串是否可用。另外，parseFloat()还可以接收指数形式的实参：

```
> parseFloat('25e-2')
0.25
> parseFloat('5e10')
50000000000
```

3. **isNaN()**函数

isNaN()函数主要用于确定某个输入值是否是一个可以参与算术运算的数字。因此，该函数也可以用来检测对 parseInt()和 parseFloat()的调用是否返回了正常的结果：

```
> isNaN(124)
false
```

```
> isNaN(1.25)
false
> isNaN(NaN)
true
> isNaN(parseInt('abcd126'))
true
```

另外，该函数会尝试将其接收到的字符串实参转换为数字，例如：

```
> isNaN('1.25')
false
> isNaN('a1.14')
true
```

`isNaN()`函数需要单独提供，主要是因为 `NaN` 不存在等值的概念。也就是说，表达式 `NaN === NaN` 返回的是 `false`。事实上这也不难理解，我们都知道 `NaN` 代表的是“不是任何具体数字”的数字类型值，这是一个集合概念，而同属于一个集合的值自然未必是等值的。

4. **isFinite()**函数

`isFinite()`函数主要用于判断某个输入值是否是一个既非 `Infinity` 也非 `NaN` 的具体数字，这也是一个集合的概念，例如：

```
> isFinite(Infinity)
false
> isFinite(-Infinity)
false
> isFinite(124)
true
> isFinite(1e308)
true
> isFinite(1e309)
false
```

上述代码中出现最后两个调用的结果，是因为 JavaScript 中的最大数字为 1.7976931348623157e+308。

5. **eval()**函数

`eval()`函数是一个相当奇特的存在，它的主要作用是将其接收到的字符串实参当作 JavaScript 代码来执行，例如：

```
> eval('let ival = 24;')
> ival
24
```

eval('let ival = 24;')的执行结果与 let ival = 24;是一模一样的，上述代码看起来完全是多此一举。但 eval()函数在某些特殊情况下还是有用的，例如在解析 JSON 数据时，由于后者通常是以字符串的形式返回的，因此如果我们想将其直接转换成 JavaScript 代码可直接操作的数据结构或对象，就必须要用 eval()函数来进行解析。例如：

```
> let jsonStr = "{'name':'owlman','age':37}"
> jsonStr.name   // JavaScript 代码无法直接操作 JSON 数据
undefined
> let jsonObject = eval("{'name':'owlman','age':37}")
> jsonObject.name
'owlman'
```

下一节会详细说明上面涉及的对象操作，这里只是希望读者对 eval()函数的作用有个概念上的了解。但无论如何，如果有选择，大多数情况下都应该尽量避免使用这个函数。对于许多经验丰富的 JavaScript 程序员来说，“Eval is evil（Eval 是魔鬼）”是一句至理名言，主要有以下两个原因。

- **在安全性方面**：由于 JavaScript 的使用非常自由，且功能很强大，因此同时带来了很大的不确定性，非常考验程序员自身的编程能力。如果我们对放在 eval()函数中的代码没有太多把握，最好不要冒无谓的风险。
- **在执行性能方面**：由于这是一种由函数“动态”执行的代码，所以要比直接执行脚本要慢。

6. 编码函数与反编码函数

在 URL（Uniform Resource Locator，统一资源定位符）或 URI（Uniform Resource Identifier，统一资源标识符）中，有一些字符是有特殊含义的。如果想“转义”这些字符，就可以调用 encodeURI()或 encodeURIComponent()这两个函数。前者会返回一个可用的 URL，而后者会认为我们所传递的字符仅仅是 URL 的一部分。例如，对于下面这个 URL 查询来说，这两个函数所返回的字符编码分别是：

```
> const url = 'http://www.owlman.org/script?q=this and that'
> encodeURI(url)
'http://www.owlman.org/script?q=this%20and%20that'
> encodeURIComponent(url)
'http%3A%2F%2Fwww.owlman.org%2Fscript%3Fq%3Dthis%20and%20that'
```

当然，encodeURI()和 encodeURIComponent()也都有对应的反编码函数：decodeURI()和 decodeURIComponent()。另外，我们有时候还会在一些年代较为久远的 JavaScript 代码中看到两个作用相似的编码函数和反编码函数：escape()和 unescape()。但不建议大家继续使用这些函数来执行这一类的操作，因为它们的编程规则与现在的编码函数和反编码函数不尽相同。

3.3　对象初体验

在上一节中，我们通过将不同的任务封装成独立的函数，解决了代码中的高耦合度问题。本节将注意力转向任务本身的实现。下面仍以之前的“电话交换机测试”程序为例，到目前为止，我们是这样实现它的：

```
function telephoneExchange(number) {
  switch (number) {
    case 1001:
      console.log('张三');
      break;
    case 1002:
      console.log('李四');
      break;
    case 1003:
      console.log('王五');
      break;
    case 1004:
      console.log('赵六');
      break;
    default:
      console.log('你拨打的是空号！');
      break;
  }
}
```

正如上一章末尾所说，只有 4 条线路的电话交换机是没有任何实际意义的。哪怕就是一家公司的内部电话网，通常也有几十条甚至上百条电话线路，而且任何电话网络都有随时增加或移除线路的需求。所以，无论从哪个角度看，用 `switch` 语句来实现电话交换机都不是一个理想的做法。我们应该将电话线路存储到一个可随时增加、修改、查询和删除的电话簿中，然后再让程序自动化管理它。从编程方法论上来说，如果我们想根据特定的任务需求来安排数据，实现某种程度的自动化管理，最好的方式就是将执行这些任务的函数和与其相关的数据进一步封装成一个整体。

3.3.1　对象的定义

在编程术语上，通常将由函数和与其相关的数据封装而成的整体称为**对象**（object），将封装在对象中的函数称为**对象的方法**，将数据称为**对象的属性**。例如，在之前介绍函数的时候，曾经用过 `arguments` 这个对象来获取当前函数收到的实参数据，其 `length` 属性存储的就是函数收到的实参个数。

在 JavaScript 中，对象的定义是动态的，对象的属性和方法可以随时根据编程需要增加、修改和删除，这一点和 C++、Java 这类传统面向对象编程语言先定义类再定义对象的做法有很大的不同。甚至在 ES6 标准发布之前，JavaScript 中压根就不存在类定义的语法形式。下面具体介绍一下在 JavaScript 中定义对象的几种不同形式。

- **直接量形式**：这种形式会以字面直接量的形式列出对象的属性和方法，然后将它赋给一个变量。其语法如下：

  ```
  [定义变量关键字] [对象名] = [对象直接量];
  ```

  在这里，[定义变量关键字]可以是 var、let 和 const 中的任何一个。至于具体选择哪一个，取决于我们为这个对象设置的作用域，以及它本身是否可被修改。[对象名]是我们给该对象起的名称，它的命名规则与一般变量相同。[对象直接量]是一个由大括号括起来的属性及方法列表，彼此之间用逗号分隔。例如，如果我们想创建一个拥有（x, y）二维坐标的点对象，就可以这样写：

  ```
  let pointA = {
    x : 10,
    y : 10,
    printCoords : function () {
      console.log('坐标： ('+ this.x + ', ' + this.y + ') ');
    }
  };
  ```

  如你所见，我们在创建 pointA 这个对象时，为它设置了 x 和 y 两个属性，以及一个 printCoords() 方法。由于在 JavaScript 中函数本身也是一种值，所以我们可以将对象中的每个属性或方法都看作一对键/值组合，键与值之间用冒号分隔，而整个对象就是一系列键/值对的映射集。

- **构造函数形式**：这种对象定义形式大部分语法元素与直接量形式相同，只不过这回对象的直接量变成了一个用 new 操作符调用的构造函数。在 JavaScript 中，所有的对象类型都会有一个构造函数，其主要作用是为新建的对象分配内存，并将其初始化。它们必须由 new 操作符来调用，具体语法如下：

  ```
  [定义变量关键字] [对象名] = new [构造函数]([构造实参]);
  ```

  当然，在这么做之前，我们得先定义好对象的构造函数。在 JavaScript 中，构造函数的定义与一般函数并没有太大的不同，只不过在习惯上，我们通常会让构造函数的首字母大写。例如，之前的 pointA 对象也可以这样定义：

  ```
  function Point(x,y) {
    this.x = x;
    this.y = y;
    this.printCoords = function () {
      console.log('坐标： (' + this.x + ', ' + this.y + ') ');
  ```

```
  };
}

let pointA = new Point(10,10);
let pointB = new Point(20,20);// 构造函数可以用来定义多个对象
```

构造函数还可以充当传统编程语言中类的角色,即我们可以用它来定义多个同类对象。但请千万不要误会，尽管在ES5标准及其之前的JavaScript代码中，我们的确在实际使用中让构造函数来充当了类的角色,但该函数本身自始至终都只是一个普通函数，使其发挥对象构造作用的是 new 操作符。而且，当构造函数被当作普通函数调用时，其中的 this 关键字往往会带来一些意想不到的效果，稍后我们会专门讨论一下这个问题。

- **类定义形式**：这种对象定义形式是ES6标准新增的，它采用的是在C++、Java这些传统面向对象语言的做法，即先定义类，然后再用类去创建对象。其语法如下：

```
class [类名] {
  constructor([构造形参]) {
    [创建属性并将其初始化]
  }

  [方法定义]
};

[定义变量关键字] [对象名] = new [类名]([构造实参]);
```

对于学习过C++、Java这些语言的读者来说，这种语法是不是让人很有亲切感？甚至凭直觉就能使用它。例如，如果我们想把之前的 Point() 构造函数改写成类的形式，就可以这样写：

```
class Point {
  constructor(x,y) {
     this.x = x;
     this.y = y;
  }

  printCoords() {
    console.log('坐标：(' + this.x + ', ' + this.y + ') ');
  }
};

let pointA = new Point(30,30);
```

如果仔细对比一下类定义形式与之前的构造函数形式，就会发现两者在语法元素上相差无几。但ES6标准新增的这个类定义形式解决了构造函数可能带来的两个隐患。第

一，它将构造函数封装在类定义中，这样就从根本上避免了它被当作普通函数调用。第二，之前在构造函数中定义方法时，实际上采用的是与属性相同的方式，这意味着用构造函数创建的每个对象都存有一份独立的方法定义。但属性与方法在语义上是非常不一样的，属性定义的是每个对象的个体状态，它们会随着对象的不同而不同，而方法定义的是同一类对象都会执行的操作。如果创建 100 个对象，相同的方法就要被重复定义 100 次，这显然会造成毫无必要的代码冗余。在 ES6 标准发布之前，我们也可以用下一章要介绍的原型对象来解决这个问题，但类定义的语法显然提供了一种更为优雅的解决方案。

这里还必须要解释一个问题，即当构造函数被不小心当作普通函数调用时到底会发生什么？这个问题主要和 JavaScript 中的 `this` 关键字有关。在其他编程语言中，`this` 关键字通常只能用在类的定义中，指代的是被定义的属性或方法所在的类。但在 JavaScript 中，`this` 关键字可以出现在任何函数中，指代的是函数的调用方。至于究竟谁是函数的调用方，浏览器和 Node.js 等环境又有不同的实现（尤其是对于全局对象的理解），读者可以自行在各种环境中测试一下如下代码：

```
let name = '全局';

function MyFunc () {
  console.log(this.name);
}

function test() {
  let name = 'test 函数';
  MyFunc();
}

MyFunc();
test();
```

不管我们在测试中得到了什么执行结果，可以肯定的是，这些结果在大部分情况下都不会是我们想要的，甚至很多时候是难以理解的。所以现在知道不小心把构造函数当成普通函数调用会有什么后果了吧？答案是没有人可以准确预料执行结果。而对于程序员来说，没有什么情况比这更糟糕了。要想避免这个问题，通常会在构造函数中用 `instanceof` 操作符判断一下 `this` 是否是指定类型的对象，例如：

```
function MyFunc () {
  if (this instanceof MyFunc) {
    this.name = 'owlman';       // 已经用 new 调用，正常执行构造函数代码
  } else {
    return new MyFunc();        // 没有用 new 调用，就用 new 调用一下自己
  }
```

```
}

let obj = MyFunc();
console.log(obj.name);        // 输出：owlman
```

除了自己小心，最好的办法是将代码声明为“严格模式”，让 JavaScript 解释器帮我们杜绝这种情况，具体做法如下：

```
'use strict';     // 声明为严格模式

let name ='全局';

function MyFunc () {
    console.log(this.name);
}

MyFunc();
```

这样一来，当我们执行上述代码的时候，JavaScript 解释器就会报错，如图 3-3 所示。

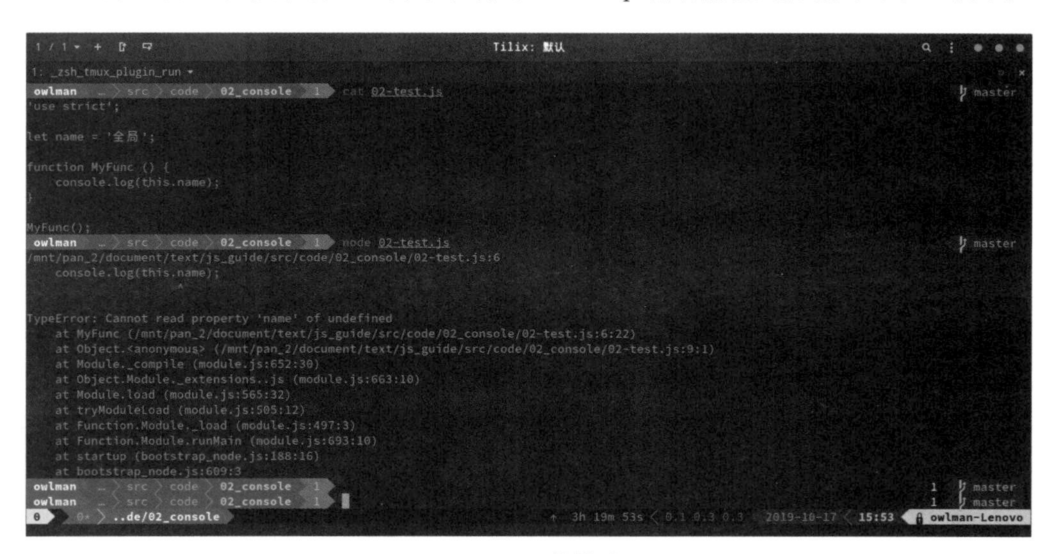

图 3-3　严格模式

3.3.2　对象的灵活性

对象的使用语法相对来说比较简单，只需要用一个英文句号指明要使用的属性即可。其语法如下：

```
[对象名].[属性];
```

```
[对象名].[方法]();
```

例如对于之前定义的 pointA 对象，我们可以这样使用：

```
class Point {
  constructor(x,y) {
    this.x = x;
    this.y = y;
  }

  printCoords() {
    console.log('坐标：(' + this.x + ', ' + this.y + ')');
  }
};

let pointA = new Point(30,30);

pointA.printCoords();          // 输出：坐标：(30, 30)
pointA.x = 15;
pointA.y = 25;
pointA.printCoords();          // 输出：坐标：(15, 25)
```

使用语法简单并不等于在 JavaScript 中用好对象是一件很简单的事。正如本节开头所说，JavaScript 对象在定义之后依然可以继续动态地增加属性和方法。例如，如果想将上面的 pointA 对象改成一个三维坐标的点对象，就可以紧接着上面代码的最后一句继续写：

```
pointA.z = 35;
pointA.printCoords = function() {
  console.log('坐标：(' + this.x + ', ' + this.y + ', ' + this.z + ')');
};
pointA.printCoords();     // 输出：坐标：(15, 25, 35)
```

只需添加如此简单的几条语句，我们就可以为之前的 pointA 对象增加一个 *z* 坐标，并修改其 printCoords() 方法的实现。这意味着在 JavaScript 中使用对象时，并不仅是在使用一个已经被定义好的对象，而是在边使用边修改对象的定义，甚至可以从一个空对象开始使用，例如：

```
let pointA = {};
pointA.x = 15;
pointA.y = 25;
pointA.z = 35;
pointA.printCoords = function() {
  console.log('坐标：(' + this.x + ', ' + this.y + ', ' + this.z + ')');
};
```

```
pointA.printCoords();    // 输出：坐标：(15, 25, 35)
```

虽然上述代码的执行结果与之前完全相同，但此处 `pointA` 一开始只是一个空对象，其所有的属性和方法都是我们在使用过程中为它添加的。当然，我们也可以用 `delete` 操作符将添加的属性删除，例如，接着上面的代码继续写：

```
delete pointA.z;
pointA.printCoords();    // 输出：坐标：(15, 25, undefined)
```

到目前为止，读者体验到的只是 JavaScript 对象所具灵活性的冰山一角，下一章将更进一步地介绍“原型对象”的概念，这一概念将为对象的使用带来更大的灵活性。当然，灵活性同时也意味着复杂性。如何在这种灵活性中管理好编程过程中使用到的对象，是 JavaScript 程序员们要面对的核心难题，解决了这个难题就等于基本掌握了这门语言。

在介绍完对象的定义和使用之后，我们就可以回到电话交换机的实现问题上来了。该如何定义一个“电话交换机”对象呢？我们之前已经分析过了，它首先应该有个可供快速查询的电话簿，这应该被设为该对象的属性，然后围绕电话簿展开的增加、删除、修改和查询等操作则设为该对象的方法。所以，接下来的任务就是找到实现电话簿的有效方案。

3.4 数据结构对象

在编程术语中，通常将类似电话簿这种根据任务需求来组织数据并使其结构化的存储形式称为**数据结构**（data structure）。换句话说，数据结构的组织逻辑取决于其内部数据将要执行的操作。例如，适用于遍历、枚举的数据组织逻辑与适用于快速查找的数据组织逻辑是完全不同的，适用于频繁增加/删除数据的又是另一种数据组织逻辑，它们通常都对应着不同的数据结构。数据结构的分类有很多种不同的方式，例如按照实现方式可分为数组、链表、散列表、树结构、图结构等，按照功能可分为列表、堆栈、队列、集合、映射等。如果要详细介绍数据结构，我们可能需要另外写一本书。但由于 JavaScript 是一门高级编程语言，我们并不需要太了解数据结构的具体实现，只需要聚焦于自己的任务需求与数据结构功能之间的关联即可。在日常编程需求中，较为常用的数据结构主要有以下 3 种。

- **列表（`List`）**：这种数据结构既可以是一个由整块连续内存空间组成的数组，也可以是由一系列动态分配内存串联而成的链表，并可根据需要进一步封装成堆栈、队列等更为专用的数据结构。它主要适用于遍历、枚举数据。
- **集合（`Set`）**：这种数据结构主要用于存储一组不重复的数据。由于它常用树结构来组织数据，所以通常用来排除重复数据，以及按某种优先策略对数据进行排序。
- **映射集（`Map`）**：这种数据结构也被称为字典，主要用于存储具有键/值对特征的数据。在该数据结构中，充当“键”的部分往往是一些便于查询的数据，目的是让我们可以通过“键”来查找其对应的“值”，所以这是一种适用于快速查询的数据结构，通常采用散列表的结构来实现。

在学习C语言这类接近计算机底层的编程语言时，我们通常需要亲自动手来实现数据结构，这会耗费大量的时间和精力。幸运的是，在JavaScript中，尤其在ES6标准发布之后，这门语言为上面提到的3种常用的数据结构都提供了对应的内置对象，所以我们就不必“重复发明轮子”了。下面介绍一下这些数据结构的内置对象。

3.4.1 列表类对象

在JavaScript中，列表、堆栈、队列这一类线性数据结构的功能通常是由`Array`对象来提供的，创建该对象的形式也有直接量和构造函数两种。

- **直接量形式**：这种形式会以字面直接量的形式列出列表中的元素，然后将它赋给一个变量。其语法如下：

  ```
  [定义变量关键字] [列表名] = [列表直接量];
  ```

  在这里，[定义变量关键字]可以是`var`、`let`和`const`中的任何一个，至于具体选择哪一个，取决于我们为该列表设置的作用域，以及是否允许它被修改。[列表名]是我们给该列表起的名称，它遵循与一般变量相同的命名规则。[列表直接量]是一组由中括号括起来的值，各值之间用逗号分隔，我们称这些值为列表的**元素**。例如，如果我们想创建一个包含从1到5这5个整数值的列表，就可以这样写：

  ```
  const arr = [1, 2, 3, 4, 5];
  ```

- **构造函数形式**：这种列表创建形式是用`new`操作符去调用`Array`对象的构造函数。其语法如下：

  ```
  [定义变量关键字] [数组名] = new Array([构造实参]);
  ```

  这种形式中的大部分语法元素与直接量形式相同，只不过此处直接量部分变成了一个用`new`操作符调用的构造函数。另外，我们还可以在调用构造函数的时候指定一些[构造实参]。这些参数既可以是一个代表元素数量的数字，例如，如果我们想创建一个拥有3个元素的列表，就可以这样写：

  ```
  const threeNumbers = new Array(3);
  ```

  也可以是用于初始化列表的一组元素，例如，对于之前用的数组`arr`，我们也可以这样写：

  ```
  const arr = new Array(1, 2, 3, 4, 5);
  ```

在创建完列表之后，我们就可以对它执行相关的操作了。首先我们可以通过`Array`

对象的 length 属性来了解列表中当前有多少元素，然后就可以用一对中括号加一个非负整数来访问列表中的元素了。例如：

```
let arr = new Array(1, 2, 3, 4, 5);

for(let i = 0; i <arr.length; ++i) {
  console.log(arr[i]);  // 运行输出： 1、2、3、4、5
}
```

在编程术语上，像 arr[i] 这样用一个非负整数来访问列表元素的操作被称为**索引**。这里的 i 代表的是被索引元素在列表中的位置，被称为**索引值**，它应该是一个从 0 开始计数的非负整数值。而对于像上面代码一样将列表中的元素从头到尾索引一遍的操作，我们称之为**遍历**操作。对于遍历操作，ES6 标准新增了一种新的 for 循环形式。例如，对于上面的列表遍历，我们也可以这样写：

```
const arr = new Array(1, 2, 3, 4, 5);

for(let iter of arr) {
  console.log(iter);    // 运行输出： 1、2、3、4、5
}
```

在 for-of 这种循环形式中，程序会依次将 arr 列表中的元素读取到循环变量（即这里的 iter 变量）中。这样做的好处在于，我们不必事先去读取列表的 length 属性的值，并担心索引值在某种意外情况下突然大于该值，出现“越界访问”的情况。

在所有编程语言中，对列表的“越界访问”都是一个非常难以处理的错误，并且在 JavaScript 中，情况则更为特殊。由于 Array 对象在 JavaScript 中是一个较为特殊的对象，它的每个元素事实上都是该对象的一个属性，所以它符合“访问不存在的属性就是为该对象添加该属性”的逻辑。也就是说，如果我们索引了一个不存在的元素，就等于在该列表中加入了该元素。对此，我们可以来做一个实验：

```
let arr = [];
console.log(arr.length);  // 输出： 0
arr[5] = 100;
console.log(arr.length);  // 输出： 6
```

arr 一开始只是一个空列表，其中是没有元素的。上面代码给不存在的 arr[5] 赋了值，列表中的元素数量立即变成了 6 个（请注意，和所有编程语言一样，JavaScript 中的列表也是从 0 开始索引的）。当然，除了被赋值的这个元素，其他 5 个元素的值都是 undefined。在 JavaScript 中，通常将这种大量元素为 undefined 值的列表称为**稀疏列表**。鉴于这种列表在某些情况下会给程序带来一些不确定性，因此更推荐使用 for-of 这种形式的循环来遍历列表，以免出现意外的索引操作。

ES5 时期的代码常常会使用 Array 对象内置的 forEach() 方法来执行遍历操作，

不过这个方法需要我们提供一个执行循环操作的实参，例如：

```
const arr = new Array(1, 2, 3, 4, 5);

arr.forEach(function(value) {
  console.log(value); // 逐行输出： 1、2、3、4、5
});
```

另外，Array 对象作为一个对象类型，自然还提供了其他一系列操作线性数据结构的内置方法。以下是 ES6 标准发布之前就很常用的方法。

- push() 方法：该方法主要用于在列表的末端添加新的元素。
- pop() 方法：该方法的功能正好与 push() 方法相反，主要用于删除列表末端的元素。
- unshift() 方法：该方法主要用于在列表的前端添加新的元素。
- shift() 方法：该方法的功能正好与 unshift() 方法相反，主要用于删除列表前端的元素。
- join() 方法：该方法主要用于按照其实参指定的分隔符将列表中所有元素串联成一个字符串。如果调用方没有提供实参，则默认为逗号分隔符。
- sort() 方法：该方法主要用于按照调用方提供的回调函数实参对列表中的元素进行排序。该函数若返回负数则表示小于，返回 0 则表示等于，返回正数则表示大于。如果调用方没有提供实参，则使用字母表的先后顺序为默认排序规则。如果列表中存在值为 undefined 的元素，则一律被放在列表中其他元素的后面。
- reverse() 方法：该方法主要用于反转列表中元素的排列顺序。
- concat() 方法：该方法主要用于将当前列表与其实参指定的一个或多个列表连接起来，并作为新的列表返回给调用方。
- slice() 方法：该方法主要用于截取当前列表的某个由实参指定的子列表。通常情况下，调用方会用两个实参指定子列表的开始位置和结束位置。如果只指定一个位置，就截取从该位置开始一直到当前列表末端的所有部分。如果调用方提供的实参为负数，则该实参指定的位置索引值为数组的长度减去该实参的绝对值。
- splice() 方法：该方法主要用于从当前列表中删除或替换由实参指定的子列表。在执行删除任务时，调用方会用两个实参指定子列表开始位置和结束位置的索引值。如果只指定一个索引值，就删除从该位置开始一直到当前列表末端的所有部分。如果调用方提供的实参为负数，则该实参指定的位置索引值为数组的长度减去该实参的绝对值。如果要执行替换任务，调用方就需要提供 3 个及 3 个以上的实参，并从第三个实参起列出要插在被删除位置的元素。
- toString() 方法：该方法主要用于将当前列表中的所有元素以逗号为分隔符连接成一个字符串，并返回。它的功能与不带实参调用的 join() 方法是相同的。

下面演示一下这些方法的使用：

```
// 使用 Array 对象实现堆栈
let stack = [];
for (let i = 0; i < 3; ++i) {
  stack.push(i);
}
console.log(stack.join());            // 输出： 0、1、2
while(stack.length) {
  console.log(stack.pop());           // 逐行输出： 2、1、0
}                                     // 体现堆栈“先进后出”的特性

// 使用 Array 对象实现队列
let queue = [];
for (let i = 3; i < 6; ++i) {
     queue.unshift(i);
}
console.log(queue.join());            // 输出： 5、4、3
while(queue.length) {
    console.log(queue.pop());         // 逐行输出： 3、4、5
}                                     // 体现队列“先进先出”的特性

// 其他列表操作
let list = [0,1,2].concat([5,4,3]); // 将两个列表合并成一个列表
console.log(list.join());             // 输出： 0、1、2、5、4、3
console.log(list.slice(2,5));         // 输出： [2, 5, 4]子序列
list.splice(0,1,6,7,8);               // 将 0 删除，并在该位置插入 6、7、8 这 3 个元素
console.log(list.join());             // 输出： 6、 7、 8、 1、 2、 5、 4、 3
list.push(10);
list.sort();                          // 按字典顺序排序
console.log(list.join());             // 所以 10 排在 2 之前
list.sort((x, y) =>{
    return x - y;
});                                   // 按数字大小排序
console.log(list.join());             // 所以 10 排在最后
console.log(list.reverse());          // 反转列表中元素的排列顺序
```

在 ES6 标准发布之后，`Array` 对象得到了一系列扩展方法。下面介绍一些其中较为常用的新方法。

- 遍历操作符：该操作符的用法就是在一个`Array`对象之前加3个点，即`...[Array对象]`，这样它就会自动遍历 `Array` 对象，并逐一返回其中的元素。也就是说，我们现在可以这样输出 `Array` 对象中的所有元素：

  ```
  console.log(...[1,2,3]);        // 输出：1、2、3
  // 这意味着我们执行某些数组操作变得更方便了，例如
  ```

```
const arr1 = [1,2,3];
const arr2 = [...arr1];                    // 深复制 Array 对象
arr1.push(...[5,6,7]);                     // 一次性追加多个元素
console.log(...arr1, ...arr2);             // 合并列表
```

- Array.from()方法：该方法主要用于将其他类数组对象或后面要介绍的集合类对象与字典类对象转换成 Array 对象。例如：

```
// 先定义一个类数组对象
const arrayLike = {
  '0': 'a',
  '1': 'b',
  '2': 'c',
  length: 3
};

// 再将其转换成真正的 Array 对象
console.log(Array.from(arrayLike)); // 输出：['a', 'b', 'c']
```

- Array.of()方法：该方法主要用于将一组值转换成数组。我们通常会利用该方法将一组现有变量转换为 Array 对象。例如：

```
const a = 4;
const b = a +5;
const c = b -2;
console.log(Array.of(a,b,c));          // 输出：[4, 9, 7]
```

- find()方法：该方法主要用于查找 Array 对象中第一个符合指定条件的元素。它接收一个函数类型的实参，用于指定匹配条件。例如：

```
const arr3 = [1,2,3,4,5,6].find(function(value) {
  return value >3;
});
console.log(arr3);// 输出 4，这是数组中第一个大于 3 的数字
```

- findIndex()方法：该方法的作用和使用方式与 find()方法基本相同，唯一的区别是，它返回的是被查找元素在数组中的索引值。

出于篇幅方面的考虑，对于一些不那么常用的方法，我们就不针对 Array 对象来做特别介绍了。例如 ES6 为了统一容器类型对象的遍历操作而为 Array 对象增加的 Iterator 接口，这些接口在 Array 对象本身的使用中并不常见，后面讨论集合类对象和字典类对象时会介绍这些 Iterator 接口，因为到那时候这些接口的作用会好理解一些。如果读者想更全面地了解 Array 对象提供的接口，可自行查阅 ES6 标准文档。

3.4.2 集合类对象

在 ES5 及其之前的标准中，JavaScript 并不提供可实现集合类数据结构的内置对象。

但在 ES6 标准发布之后，我们就可以用 Set 对象和 WeakSet 对象来创建集合类数据结构了。这类数据结构通常以树结构的形式来存储数据，主要用于存储一组不重复的元素。下面介绍 Set 对象。

1. Set 对象

在 JavaScript 中，Set 对象只能通过其构造函数来创建，其具体语法如下：

```
[定义变量关键字] [集合名] = new Set([构造实参]);
```

Set 对象的构造语法与 Array 对象的构造函数形式基本相同。只不过在这里，[构造实参]部分是一个现有的 Array 对象或者其直接量。例如：

```
// 使用现有的 Array 对象来构造 Set 对象
let arr = [1,2,3,4,3,4,5];
let iset = new Set(arr);

// 或者使用 Array 对象的直接量来构造 Set 对象
let mset = new Set([1,2,2,3,4,5]);

console.log(iset);    // 输出：Set { 1, 2, 3, 4, 5 }
console.log(mset);    // 输出：Set { 1, 2, 3, 4, 5 }
```

即使用来创建集合的列表有所不同，但在清除了重复元素之后，iset 和 mset 这两个对象中的元素是相同的。在定义完集合之后，我们就可以对它执行相关的操作了。首先，我们可以通过 Set 对象的 size 属性来了解该集合中当前有多少个元素。例如，对于上面的集合对象，我们可直接通过 iset.size 这个操作来获取 iset 对象中的元素个数。另外，我们也可以用 for-of 循环来遍历 Set 对象：

```
let iset = new Set([1, 2, 3, 4, 3, 4, 5]);

console.log(iset.size);    // 输出： 5
for(let el of iset) {
  console.log(el);         // 逐行输出： 1、2、3、4、5
}
```

Set 对象作为一个对象类型，还提供了以下一系列操作集合类数据结构的内置方法。

- add()方法：该方法用于往集合中添加元素。如果要添加的元素已经存在于集合中，则添加失败。
- delete()方法：该方法用于删除集合中的元素。
- has()方法：该方法用于判断某个元素是否存在于集合中。
- clear()方法：该方法用于清空集合中的所有元素。
- values()方法：该方法会以一个遍历器的形式返回集合中的所有元素。
- forEach()方法：该方法用于遍历集合。使用时需要调用方指定一个回调函数的实参，用以执行循环操作。

下面演示一下这些方法的使用：

```
// Set 对象操作
let mySet = new Set();          // 创建一个空集合
for(let i = 0; i < 5; ++i) {
  mySet.add(i);                 // 添加 5 个元素
}

console.log(mySet.has(4));      // 输出： true
mySet.delete(4);
console.log(mySet.has(4));      // 输出： false
mySet.forEach(value =>{
  console.log(value);           // 逐行输出：0、1、2、3
});
console.log(mySet.values());    // 输出： SetIterator { 0, 1, 2, 3 }
```

2. WeakSet 对象

顾名思义，这是一个弱化版的 Set 对象，它的大部分使用方式都与 Set 对象相同，这里就不再复述了。下面介绍一下它们的不同之处。

- WeakSet 对象只能存储对象类型的引用，不能存储基本数据类型的值。也就是说，对于如下代码：

  ```
  let wset = new WeakSet();
  wset.add(10);
  ```

  JavaScript 解释器是会报错的，如图 3-4 所示。

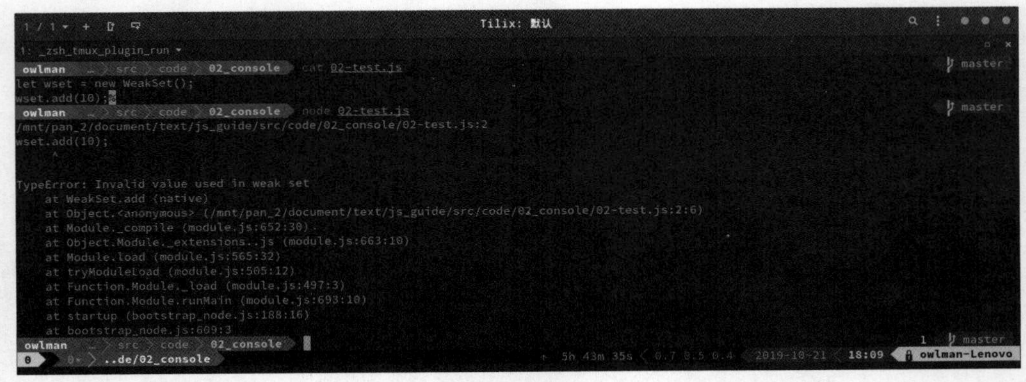

图 3-4　WeakSet 对象不能存储基本数据类型的值

- WeakSet 对象存储的元素都是弱引用对象。也就是说，JavaScript 的垃圾回收机制不会将任何对象存储在 WeakSet 对象的引用次数在内。这意味着，如果某个对象已经没有其他地方引用了，垃圾回收机制就会自动回收该对象所占用的内存，无论它是否还有引用存储在 WeakSet 对象中。[1]

基于以上特点，WeakSet 对象中的元素是不适合被引用的，因为它会随时消失。另外，由于 WeakSet 对象中的有效元素数量在某种程度上取决于垃圾回收机制有没有运行，所以其元素数量也是不可预测的。因此 ES6 标准建议将 WeakSet 对象视为不可遍历的集合。也就是说，Set 对象中用于遍历的 values()、forEach()等方法，WeakSet 对象均不支持。

3.4.3 字典类对象

从本质上来说，JavaScript 中的所有对象都是一个由一组键/值对构成的集合，只不过它们通常只能使用字符串类型的“键”，这给相关数据结构的使用带来了很大的限制。为了解决这个问题，ES6 提供了专用于存储键/值对的 Map 对象和 WeakMap 对象。这样一来，我们今后在存储键/值对类型数据时，“键”的类型就可以不局限于字符串类型了，这有利于我们构建更强大的键/值查询。例如，之前提到的电话簿就是一个以数字类型的“键”来查询人名（字符串）的数据结构。下面介绍一下 Map 对象。

1. **Map** 对象

在 JavaScript 中，Map 对象只能通过其构造函数来创建，其具体语法如下：

```
[定义变量关键字] [字典名] = new Map([构造实参]);
```

Map 对象的构造语法与 Set 对象基本相同。只不过在这里，[构造实参]部分是一个二维的 Array 对象或其直接量。例如：

```
// 使用现有的二维 Array 对象来构造 Map 对象
let arr2d = [[1,'owl'], [2,'bat'],[3,'cat'], [4,'dog']];
let imap = new Map(arr2d);

// 或者使用二维 Array 对象的直接量来构造 Map 对象
let mmap = new Map([[1,'owl'], [2,'bat'],[3,'cat'], [4,'dog']]);

console.log(imap);// 输出：Map { 1 => 'owl', 2 => 'bat', 3 => 'cat', 4 => 'dog' }
console.log(mmap);// 输出：Map { 1 => 'owl', 2 => 'bat', 3 => 'cat', 4 => 'dog' }
```

在定义完字典之后，我们就可以对它执行相关的操作了。首先，我们可以通过 Set 对象的 size 属性来了解当前该集合中有多少个键/值对。例如，对于上面的 Map 对象，我们可直接通过 imap.size 这个操作来获取 imap 对象中键/值对的个数。另外，Map 对象还提供了以下一系列操作字典类数据结构的内置方法。

---

1 这是因为垃圾回收机制的判断依据是对象的引用次数。如果一个对象的引用次数为 0，垃圾回收机制就会释放该对象所占的内存。

- get()方法：该方法用于根据指定的“键”来获取对应的值。
- set()方法：该方法用于根据指定的“键”来修改对应的值。如果指定的“键”不存在，就添加它。
- has()方法：该方法用于判断指定的“键”是否存在于字典中。
- delete()方法：该方法用于根据指定的“键”来删除字典中的键/值对。
- clear()方法：该方法用于清空集合中所有的键/值对。
- keys()方法：该方法会以一个遍历器的形式返回字典中所有键/值对的“键”。
- values()方法：该方法会以一个遍历器的形式返回字典中所有键/值对的“值”。
- entires()方法：该方法会以一个遍历器的形式返回字典中所有的键/值对。
- forEach()方法：该方法用于遍历字典。使用时需要调用方指定一个回调函数的实参，用以执行循环操作。

下面演示一下这些方法的使用方式，顺便初步构建电话簿的轮廓：

```
// Map 对象操作
let mp = new Map([[1001,'张三']]);
let names = ['李四','王五','赵六'];
let num = 1001;

for(let name of names) {
  num++;
  mp.set(num, name);                    // 创建电话簿
}
console.log(mp.get(num));               // 查看最后加入的人名
console.log(mp.has(num));               // 输出: true
mp.delete(num)
console.log(mp.has(num));               // 输出: false
for (let key of mp.keys()) {
  console.log(key);                     // 逐行输出电话簿中所有电话号码
}
for (let value of mp.values()) {
console.log(value);                     // 逐行输出电话簿中所有人名
}
for (let [key, value] of mp.entries()) {
  console.log(key + ' : ' + value);     // 逐行输出电话簿中所有线路
}
mp.forEach((value, key) =>{             // 请注意参数顺序
  console.log(key + ' => ' + value);    // 换一种方式逐行输出电话簿中所有线路
})
```

2. WeakMap 对象

顾名思义，这是一个弱化版的Map对象，它们也有与Set和WeakSet之间类似的不同之处。

- WeakMap 对象的“键”只能存储对象类型的引用，不能存储基本数据类型的值。
- WeakMap 对象中存储的“键”都是弱引用对象。这意味着，如果某个对象已经没有其他地方引用了，垃圾回收机制就会自动回收该对象所占用的内存，无论它是否还有引用存储在 WeakMap 对象中。

总而言之，WeakMap 对象的大部分使用方式与 WeakSet 对象基本相同。它也不支持 values()、keys()、forEach()等遍历方法，这里就不再复述了。

那么这两种弱化版本的对象到底有什么用呢？基本上，如果我们想在数据结构中临时存储一些对象的引用，但又不想干扰垃圾回收机制对这些对象本身的管理，就可以使用 WeakSet 和 WeakMap 对象。一个典型应用场景是，在网页的 DOM 上添加节点时，采用 WeakMap 或 WeakSet 对象来存储它们。当相关 DOM 节点被移除时，其所对应的记录会自动被移除。

3.5　综合练习

在初步学习了函数与对象的相关知识之后，我们再来综合演示一下如何对本章的知识点具体运用，顺便解决一下本章开头提出的问题，即如何将上一章实现的“电话交换机测试”程序修改成一个低耦合度的、相对可扩展的实现。到目前为止，我们已经将任务分离了出来，并封装成了两个独立的函数：

```
function telephoneExchange(number) {
  switch (number) {
    case 1001:
      console.log('张三');
      break;
    case 1002:
      console.log('李四');
      break;
    case 1003:
      console.log('王五');
      break;
    case 1004:
      console.log('赵六');
      break;
    default:
      console.log('你拨打的是空号！');
      break;
  }
}

function testTelephoneExchange (callback) {
  for (let number = 1001; number < 1006; ++number) {
    callback(number);
```

```
  }
}
```

接下来，我们要解决 switch 语句带来的线路不可扩展问题。正如之前所说，这里应该通过实现一个电话簿来管理电话线路。很明显，根据之前介绍的数据结构知识，这个电话簿属于字典类对象，所以下面就用 Map 对象来实现一下这个电话簿：

```
// 电话交换机测试 2.0 版
// 作者：owlman

class TelephoneExchange {
  constructor(names) {                     // names 形参允许指定加入该电话交换机的初始名单
    this.mp = new Map();
    this.firstNum = 1001;                  // 该电话交换机的第一个未被占用的号码

    for(let name of names) {
      this.firstNum++;
      this.mp.set(this.firstNum, name);// 为初始名单分配电话号码
    }
}

add(name) {                                // 为新客户添加线路
  this.firstNum++;
  this.mp.set(this.firstNum, name);
}

delete(number) {                           // 删除线路
  this.mp.delete(number);
}

update (number, name) {                    // 修改已有线路的所属人
  if (this.mp.has(number)) {
    this.mp.set(number, name);
  } else {
    console.log(number + '是空号！');
  }
}

call(number) {                             // 拨打指定线路
  if (this.mp.has(number)) {
    let name = this.mp.get(number);
    console.log('你拨打的用户是： ' + name);
  } else {
    console.log(number + '是空号！');
  }
}
```

```
  callAll() {                          // 拨打所有线路
    for (let number of this.mp.keys()) {
      this.call(number);
    }
  }
};

let phoneExch = new TelephoneExchange(['张三', '李四', '王五', '赵六']);
phoneExch.callAll();
console.log('-----------');
phoneExch.add('owlman');
phoneExch.callAll();
console.log('-----------');
phoneExch.delete(1002);
phoneExch.callAll();
console.log('-----------');
phoneExch.update(1003,'batman');
phoneExch.callAll();
console.log('-----------');
```

将上面代码更新到之前创建的 `02-testTelephoneExchange.js` 脚本文件中，然后在命令行终端中执行它，可以看到图 3-5 所示的结果。

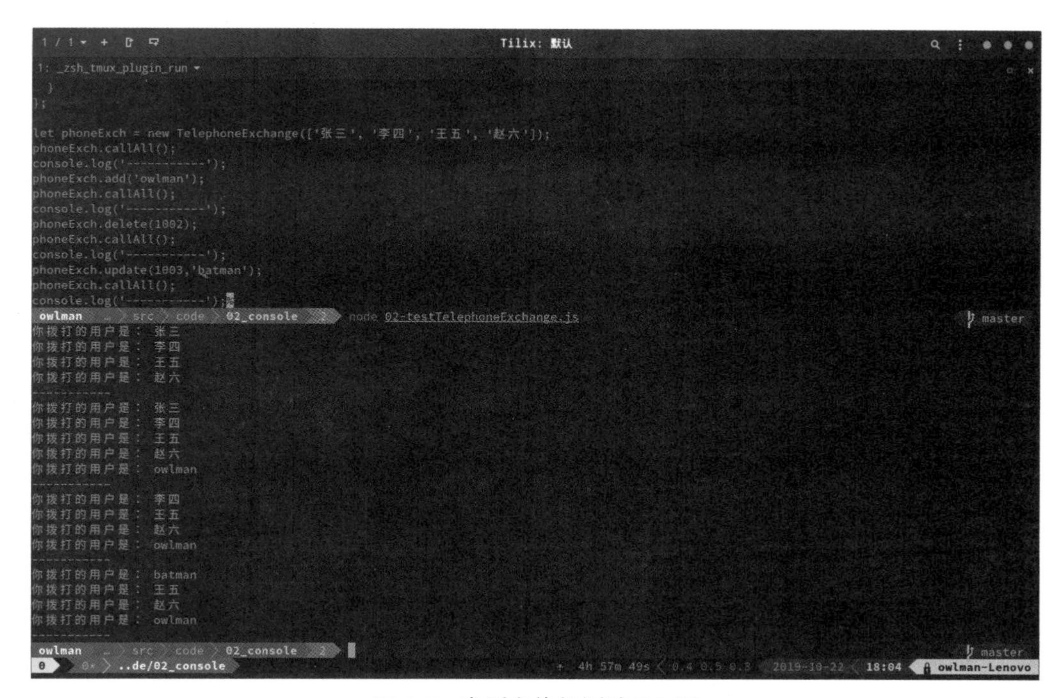

图 3-5 电话交换机测试 2.0 版

这样，我们就用 Map 对象创建了电话簿，并围绕它实现了添加、删除、修改以及呼叫线路的功能。现在我们的电话交换机在逻辑上更像一个可以应对实际需求的程序了。但是，它依然有着不小的问题。例如，现在它只能根据电话号码查找用户，无法根据用户查找到电话号码；而且一旦某条线路被删除，该线路的号码是无法被回收再利用的。另外，现在对电话交换机的测试也不只是将所有线路呼叫一遍这么简单了，我们需要重新编写可重用的测试任务函数，这涉及操作接口与操作实现的耦合度问题，这些都将是我们在下一章中要介绍的内容。

本章小结

本章以修改上一章中实现的“电话交换机测试”程序为导引，首先介绍了封装的概念，帮助读者理解了封装在编程中的意义。然后介绍了如何将归属于不同任务的操作分离出来，并封装成独立的函数。在这过程中，具体讲解了如何在 JavaScript 中定义和使用函数。紧接着，本章又介绍了如何将函数与其相关的数据进一步封装成对象。在这过程中，具体讲解了对象的定义和使用方法。接下来，本章进一步介绍了“数据结构”的概念，帮助读者理解了数据结构在编程中的作用。除此之外，本着“不要重复发明轮子”的基本编程原则，本章还详细介绍了一系列 JavaScript 中常用的内置方法和对象。

最后为读者演示了如何综合利用本章所介绍的相关知识将“电话交换机测试”程序修改成一个更符合实际需求的版本。当然，我们同时也留下了新的问题，以此作为下一章继续深入学习的基础。

第 4 章　面向对象编程

在上一章中，我们对“电话交换机测试”这个程序做了一系列的改进。首先将程序中不同的任务分离出来封装成了函数，然后又将任务中使用的数据分离出来组织成了数据结构，最后再将数据结构和与其相关的函数组合起来封装成了对象。细心的读者应该已经发现了，这一系列分离、组合、封装的动作都来自同一个需求驱动力，那就是降低代码的耦合度。为什么降低耦合度这件事在编程中占有如此重要的位置？其根本原因在于计算机程序的规模日益扩大，以至于如今大多数程序都不是靠“单打独斗”就可以完成的了。既然多人协作已经不可避免，那么如何进行团队分工就自然而然地成了编程工作中首先要解决的问题。

而对于分工协作，人类所有成功的经验基本上均来自工业革命以来逐步完善的制造业工厂。例如，为了使生产效率最大化，工厂通常会要求生产线上所有的对象，包括工人、各个级别的管理员都像生产零件一样是可替换的。要想实现这一点，生产线上各个对象之间的耦合度就必须降到最低，理论上他们都只需要做好自己的事情，甚至都不需要知道对方的存在。而将硬件生产线上的成功经验复制到编程工作中来，形成软件生产线的过程被称为**软件工程**。正是这种将软件生产工程化的努力，催生出了致力于从各个角度降低耦合度的编程方法。

本章介绍面向对象编程方式在 JavaScript 中的使用和具体实现方式。在阅读完本章内容之后，希望读者能：

- 了解面向对象编程的基本概念以及它在编程中的意义；
- 掌握与原型对象、原型链相关的知识及其应用；
- 掌握面向对象编程在 JavaScript 中的具体实现。

4.1 何谓面向对象

在把程序分割成一个个对象，并且将对象之间的耦合度降低到一定程度之后，程序员们就会面临随之而来的一个新问题，那就是这些对象之间要如何互动呢？例如在上一章的综合练习中，当我们将电话交换机的实现封装成一个对象之后，回过头来却发现之前的测试函数不能用了。因此我们为该对象编写了相应的测试代码：

```
let phoneExch = new TelephoneExchange(['张三', '李四', '王五', '赵六']);
phoneExch.callAll();
console.log('-----------');
phoneExch.add('owlman');
phoneExch.callAll();
console.log('-----------');
phoneExch.delete(1002);
phoneExch.callAll();
console.log('-----------');
phoneExch.update(1003,'batman');
phoneExch.callAll();
console.log('-----------');
```

这段代码测试了电话交换机的初始化，电话线路的添加、删除与修改，并且在每次线路变化时都会呼叫一遍所有线路，以确认其是否工作正常。但是，这些测试代码都只是针对 TelephoneExchange 这个类的对象来编写的。我们现在要思考的是：如果电话交换机有了新的实现方式，其测试代码是否也要随之重写呢？更重要的问题是：如果我们要对新的电话交换机实现进行完全不一样的测试，重写当然是很自然的事，但对于电话交换机来说，除了线路网络的初始化、增加、删除、修改与呼叫线路，还有多少新的测试代码可写呢？既然所有的电话交换机测试代码都大同小异，上面的测试代码为什么就不能被重用呢？

要想找到这个问题的解决思路，我们就需要先回到软件工程的思想源头，看看人们在工厂的生产线上是怎么解决类似问题的。在关于流水线生产的描述上，很多人应该都听说过“流水线上每个人都是一颗可被替换的螺丝钉”的说法。是的，这就是流水线生产最理想的状态。对于一颗螺丝钉，你想成本低廉，它可以是铁的；你不想它生锈，它可以是不锈钢的；你想减轻重量，它可以是铝合金的。但无论这些螺丝钉是用什么做的，它们最终都必须要能被拧进一个螺丝孔里。换句话说，在工厂流水线上，判断螺丝钉是否可相互替换的测试方法只有一个，那就是看它们能不能被拧进被指定的螺丝孔里，这与它的材质并没有多大的关系。对应到编程术语，用不锈钢、铝合金这些材质制作螺丝钉的过程被称为对象的**实现**，而这些螺丝钉最终要被拧进去的这个螺丝孔则被称为对象的**接口**。所以从此可以看出，让上述测试代码可被重用的关键就在于我们能否实现接口一致的电话交换机。这种将对象接口一致化的编程方式，通常被称为**面向对象编程**。

在面向对象编程的方法论中，我们通常会先为将要执行某一类操作的对象设计一个抽象的**基类**，然后以该类的接口为基准来实现其他用于具象化这些对象的**具体类**。在编程术语中，我们称这些后来的具体类**继承**了基类的接口，它们是这个基类的**子类**，因而基类有时也被称为**父类**。接下来介绍在 JavaScript 中，父类、子类以及它们之间的接口继承是如何实现的。

4.1.1　接口设计与实现

在具体设计并实现对象的接口之前，我们首先要了解如何用编程语言来解释接口这个概念。相信学习过 C++、Java 语言的读者应该都还记得，我们在使用这些传统面向对象编程语言定义类的时候，通常都会被要求为其属性和方法设置 `private`、`public` 等不同层级的访问权限。通常情况下，被设置为 `private` 的属性和方法主要供对象内部使用，对象外面的代码是无法直接使用它们的。而被设置为 `public` 的属性和方法则是直接提供给该对象的调用方使用的。在编程术语上，被设置为 `public` 的这部分属性和方法通常就被称为**接口**。

所以，设计对象接口的工作本质上就是在决定对象的哪一部分应该提供给调用方成为接口，哪一部分应该被视为对象的实现细节隐藏在对象内部。但这样一来，我们就会立即面临一个现实问题：JavaScript 在语法层面上并没有提供 `private`、`public` 这种限制权限的机制。为此，我们得使用一些变通手段来完成接口的设计工作，下面介绍两种目前较为常用的解决方案。

- **编程规范约束**。众所周知，编程规范是程序员自觉遵守的一种协议。它虽然不具有强制性，但为了使团队协作顺畅，降低代码维护成本，大部分程序员都会选择自觉遵守。所以，对象的设计者可以通过某种约定的命名方式告诉对象的调用方，哪些属性和方法是不希望被对象外部的代码使用的。例如，对于在上一章中实现的 `Point` 类对象，如果我们不希望外界直接访问它的 `x`、`y` 属性，可以在这些属性名前面加上一个下画线：

```
class Point {
  constructor(x,y) {
    this._x = x;
    this._y = y;
  }

  printCoords() {
    console.log('坐标：('+ this._x + ', ' + this._y + ')');
  }
};
```

这样就等于告诉了 Point 类的调用方一个信息：_x 和 _y 是私有属性，为了相关代码的日后维护，请不要直接使用它们。再强调一次，这种约束没有强制性，如果硬要直接使用甚至修改这两个属性，JavaScript 解释器是不会报错的，例如：

```
const p = new Point(5,5);
p.printCoords();  // 输出： 坐标：(5,5)
p._y = -10;
p.printCoords();  // 输出： 坐标：(5,-10)
```

- **局部变量方案**。在 JavaScript 中，由于变量的作用域被分为了函数作用域和全局作用域（ES6 标准新增了块级作用域），函数内部的局部变量在函数之外是不可见的，所以我们可以利用这一特性将需要设置为 private 的属性隐藏在构造函数的作用域内。例如，对于上面的 Point 类，我们可以这样定义：

```
class Point {
  constructor(x,y) {
    let _x = x;
    let _y = y;

    this.printCoords = function() {
      console.log('坐标：('+ _x + ', ' + _y + ') ');
    };
  }
};

const p = new Point(5,5);
p.printCoords();   // 输出： 坐标：(5,5)
p._y = 10;         // 操作无效，只是给 p 对象额外增加了一个 _y 属性
p.printCoords();   // 输出： 坐标：(5,5)
```

Point 类的调用方现在无法修改直接访问类定义的坐标属性，它只能为 p 这个单一对象添加一个无用的_y 属性，影响不了对象方法的行为。但这样做的坏处也是显而易见的，为了让 Point 类自己的方法能使用构造函数的局部变量，我们得通过属性的形式将这些方法定义在构造函数内部。这不仅会造成代码冗余，而且也破坏了 ES6 标准新增的类定义语法，使我们在很大程度上用回了 ES5 标准以及更早的、不够优雅且隐晦难懂的语法。但无论如何，这种解决方案真正实现了将相关对象属性设置为 private 的效果，不再需要调用方自觉遵守某种约定。

总而言之，虽然 JavaScript 本身没有提供私有化对象属性和方法的机制，但我们可以利用这门语言强大的自由度来实现类似的功能。同时也必须谨记“自由即责任”的原则，在享受自由带来的强大功能时，也要承担自由带来的风险，这实际上也是对程序员

自身能力的严峻考验。

在隐藏了对象的实现部分之后，接下来就该考虑对象的接口问题了。这个问题的另一个问法是：我们希望调用方如何使用对象？例如，对于上面的 Point 类，调用方只能在初始化对象时为其指定一个二维坐标，然后就只能通过 printCoords() 方法在终端输出该点对象的坐标。所以我们可以理所当然地认为，Point 类的设计者希望提供的是一个固定的点对象，它在坐标系中的位置是不变的。接下来，如果我们将 Point 类的设计意图修改成一个可移动的点对象，那么就必须为其调用方提供一个修改坐标的接口：

```
class Point {
  constructor(x,y) {
    let _x = x;
    let _y = y;

    this.printCoords = function() {
      console.log('坐标：('+ _x + ', ' + _y + ')');
    };

    this.updateCoords = function(x,y) {
       _x = x;
       _y = y;
    };
  }
};


const p = new Point(5,5);
p.printCoords();    // 输出：坐标：(5,5)
p.updateCoords(10,10);
p.printCoords();    // 输出：坐标：(10,10)
```

现在 Point 类的调用方可以通过 updateCoords() 方法来修改点对象的坐标了。而且，从这里读者也可以看出允许直接修改_x、_y 属性与通过接口来修改坐标的区别，那就是我们可以通过后者来限制调用方的操作，防止一些破坏性的修改。例如，如果我们的点对象只能在坐标系第一象限（约定包含 x、y 轴正半轴及原点）内活动，那就必须确保_x 和_y 不能为负值，为此我们需要修改一下 updateCoords() 方法的实现：

```
this.updateCoords = function(x,y) {
  if ((x<0) || (y<0)) {
    console.log('坐标不能为负值！');
    return false;
  }
  _x = x;
```

```
  _y = y;
};
```

这样一来，当该类的调用方执行 p.updateCoords(10,-10)这样的操作时，修改动作就会被制止。同样地，如果我们希望允许调用方以只读方式获取_x 或_y 坐标值，还可以再提供 getX()和 getY()这两个方法：

```
class Point {
  constructor(x,y) {
    let _x = x;
    let _y = y;

    this.printCoords = function() {
      console.log('坐标：(' + _x + ', ' + _y + ')');
    };

    this.updateCoords = function(x,y) {
      if ((x<0) || (y<0)) {
        console.log('坐标不能为负值！');
        return false;
      }
      _x = x;
      _y = y;
    };

    this.getX = function() {
      return _x;
    };

    this.getY = function() {
      return _y;
    };
  }
};

const p = new Point(5,5);
p.updateCoords(10,10);
console.log(p.getX()+','+p.getY()); // 输出: 10,10
```

至此，相信读者已经对接口的设计思路有了一个初步的认识。要想更深一步理解接口的作用，就必须要了解如何让未来的类共享现有类的接口，以实现真正的面向对象编程。

4.1.2 使用类继承语法

希望上一节中那些自由的、新旧标准混搭的类定义语法没有给读者带来太大的困惑。JavaScript 这门语言最大的魅力就在于自由。当然享受自由这件事需要量力而行，不要忘记“自由即责任”的原则。接下来，为了让读者对类继承能有一个较为直观的理解，我们先暂时用回 ES6 标准制定的类定义语法，以便引出对类继承的介绍。待掌握类继承机制在 JavaScript 语言中的具体实现之后，再来讨论如何将上述隐藏实现的技巧也应用到类继承机制中。

言归正传，ES6 标准为 JavaScript 语言新增了与传统面向对象语言相类似的类继承语法，具体如下：

```
class [子类名] extends [父类名] {
  constructor([构造形参]) {
    super([父类的构造实参]);
    [创建子类属性并将其初始化]
  }

  [子类方法定义]
};
```

下面对类继承语法中的各个单元做个说明。首先，该语法依然是一个类定义语句，所以它沿用了之前类定义语句中所有的元素。只不过这次是基于一个现有类来构造新的类，它必须用 `extends` 关键字为自己指定一个基础类，所以这里的[父类名]必须是一个已经被定义的类名。然后，在子类的 `constructor()` 函数中，我们必须先用 `super` 关键字调用父类的构造函数，然后才能用 `this` 引用添加子类的属性。因为在类继承语法中，子类的 `this` 是在父类的构造函数中创建的。例如，如果我们想基于之前的 `Point` 类创造一个可以标记颜色的“点”类 `colorPoint`，就可以这样写：

```
class Point {
  constructor(x,y) {
    this._x = x;
    this._y = y;
  }

  printCoords() {
    console.log('坐标：(' + this._x + ', ' + this._y + ')');
  }

  updateCoords(x,y) {
    if ((x<0) || (y<0)) {
      console.log('坐标不能为负值！');
```

```
      return false;
    }
    this._x = x;
    this._y = y;
  };

  getX() {
    return this._x;
  };

  getY() {
    return this._y;
  };
};

class colorPoint extends Point {
  constructor(x,y,color) {
    super(x,y);
    this._color = color;
  }

  updateColor(color) {
    this._color = color;
  }

  printCoords() {
    super.printCoords();
    console.log('颜色：', this._color);
  }
}

const p = new colorPoint(5,5,'红');
p.printCoords();        // 输出：坐标：(5,5)
                        //       颜色：红
p.updateCoords(10,10);
p.updateColor('绿')
p.printCoords();        // 输出：坐标：(10,10)
                        //       颜色：绿
```

从上述代码中，可以总结出以下 3 点。

- 子类可以原封不动地共享父类的接口及其实现，例如 updateCoords() 方法就完全使用了父类原有的实现。
- 子类可以共享父类的接口并修改其实现，例如 printCoords() 方法的实现就在子类中被重新修改了。

- 子类可以在父类实现的基础上为自己添加新的属性和方法，例如_color 属性和 updateColor()方法就是子类中新增的部分。

在编程术语中，上述这种子类共享父类接口与实现的方式被称为**继承**，而对继承自父类的接口进行重新实现的行为通常被称为**重写**或**覆写**。请注意，从上面我们对 printCoords()方法的重写可以看出，即使该方法被重写了，父类的printCoords()方法在子类的内部依然是可用的，我们可以通过 super 关键字来调用它。

需要注意的是，super 关键字在子类中实际上有两种用法：第一种是使用函数调用操作符，例如 super()，这种用法只能用于调用父类的构造函数，并且只能在子类的构造函数中调用；第二种是使用成员操作符，例如 super.printCoords()，这种用法只能用于在子类方法中调用父类的方法。是的，很令人意外，我们"只能"用 super 调用父类的方法，而不能用它来获取父类的属性。也就是说，如果我们在子类方法中调用 console.log(super._x)，得到的会是 undefined。为什么呢？这就涉及 JavaScript 中对象的具体实现问题了。

4.2 深度探索对象

众所周知，在 ES6 标准发布之前，在 JavaScript 中是用构造函数来充当类的角色的。那么，构造函数与它所创建的对象之间究竟是什么关系呢？事实上，这个问题可以再次回到工厂生产过程去寻找答案。类的作用相当于对象的模板。现在请试想一下，如果要在没有模板的情况下生产一个新产品，工人们会怎么做呢？答案是，他们通常会先试着找到一个现有产品，然后再以该产品为基础设计出一个原型产品，最后再以原型产品为基准来生产目标产品。对应到编程术语，这种用作基准的对象被称为目标对象的**原型对象**，而构造函数的作用就是为将要创建的对象设计原型对象。

4.2.1 使用原型对象

换言之，在 JavaScript 中，每个对象都会有一个原型对象，而其原型对象来自它们各自的构造函数。那么这个说法可以用代码来证明吗？答案是肯定的，我们可以通过 JavaScript 的内置对象方法 Object.getPrototypeOf()来查看指定对象的原型对象。下面来做个实验，先定义一个构造函数，然后再用它创建两个对象，看看这两个对象的原型是什么：

```
function Hero(name) {
  this.name = name;
}

let hero_1 = new Hero('owlman');
```

```
let hero_2 = new Hero('batman');

console.log(hero_1.name)                         // 输出： owlman
console.log(Object.getPrototypeOf(hero_1));      // 输出： Hero ()
console.log(hero_2.name)                         // 输出： batman
console.log(Object.getPrototypeOf(hero_2));      // 输出： Hero ()
```

从上述实验的结果我们可以看到：hero_1 和 hero_2 的 name 属性值分别为 owlman 和 batman，但它们的原型对象都指向了构造函数 Hero ()。也就是说，这两个对象虽然有各自独立的属性，但却是基于同一个原型对象的产物，而这个原型对象正是它们的构造函数。另外，这个实验也间接证明了我们在上一章中所说的：如果在构造函数中将对象的方法也定义在 this 引用上，就会让每个实体对象都拥有一份独立但相同的方法实现。这意味着，如果我们用构造函数创建 10000 个对象，同一个对象方法就会被重复实现 10000 次，这显然会造成代码冗余。所以，一个对象的方法实现应该被定义在其原型对象上。这样只要对象来自同一个原型对象，它们调用的就是同一份方法实现。

我们都知道，其实构造函数本身在没有被 new 操作符调用之前只是一个普通函数。而在 JavaScript 中，函数本身也是一个对象，那么它又是如何在被 new 操作符调用时成了其所创建对象的原型对象的呢？答案就是函数的 prototype 属性。在 JavaScript 中，为了让用户定义的函数都可以被当作构造函数来使用，每个由用户定义的函数都会有一个 prototype 属性。当这些函数被当作普通函数调用时，该属性是被忽略的；然而一旦它们被 new 操作符调用，该属性就会被初始化，并成了其所创建对象的原型对象。例如，如果我们想为上面创建的 hero_1 和 hero_2 对象添加一个 sayHello()方法，又不想有代码冗余的问题，就可以接着上面的代码这样写：

```
Hero.prototype.sayHello = function() {
  console.log('Hello,',this.name);
};                          // 在原型对象上添加方法

hero_1.sayHello();        // 输出： Hello, owlman
hero_2.sayHello();        // 输出： Hello, batman

Hero.prototype.sayHello = function() {
  console.log('你好,', this.name);
};                          // 修改原型对象上的方法

hero_1.sayHello();        // 输出：你好, owlman
hero_2.sayHello();        // 输出：你好, batman

hero_1.sayHello = function() {
```

```
  console.log(this.name,'不是英雄！');
};                          // 在 hero_1 对象上添加同名方法

hero_1.sayHello();          // 输出： owlman 不是英雄！
hero_2.sayHello();          // 输出：你好， batman

delete hero_1.sayHello;  // 删除 hero_1 上的同名方法

hero_1.sayHello();          // 输出：你好， owlman
hero_2.sayHello();          // 输出：你好， batman
```

正如大家所见，如果在构造函数的 prototype 属性上添加或修改方法的实现，会影响其创建的所有对象；而如果在某个实体对象上添加或修改方法的实现，则不会影响其他对象。另外，上面的代码也说明了一件事，即当一个对象实体的 this 引用上的方法与其原型对象上的方法同名时，JavaScript 解释器会优先调用 this 引用上的方法。这也是我们不赞成在构造函数中用 this 引用来定义对象方法的另一个原因，因为它会隐藏掉我们在原型对象上定义的方法。

4.2.2 再探对象属性

除了方法，属性也是可以被定义在原型对象上的。在 JavaScript 中，对象的属性按其拥有者可分为被定义在 this 引用上的自有属性和被定义在原型对象上的原型属性两种。对此，我们可以使用每个对象都拥有的 hasOwnPrototype()方法来判断一个属性是否为当前对象的自有属性。下面，接着上面的代码继续往下写：

```
Hero.prototype.counter=2;                              // 添加一个原型属性
console.log(hero_1.hasOwnProperty('name'));            // 输出： true
console.log(hero_1.hasOwnProperty('counter'));         // 输出： false
console.log(hero_1.name === hero_2.name);              // 输出： false
console.log(hero_1.counter === hero_2.counter)         // 输出： true
```

从上述代码输出的结果我们可以看到：由于 name 属性是被构造函数定义在 this 引用上的，所以 hero_1.hasOwnProperty('name')返回的是 true；而新增的 counter 属性是被定义在 Hero.prototype 上的，所以 hero_1.hasOwnProperty('counter')返回了 false。另外，对象的自有属性是彼此独立的，而原型属性则是该原型所创建的所有对象共同拥有的。所以在原型对象上添加属性时需要格外小心，因为该属性会影响该原型对象所创建的所有对象，包括在它被添加到原型对象之前所创建的对象。接下来，我们可以搭配用于枚举对象属性的 for-in 循环来看看 hero_1 对象中到底有哪些自有属性和原型属性：

```
for(property in hero_1) {
```

```
  if (hero_1.hasOwnProperty(property)) {
    console.log('自有属性: ', property);
  } else {
    console.log('原型属性: ', property);
  }
}
// 以上代码输出
// 自有属性: name
// 原型属性: sayHello
// 原型属性: counter
```

for-in 循环的作用是遍历指定对象中所有可枚举的属性，程序会依次将 hero_1 对象中的元素读取到循环变量（即这里的 property 变量）中，然后交由 hasOwnProperty()方法来判断其是否为自有属性。在这里我们会发现一件有趣的事，那就是 sayHello()方法也被当作属性被枚举了出来。这本身倒不难理解，毕竟它可以被看作值为函数的属性。比较让人难以理解的是：既然对象方法也会被当作属性被枚举了出来，那么为什么明明 hero_1 对象调用了 hasOwnProperty()方法却没有被枚举出来呢？事实上，这个问题涉及 JavaScript 中的最终原型对象 Object，下一节将会详细介绍该对象。现在，读者暂时只需要知道 for-in 循环遍历的是可枚举的属性，而来自 Object 的原型属性都是不可枚举的。在 JavaScript 中，每个对象的属性都有属性值、可写性、可枚举性以及可配置性 4 个特性，它们分别对应以下 4 个**属性描述符**。

- value：属性的值。这个特性我们已经在使用了，它决定的是属性中存储的数据，默认值为 undefine。
- writable：属性是否可写，默认值为 true。如果将其设置为 false，该属性在初始化之后就不可再被修改了。请注意，这里的“不可修改”针对的是所有地方，包括该属性所在对象的方法。这与我们之前讨论的“让对象外部不能直接修改属性"不是一回事。
- enumerable：属性是否可枚举，默认值为 true。如果将其设置为 false，该属性就不会被 for-in 循环遍历到。
- configurable：属性是否可配置，默认值为 true。如果将其设置为 false，该属性在初始化之后其所有的特性（包括 congfigurable 特性本身）就都不可修改了。

如果我们想查看现有属性的特性配置，可以使用 Object.getOwnProperty-Descriptor()方法来查看。例如，如果想查看上述代码中 hero_1 对象的 name 属性，我们就可以接着上面的代码这样写：

```
let msg = Object.getOwnPropertyDescriptor(hero_1, 'name');
console.log(msg);
//    以上代码输出
```

```
//    { value: 'owlman',
//    writable: true,
//    enumerable: true,
//    configurable: true }
```

在这里，我们需要传递给 Object.getOwnPropertyDescriptor()方法两个实参：第一个实参是我们要查看的属性所属的对象；第二个实参是该属性的名称，请注意，该名称必须用一个字符串来表示。需要说明的是，在通常情况下，我们在定义对象属性时只需要指定它的 value 特性即可，其他 3 个特性会被自动赋予默认值。当然了，如果实在有特定的需求，我们也可以使用 Object.defineProperty()方法来详细定义属性。换句话说，下面两种定义属性的方式在效果上是完全一致的：

```
hero_1.test = 'test';
console.log(hero_1.test);           // 输出： test
Object.defineProperty(hero_1,'test',{value: 'test',
                                     writable: true,
                                     enumerable: true,
                                     configurable: true});
console.log(hero_1.test);           // 输出： test
```

在这里，我们需要传递给 Object.defineProperty()方法 3 个实参：第一个实参是我们要定义的属性所属的对象；第二个实参是该属性的名称，该名称必须用一个字符串来表示；第三个实参是一个用于逐条指定该属性特性的对象直接量。从这里我们也可以看出，事实上每个对象的属性本身也是一个对象。在 configuration 没有被设置为 false 的前提下，我们也可以用 Object.defineProperty()方法来修改现有属性的特性。例如，如果我们不想让 for-in 循环遍历到 test 属性，就可以接着上面的代码这样写：

```
Object.defineProperty(hero_1,'test',{value:'test',
                                     enumerable:false});
```

到目前为止，我们一直在对 Hero()构造函数所创建的对象进行各种扩展、修改和缩减操作，充分展现了 JavaScript 对象的灵活性和自由度。但正如我们一直所强调的，享受自由的同时必须注意随之而来的风险。在某些情况下，如果我们觉得不能放任自己设计的对象像上面这样被调用方随意增加、修改甚至删除，就可以对这些行为进行禁止。在 JavaScript 中，禁止修改对象的方法有 3 个，下面逐一介绍一下它们。

首先，我们可以用 Object.preventExtensions()方法将它们设置为不可扩展的对象。这时候，如果我们用 Object.isExtensible()方法来查看它们的可扩展性，就会得到 false。下面继续拿 hero_1 对象来试一下：

```
console.log(Object.isExtensible(hero_1));   // 输出： true
Object.preventExtensions(hero_1);
```

```
console.log(Object.isExtensible(hero_1));     // 输出： false
hero_1.isbaby = true;
console.log('isbaby' in hero_1);              // 输出 false，证明操作失败
```

isbaby 属性已经不能被添加到 hero_1 中了。如果声明为严格模式，上述代码还会直接报错，并被 JavaScript 解释器终止执行。需要注意的是，Object.preventExtensions()方法执行的操作是不可逆的，hero_1 一旦被设定为不可扩展，就不可以再被改回来了。所以对于这个操作，程序员在执行之前可要想好了。Object.preventExtensions()方法只能保证对象的自有属性不会再被扩展，但我们仍然可以删除它的自有属性。例如，如果我们想删除之前添加的 test 属性，就可以这样写：

```
console.log('test' in hero_1); // 输出 true，证明该属性目前存在
delete hero_1.test;
console.log('test' in hero_1); // 输出 false，证明删除操作成功
```

然后，如果不想允许调用方删除对象的属性，我们可以使用 Object.seal()方法封印对象。同样地，在执行封印操作之后，我们可以用 Object.isSealed()方法来验证封印是否成功。在一个对象被封印之后，它不但无法再扩展新的自有属性，现有的自有属性也会被设置为不可配置。这样一来，如果我们再想删除 hero_1 对象的 name 属性，操作就会失败：

```
console.log(Object.isSealed(hero_1));  // 输出：false
Object.seal(hero_1);
console.log(Object.isSealed(hero_1));  // 输出： true
console.log('name' in hero_1);         // 输出 true，证明该属性目前存在
delete hero_1.name;
console.log('name' in hero_1);         // 输出 true，证明删除操作失败
```

请注意，封印对象的操作也是不可逆的，对象一旦被封印就无法再解封。现在，hero_1 对象的自有属性不能被添加或删除，也无法再配置可写性和可枚举性，但我们仍然可以修改它的 name 值。例如，我们可以接着上面的代码这样写：

```
hero_1.name = 'owlbaby';
hero_1.sayHello();          // 输出：你好，owlbaby
```

这时候，hero_1 对象的状态就基本类似于我们在 C++、Java 这些语言中使用的对象了，由此也可以看出 JavaScript 相对于传统的面向对象编程语言给予了程序员很大的自由度。如果我们想彻底将 hero_1 设置成一个不可修改的对象，可以使用 Object.freeze()方法冻结对象。同样地，在冻结了对象之后，可以使用 Object.isFrozen()方法来验证操作是否成功。在 hero_1 对象被冻结之后，如果我们再想修改其 name 属性，操作就会失败，在严格模式下，JavaScript 解释器还会报错并终止执行：

```
console.log(Object.isFrozen(hero_1)); // 输出：false
Object.freeze(hero_1);
console.log(Object.isFrozen(hero_1)); // 输出： true
hero_1.name = 'owlman';
hero_1.sayHello();                     // 输出 “你好，owlbaby”，证明操作失败
```

同样地，冻结对象操作也是不可逆的。一旦对象被冻结，它就无法再被解冻。当然了，我们还是可以通过 `Hero.prototype` 来为其添加新的方法，但这个操作同时也会影响 `hero_2` 和其他用 `Hero()` 构造函数创建的对象，甚至还包括继承了 `Hero.prototype` 原型的后续原型对象，以及它们所创建的对象，程序员们应该更谨慎一些。为了让读者能对这一部分的操作做出合理的决策，接下来就详细介绍一下对象之间、原型之间的继承关系。

4.2.3 理解 Object 对象

细心的读者可能已经发现了，我们之前在介绍原型对象时遗漏了一个关键问题：既然 JavaScript 中的每个对象都有自己的原型对象，而用构造函数创建的对象的原型对象来自其构造函数，那么充当构造函数的这些函数的原型对象是什么呢？这些原型对象的原型对象又是什么呢？依次类推，这个问题似乎可以一直问下去，但这显然是不现实的。所以我们可以推断出 JavaScript 所定义的世界中必定有一个最初的原型对象，所有对象的原型都来自它，这个对象就是我们之前一直在使用但还未做说明的 `Object` 对象，`Object.prototype` 属性是 JavaScript 中所有对象的原型。如果我们用直接量创建一个对象，它的原型就是 `Object.prototype`。对此，我们可以用以下方法来检查一下：

```
let machine = {name:'robot'}; // 用直接量创建对象
let prototype = Object.getPrototypeOf(machine);
console.log(prototype === Object.prototype); // 输出： true
```

这也就是说，当我们用直接量创建对象的时候，实际上就是调用 `Object` 构造函数，即：

```
// 当我们这样写
let machine = { name:'robot'};
// 就等同于
let machine = new Object();
machine.name = 'robot';
```

在 JavaScript 中，`Object` 是一个极为特殊的构造函数。它不但提供了可由 JavaScript 中所有对象调用的实例方法，还提供了一组只能由 `Object` 本身调用的静态方法。虽然我们之前或多或少使用过这些方法，但始终没有系统地介绍过它们。下面，就让我们来补上这一课。

4.2.3.1 实例方法

Object 构造函数提供的实例方法主要有 6 个。鉴于 Object.prototype 是 JavaScript 中所有对象的原型，因此这些方法可以被所有对象调用，下面是这些方法的具体介绍。

- hasOwnProperty(propertyName)方法：用于判断其调用对象中是否有名为 propertyName 的自有属性，是就返回 true，不是则返回 false。例如，对于上面的 machine 对象，我们可以这样写：

```
console.log(machine.hasOwnProperty('name'));
// 输出： true
```

- propertyIsEnumerable(propertyName)方法：用于判断其调用对象的 propertyName 属性是否属于可枚举属性，是就返回 true，不是则返回 false。例如，对于上面的 machine 对象，我们可以这样写：

```
console.log(machine.propertyIsEnumerable('name'));
// 输出： true
```

- isPrototypeOf(object)方法：用于判断其调用对象是否为 object 对象的原型对象，是就返回 true，不是则返回 false。例如，对于上面的 machine 对象，我们可以这样写：

```
console.log(Object.prototype.isPrototypeOf(machine));
// 输出： true
```

- toString()方法：用于返回其调用对象的、被本地化了的字符串描述。例如：

```
let arr = [1,2,3];
console.log(arr.toString()); // 输出： 1,2,3
```

- toLocaleString()方法：用于以用户所在系统设置的语言返回其调用对象的字符串描述。例如：

```
let date = new Date();
console.log(date.toLocaleString());
// 输出： 2019/10/6 下午 3:26:21
```

- valueOf()方法：用于返回其调用对象的原始值。例如：

```
let arr = [1,2,3];
console.log(arr.valueOf()); // 输出：  [ 1,2,3 ]
```

4.2.3.2 静态方法

Object 的静态方法指的是只能由 Object 自身作为一个实体来调用的方法，这些方法主要用来更细致、更精确地创建、使用和修改 JavaScript 中的对象。下面是这些方法的具体介绍。

- Object.assign(target, ...sources)方法：用于将 sources 指定的一个或多个对象复制到 target 对象中，并将其作为一个新创建的对象返回。在复制过程中，如果 target 对象与 sources 对象有同名属性，则后者的属性会覆盖前者的属性。如果 sources 中的多个对象有同名属性，则靠后出现的属性会覆盖前面的属性。

  需要注意的是，Object.assign()方法执行的是浅复制而非深复制，所以如果 sources 对象中的某个属性值是对象类型，那么 target 对象得到的是该属性值的引用。例如：

```
let obj_1 = { x: { num:1}};
let obj_2 = Object.assign({}, obj_1);
console.log(obj_2.x.num); // 输出: 1
obj_1.x.num = 2;
console.log(obj_2.x.num); // 输出: 2
```

- Object.create(prototype,propertyDescriptor)方法：用于以 prototype 指定的对象为原型创建一个对象，并赋予其用 propertyDescriptor 描述的属性。该方法有利于我们更精确地创建一个对象。例如：

```
// 对于下面这个对象
let machine = {name:'robot'};
// 我们也可以这样定义
let machine = Object.create(Object.prototype,{
  name:{
      value: 'robot',
      writable: true,
      enumerable: true,
      configurable: true
  }
});
```

- Object.defineProperty(target, propertyDescriptor)方法：用于将 propertyDescriptor 描述的属性添加到 target 对象中。如果该属性已经存在，就覆盖它。由于我们之前已经演示过该方法的使用，这里就不再举例了。
- Object.defineProperties(target, propertyDescriptor)方法：用于将 propertyDescriptor 描述的多个属性添加到 target 对象中。如果

这些属性已经存在，就覆盖它们。例如：

```
Object.defineProperties(machine,{
  name: {
      value: 'robot',
      writable: true,
      enumerable: true,
      configurable: true
  },
  cpu:{
     value: 'i5',
     writable: true,
     enumerable: true,
     configurable: true
 }
});

onsole.log(machine.name, machine.cpu); // 输出： robot i5
```

- Object.entries(target)方法：用于以键/值对数组的形式返回 target 对象的可枚举属性。例如，对于上面的 machine 对象，我们可以这样查看它的可枚举属性：

```
console.log(Object.entries(machine));
// 输出： [ [ 'name', 'robot' ], [ 'cpu', 'i5' ] ]
```

- Object.keys(target)方法：用于以数组的形式返回 target 对象中可枚举属性的名称。例如，对于上面的 machine 对象，我们可以这样写：

```
console.log(Object.keys(machine));
// 输出： [ 'name', 'cpu' ]
```

- Object.values(target)方法：用于以数组的形式返回 target 对象中可枚举属性的值。例如，对于上面的 machine 对象，我们可以这样写：

```
console.log(Object.values(machine));
// 输出： [ 'robot', 'i5' ]
```

- Object.getOwnPropertyDescriptor(target, propertyName)方法：用于获取 target 对象的 propertyName 属性的具体描述。例如，对于上面的 machine 对象，我们可以这样写：

```
console.log(Object.getOwnPropertyDescriptor(machine,'name'));
// 以上代码输出
// { value: 'robot',
//   writable: true,
```

```
//   enumerable: true,
//   configurable: true }
```

- Object.getOwnPropertyNames(target)方法：用于以一个字符串数组的形式返回 target 对象中所有自有属性的名称。例如，对于上面的 machine 对象，我们可以这样写：

```
console.log(Object.getOwnPropertyNames(machine));
// 以上代码输出： [ 'name', 'cpu' ]
```

- Object.getOwnPropertySymbols(target)方法：用于以一个数组的形式返回 target 对象自身所有的符号属性。由于我们目前还没有介绍 ES6 新增的 Symbols 对象，就不举例了。
- Object.getPrototypeOf(target)方法：用于返 target 对象的原型对象。由于我们之前已经演示过该方法的使用，这里就不再举例了。
- Object.setPrototypeOf(target, prototype)方法：用于将 target 对象的原型设置为 prototype。例如，对于上面的 machine 对象，我们可以这样写：

```
Object.setPrototypeOf(machine,Hero.prototype);
```

  关于修改现有对象的原型，我们稍后还会做详细讨论。
- Object.preventExtensions(target)方法：用于关闭 target 对象的可扩展性，该操作是不可逆的。由于我们之前已经演示过该方法的使用，这里就不再举例了。
- Object.isExtensible(target)方法：用于判断 target 对象的可扩展性，返回 false 就代表 target 对象不可扩展。由于我们之前已经演示过该方法的使用，这里就不再举例了。
- Object.seal(target)方法：用于封印 target 对象，防止其他代码删除此对象的属性，这也是个不可逆的操作。由于我们之前已经演示过该方法的使用，这里就不再举例了。
- Object.isSealed(target)方法：用于判断 target 对象是否已经被封印，返回 true 就代表 target 对象已被封印。由于我们之前已经演示过该方法的使用，这里就不再举例了。
- Object.freeze(target)方法：用于冻结 target 对象，使得其他代码不能添加、删除或更改该任何对象属性，这也是个不可逆的操作。由于我们之前已经演示过该方法的使用，这里就不再举例了。
- Object.isFrozen(target)方法：用于判断 target 对象是否已经被冻结，返回 true 就代表 target 对象已被冻结。由于我们之前已经演示过该方法的使用，这里就不再举例了。

4.3 原型继承机制

正如 4.1 节所介绍的，我们之所以要通过继承现有类的方式来创建一个新的类，主要是想让新建的类共享现有类的接口及其部分实现。而在没有引入类定义语法之前，JavaScript 中的继承关系是以原型链的形式来呈现的。

4.3.1 理解原型链

以我们之前使用的 hero_1 对象为例，它的原型是 Hero.prototype，而 Hero.prototype 的原型则是 Object.prototype，这是 JavaScript 中的最终原型。在 JavaScript 中，这一连串的原型被称为 hero_1 对象的**原型链**。换言之，hero_1 对象从一开始就已经位于一组继承关系中了，它既可以调用 Hero.prototype 中定义的接口与实现，也共享了 Object.prototype 中定义的接口与实现。例如，下面用 hero_1 对象来调用 Object 对象的实例方法：

```
console.log(hero_1.toString());       // 输出： [object Object]
console.log(hero_1.valueOf());        // 输出： Hero { name: 'owlman' }
console.log(hero_1.toLocaleString()); // 输出： [object Object]
```

hero_1 对象可以调用 Object 对象的实例方法，所以可以认为 Hero() 构造函数在定义其原型的同时，继承了 Object() 构造函数定义的原型。为了便于理解，我们在某些情况下可以将 Object() 构造函数看作 Hero() 构造函数的父类。但读者心里必须要清楚，这种类比并不完全符合事实。因为构造函数自始至终都是一个有实体存在的对象，而不是一个代表对象模板的类，这些概念在技术上是不能混淆的。也就是说，在 JavaScript 中，继承关系是直接发生在对象与对象之间的，这与我们所熟悉的 C++、Java 这些传统的面向对象编程语言有很大的不同。

这里 Hero 对象继承 Object 对象的动作是由 JavaScript 语言机制自动完成的，下面我们以手动调整继承关系的方式来展示一下原型链机制的灵活性。之前使用的 machine 对象是一个用 Object() 构造函数定义的对象。现在，我们来改变一下它在原型链中的位置，使其变成一个由 Hero() 构造函数定义的对象。该怎么办呢？答案很简单，只需要将 machine 对象的原型设置成 Hero.prototype 即可，我们可以接着上面的代码这样写：

```
// 之前的定义：let machine = { name:'robot'};
Object.setPrototypeOf(machine, Hero.prototype);
// 调用 Hero.prototype 上的方法
machine.sayHello();                        // 输出： 你好 robot
```

```
// 调用 Object.prototype 上的方法
console.log(machine.toString());          // 输出： [object Object]
console.log(machine.valueOf());           // 输出： Hero { name: 'robot' }
console.log(machine.toLocaleString());    // 输出： [object Object]
```

是的，这里看起来会有些奇怪。因为我们并没有创建新的对象，只是调整了一下现有对象的原型，就改变了它的数据类型。也就是说，从类型的概念上来说，machine 对象现在由 Object 对象变成了一个 Hero 对象，而后者是前者的子类。这就是 JavaScript 的灵活性，这种自由度在 C++、Java 这些语言中是很难实现的。

让我们稍微回归一下传统，既然构造函数在 JavaScript 中充当了类的角色，那么下面就来看看如何模拟传统的面向对象编程，基于现有的类来创建新的类。毕竟我们刚才直接让一个 machine 实体变成了一个 Hero 类的对象，怎么看都有些粗鲁。下面设计一个 AI_Hero 类，其定义代码如下：

```
function AI_Hero(name) {
  this.name = name;
}
AI_Hero.prototype = new Hero();
```

如果我们想让 AI_Hero 继承自 Hero，只需要正常定义一个名为 AI_Hero 的构造函数，然后将该构造函数的 prototype 属性设置为一个 Hero 实体即可。请注意，在这里构建 Hero 对象是不必传递实参的，因为在 AI_Hero 所在的作用域中，this 是引用不到 Hero 对象的实体属性的。换句话说，在用原型链实现的继承机制中只有被定义在 prototype 中的东西。下面用 AI_Hero() 构造函数重新构建一个 machine 对象，看看效果是否符合我们对继承的预期：

```
let machine = new AI_Hero('Machine');
// 调用 Hero.prototype 上的方法
machine.sayHello();                       // 输出： 你好， Machine
// 调用 Object.prototype 上的方法
console.log(machine.toString());          // 输出： [object Object]
console.log(machine.valueOf());           // 输出： Hero { name: 'Machine' }
console.log(machine.toLocaleString());    // 输出： [object Object]
```

4.3.2 剥开语法糖

那么，现在的问题是 ES6 标准所带来的类定义与继承语法是否改变了 JavaScript 的继承机制的实现呢？为了说明这个问题，下面我们将对 4.1 节中的 Point 类与 colorPoint 类进行一些分析：

```
// 类设计
class Point {
```

```
  constructor(x,y) {
    this._x = x;
    this._y = y;
  }

  printCoords() {
    console.log('坐标：(' + this._x + ', ' + this._y + ')');
  }

  updateCoords(x,y) {
    if ((x<0) || (y<0)) {
      console.log('坐标不能为负值！');
      return false;
    }
    this._x = x;
    this._y = y;
  }
};

class colorPoint extends Point {
  constructor(x,y,color) {
    super(x,y);
    this._color = color;
  }

  updateColor(color) {
    this._color = color;
  }

  printCoords() {
    super.printCoords();
    console.log('颜色：', this._color);
  }

  testSuper() { // 临时新增方法：验证 super 是否为父类的 prototype
    Point.prototype.temp = 10;
    console.log(super.temp);
  }
}

// 先来看看类在 JavaScript 中的实际数据类型
console.log(typeof(Point));       // 输出： function
console.log(typeof(colorPoint)); // 输出： function

// 再来看看两者之间是否属于原型继承
```

```
let proto = Object.getPrototypeOf(colorPoint);
console.log(proto === Point);     // 输出： true

// 最后看看子类的 super 引用的是不是父类的 prototype
const p = new colorPoint(5,5,'红');
p.testSuper();                    // 输出： 10
```

我们首先用 typeof 查看了 Point 和 colorPoint 的实际数据类型，得知了它们都是函数。然后，我们用 Object.getPrototypeOf()方法证实了这两个类之间依然是原型继承的关系。最后，我们为 colorPoint 类临时新增了一个 testSuper()方法。其中，我们先在 Point.prototype 上添加了一个临时变量 temp，然后用 super 读取了该变量的值。这证明了子类的 super 引用的正是父类的 prototype，这也就解释了为什么 super 不能引用父类对象的自有属性（如 super._x）。

根据上述分析结果，我们可以得出一个结论：ES6 标准新增的语法并没有改变该语言用原型链实现继承机制的事实。换句话说，ES6 标准提供类定义与继承语法的目的仅仅是为程序员们提供一种类似于使用传统面向对象编程语言的体验。我们通常将这些在语法上提供便利，但并不改变内部实现的语言特性称为**语法糖**。在理解语法糖的作用之后，我们就可以更灵活地使用 ES6 标准提供的语法了。例如，之前为了私有化部分数据，将自有属性定义成了构造函数的局部变量。相应地，为了让对象方法能访问这些私有数据，它们也必须在构造函数内定义。但我们当时遇到了一个麻烦：这些对象方法都被定义在了 this 上。这不仅造成了代码冗余，而且让它的子类无法继承父类的方法。现在，我们知道了 JavaScript 的继承机制依然是用原型链实现的，所以只需要将这些方法定义在 Point.prototype 上即可：

```
class Point {
  constructor(x,y) {
    let _x = x;
    let _y = y;

    Point.prototype.printCoords = function() {
      console.log('坐标：('+ _x + ', ' + _y + ')');
    };

    Point.prototype.updateCoords = function(x,y) {
      if ((x<0) || (y<0)) {
        console.log('坐标不能为负值！');
        return false;
      }
      _x = x;
      _y = y;
    };
```

```
  }
};

class colorPoint extends Point {
  constructor(x,y,color) {
    super(x,y);
    this._color = color;
  }

  updateColor(color) {
    this._color = color;
  }

  printCoords() {
    super.printCoords();
    console.log('颜色：', this._color);
  }
}

// 逐个测试方法的调用
const p = new colorPoint(5,5,'红');
p.printCoords();            // 输出： 坐标：(5,5)
                            //       颜色：红
p.updateCoords(10,10);
p.updateColor('绿');
p.printCoords();            // 输出： 坐标：(10,10)
                            //       颜色：绿
```

现在，colorPoint 类对象的方法就可以通过 super 调用 Point 类定义的方法了。需要提醒读者的是，在享受 JavaScript 给赋予我们的自由度之前，需要先对自己要做的事有把握。类定义与继承语法在 JavaScript 中的出现是经历了很多年的呼吁的，所以我们虽然在原则上鼓励读者去了解这种语法背后的实现机制，但并不鼓励轻易破坏或绕过它。

4.4 综合练习

正如本章开头所说，使用面向对象编程语言最大的好处之一就是我们可以通过设计一个基类来统一程序的接口。这样一来，当我们设计测试方案时，就只需要关注如何调用目标程序的这些接口，不必再关心该程序的具体实现了。例如对于之前实现的“电话交换机测试”程序，如果我们将 TelephoneExchange 类设定为今后所有“电话交换机测试”程序的基类，也就是说，无论今后电话交换机的具体实现代码是怎样的，它所提供的主要功能操作（即接口）是不变的，那么之前的测试代码就可以被封装成如下函数：

```
function testTelephoneExchange(phoneExch) {
  phoneExch.callAll();
  console.log('-----------');
  phoneExch.add('owlman');
  phoneExch.callAll();
  console.log('-----------');
  phoneExch.delete(1002);
  phoneExch.callAll();
  console.log('-----------');
  phoneExch.update(1003,'batman');
  phoneExch.callAll();
  console.log('-----------');
}
```

这样一来，我们以后就只需要以 `TelephoneExchange` 类及其子类的对象为实参来调用该函数，即可完成不同电话交换机的测试，例如：

```
class TelephoneExchange{
  // 之前的实现，具体代码请参考上一章内容
};
testTelephoneExchange(new TelephoneExchange(['张三', '李四']));

class InternetExchange extends TelephoneExchange{
  // 保留基类的接口，但换一种实现方式
};
testTelephoneExchange(new InternetExchange(['张三', '李四']));
```

本章小结

本章首先从程序设计的需求面切入，解释了什么是面向对象编程，以及将调用接口与具体实现分开设计的意义。然后详细介绍了如何在构建对象的过程中隐藏具体实现、开放公有接口。在这一过程中，我们运用了各种只有 JavaScript 才有的自由度和灵活性，再次体验了这门语言的强大，以及它对程序员自身能力的考验。

接下来就进入了面向对象编程的核心议题：类与类之间的继承关系。首先详细介绍了 ES6 标准新增的类定义与继承语法，然后将时间拉回到 ES6 标准发布之前，为读者说明了在没有类定义与继承语法的情况下，在 JavaScript 中是如何实现面向对象编程的。这一部分内容详细介绍了原型与原型链的概念，以及以这些概念为基础实现的继承机制。最后，我们证明了 ES6 标准新增的语法并没有改变这一继承机制，它只是一个在使用上提供方便的语法糖，之前基于 JavaScript 的自由度和灵活性所设计出来的解决方

案依然有效。

当然，需要再次强调，在享受 JavaScript 的自由度和灵活度的同时，我们也必须要对自己所做的事有所把握。毕竟，类定义与继承语法在 JavaScript 中的出现也是程序员们多年呼吁的结果。所以在原则上，我们鼓励读者去了解这种语法背后的实现机制，但并不鼓励轻易破坏或绕过它。

第 5 章　异步编程

上一章介绍了面向对象编程，这种编程方式主张隐藏对象的具体实现，然后将该对象允许执行的操作以接口的形式提供给它的用户。细心的读者可能已经发现了，到目前为止，本书所讨论的内容都是站在对象提供方的角度上思考问题的，例如，我们会先将相关任务封装成函数，并将相关数据组织成数据结构，然后再将数据结构与函数组合成对象，最后隐藏对象的实现并对外提供接口。但再然后呢？是不是剩下的编程工作按部就班地调用这些接口就行了呢？或者说，是不是只要我们实现并提供了这些接口，编程问题就解决了百分之八九十，剩下的都是一些按表操课的简单工作呢？

答案当然是否定的。事实恰恰相反，在编程的大部分工作里，我们都是在使用对象，而非提供对象。且不说在浏览器端或服务器端，我们大部分时间都在使用 `jQuery`、`Vue` 这些库或框架提供的对象来解决问题；即使之前我们在编写纯 ECMASrcipt 代码时，大部分时间也只是单纯地在使用 ES5/ES6 中定义的标准对象，例如 `Array`、`Map` 等。所以，如何有效地使用对象的接口才是我们在编程工作中要面对的主要问题。

本章站在对象使用者的角度来思考编程问题，并以此为契机介绍一下 JavaScript 中最常见的编程方式：异步编程。在阅读完本章内容之后，希望读者能：

- 理解异步编程的概念及其要解决的问题；
- 理解异步编程在 JavaScript 中的意义；
- 掌握如何在 JavaScript 中实现异步操作；
- 掌握如何用异步编程实现流程控制。

5.1 何谓异步编程

在具体介绍异步编程之前，先来思考一下它能为我们解决什么问题。下面，让我们再来重新审视一下“电话交换机测试”程序目前的实现方案：

```
// 电话交换机测试 3.0 版
// 作者：owlman

class TelephoneExchange{
  onstructor(names) {          // names 形参允许指定加入该电话交换机的初始名单
    this.mp = new Map();
    this.firstNum = 1001;      // 该电话交换机的第一个未被占用的号码

  for(let name of names) {
    this.firstNum++;
    this.mp.set(this.firstNum, name);  // 为初始名单分配电话号码
  }
}

add(name) {                            // 为新客户添加线路
  this.firstNum++;
  this.mp.set(this.firstNum, name);
}

delete(number) {                       // 删除线路
  this.mp.delete(number);
}

update(number, name) {                 // 修改已有线路的所属人
  if (this.mp.has(number)) {
    this.mp.set(number, name);
  } else {
    console.log(number + '是空号！');
  }
}

call(number) {                         // 拨打指定线路
  if (this.mp.has(number)) {
    let name = this.mp.get(number);
    console.log('你拨打的用户是： ' + name);
  } else {
    console.log(number + '是空号！');
  }
```

```
  }

  callAll() {                              // 拨打所有线路
    for (let number of this.mp.keys()) {
      this.call(number);
    }
  }
};

function testTelephoneExchange(phoneExch) {
  phoneExch.callAll();
  console.log('-----------');
  phoneExch.add('owlman');
  phoneExch.callAll();
  console.log('-----------');
  phoneExch.delete(1002);
  phoneExch.callAll();
  console.log('-----------');
  phoneExch.update(1003,'batman');
  phoneExch.callAll();
  console.log('-----------');
}
testTelephoneExchange(new TelephoneExchange(['张三', '李四']));
```

正如大家所见，我们目前在使用对象接口时都是一个接着一个来调用的。例如在上面的测试过程中，对 `add()` 接口的调用必然会在 `delete()` 接口被调用之前完成，而对 `delete()` 接口的调用也必然会在 `update()` 接口被调用之前完成。同样地，在 `callAll()` 接口的实现中，呼叫张三的电话必定会在李四之前完成。这种让计算机按照事先设定的任务顺序一个接着一个执行的编程方式被称为**同步编程**。这种编程方式的优势在于它可以使整个程序的执行顺序可被用户预测，并且不容易出现“同时添加和删除同一数据”这一类逻辑问题。

但同步编程也存在一个很大的劣势，那就是它会让所有顺序靠后的调用都必须等其前一个调用完成之后才能执行。例如，在 `callAll()` 接口的实现中，如果我们想打李四的电话，就必须等张三的这一通电话打完之后才能进行。这如果是在真实的电话网络中（而不仅仅是在内存中执行查表操作），即使排除了人为因素的影响，网络本身的连通速度也要比程序执行的速度慢得多。这意味着程序在拨出张三电话之后，一直到与张三完成通话之前的这段时间里必须停下来等。在编程术语中，这种等待被称为**阻塞**状态。如果一个程序经常被置于阻塞状态，它的执行效率就会受到严重的影响。请试想一下，如果我们的电话簿上有几百万人，像上面这种使用同步调用的测试方案在效率上是可接受的吗？

况且，类似的问题在实际编程工作中并不少见。毕竟无论是终端设备的输入和输出、磁盘文件的读写，还是数据库的存取、Web 页面的响应，其速度都是远低于内存存取和 CPU 运算速度的。如果我们在所有场景中一律采用同步编程的方式，程序的执行效率就会成为一个严重的问题。在编程方法论中，这个问题通常是通过并发编程的方式来解决的。所谓**并发编程**，就是将相关的操作分别封装成独立的执行单元，这些单元之间可共享数据，但执行过程彼此独立，它的具体实现方式通常有以下两种。

- **多线程编程**：这种编程方式主张为并发任务单独开辟一个线程，然后交由操作系统的线程机制来管理它们的执行。这样做的好处在于可以借助操作系统的现有机制来实现计算机资源的最优化利用；坏处是会让程序员们在处理线程之间的数据同步时面临很大的挑战，一不小心就会出现死锁、竞争等各种难以处理的问题。
- **异步编程**：这种编程方式主张将并发任务封装成可异步调用的接口，以此来避免程序过于频繁地进入阻塞状态。但是，这些异步接口是如何在既不开辟新线程，又不阻塞主线程的情况下获得执行机会的呢？或者说，这些会带来阻塞的磁盘读写、数据库存取操作是在什么时候、由谁来完成的呢？简而言之，答案就是程序的运行环境。例如在 JavaScript 中，其运行环境的解释器中管理着一个任务队列，每当程序的主线程执行到异步调用时，就会选择将其暂存到任务队列中，并继续处理接下来的操作。待时机合适之时（由程序运行环境来判断），再回头来执行暂存在任务队列中的调用。这样做的好处是让程序员们避开了多线程编程中那些难以处理的数据同步问题；坏处是它会让代码的执行顺序变得难以预测，这会给程序的调试带来不少麻烦。

众所周知，JavaScript 这门语言的设计初衷是为了赋予 Web 页面响应用户操作的能力，实现这种能力最为关键的一点就是要避免 Web 页面所在的线程频繁地进入阻塞状态。如果它因经常卡顿而造成用户体验不佳，问题将是致命的。而对于 Web 页面来说，浏览器通常只能允许它在一个线程内活动，因此 JavaScript 在相当长的一段时间里只能采用单线程的异步编程方式来响应用户操作。后来，Node.js 运行环境与 Electron 桌面框架也都选择延续这一编程方式，它们对磁盘文件的读写、数据库的存取以及 GUI（Graphical User Interface，图形用户界面）的事件响应等会带来阻塞状态的操作都提供了异步调用的接口。所以如今但凡要用 JavaScript 解决一些实际问题，基本都会用到异步接口。从某种意义上来说，JavaScript 之所以能发展成今天这样一门近乎全能的编程语言，就是因为它对异步编程这种方式有一种近乎天然的强大支持。

5.2 异步实现方案

在理解了异步编程的概念以及它对于 JavaScript 的意义之后，下面就可以具体地讨论一下异步编程的实现方案了。

5.2.1 事件驱动

正如之前所说，JavaScript 这门语言最初的作用就是在浏览器端响应用户在 Web 页面上的操作。而 Web 页面与桌面的 GUI 程序一样，它们对用户操作的响应能力都是基于事件驱动模型来构建的。具体做法就是：用户在 Web 页面上执行的鼠标单击、表单提交等操作，都会触发一个相应的事件，而程序员们通常事先为这些事件注册一个响应函数。例如，早年间编写 Web 页面时经常会这样写：

```
<!DOCTYPE html>
<html lang='zh-cn'>
<head>
    <meta charset="UTF-8">
    <title>测试页</title>
    <script>
        function sayHello() {
          console.log('Hello');
        }
    </script>
</head>
<body>
    <h1>测试页</h1>
    <input type='button' value='先打声招呼' onclick='sayHello();'>
</body>
</html>
```

为了响应用户对页面中按钮的单击操作，我们先在`<script>`标签中定义了一个`sayHello()`函数，然后在`<input type='button'>`标签中将该函数注册成了`onclick`事件的响应函数。接下来测试一下这个响应函数是否能正常工作：先将上述代码保存到`code/01_sayhello`目录下，并将其命名为`01-webBrowser.htm`，然后在浏览器中打开它，并单击“先打声招呼”按钮，就会在 Web 控制台中看到结果，如图 5-1 所示。

这就是一个典型的由事件驱动的异步实现方案。在这一方案中，我们只需要将要执行的异步函数注册给某个指定的事件，然后每当用户的操作触发该事件，浏览器引擎中的事件监听机制就会启动对这个函数的异步调用。上面这种注册事件响应函数的编程方式会让 JavaScript 代码与 HTML 标签耦合在一起，并不利于后期的修改和维护，如今程序员们更多时候会选择使用获取 DOM 节点的方式来为 HTML 元素注册事件响应函数。关于 DOM 节点的获取操作，等到具体介绍浏览器端的 JavaScript 时再做具体演示。目前读者暂时只需要记住无论以什么方式注册事件的响应函数，它们执行的都是相同的异步调用机制。

当然了，使用事件驱动方案来实现异步调用也不是浏览器端独有的，在服务器端一样可以注册异步调用。下面，我们就来体验一下 Node.js 构建的 Web 应用，请执行以下步骤。

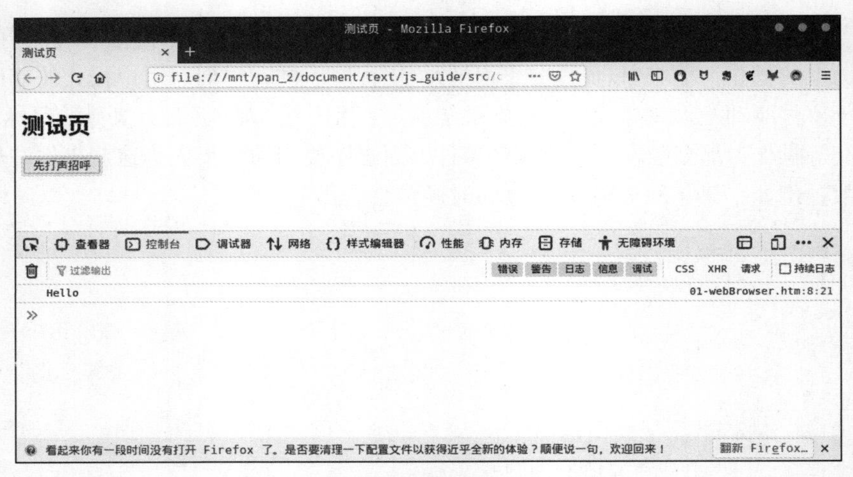

图 5-1 浏览器端的事件驱动方案

（1）在 code/01_sayhello 目录下执行 touch 01-webServer.js 命令。

（2）打开 01-webServer.js 脚本文件，并输入如下代码：

```
const http = require('http');
const server = http.createServer();

server.on('request', function(req, res){
  res.end('<h1>你好，Node.js！</h1>');
});

server.listen(8080, function(){
  console.log('请访问 http://localhost:8080/，按 Ctrl+C 终止服务！');
});
```

（3）保存文件后，在 code/01_sayhello 目录下执行 node 01-webServer.js 命令，并用浏览器访问 http://localhost:8080/，结果如图 5-2 所示。

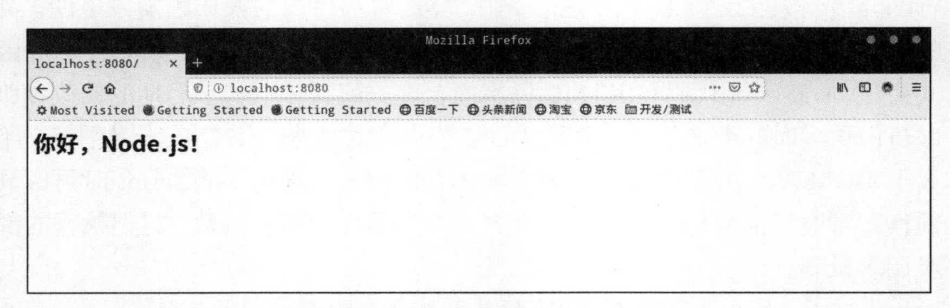

图 5-2 服务器端的事件驱动方案

在上述代码中，我们首先用 require()函数引入了 Node.js 的核心模块之一——http 模块，然后用该模块创建了一个 Web 服务器，最后让该服务器监听 8080 端口。这些都是 Node.js 构建 Web 应用的基本操作，将来具体介绍 Node.js 时还会做更详细的解释。读者目前只需要注意中间的这个操作：

```
server.on('request', function(req, res){
  res.end('<h1>你好，Node.js! </h1>');
});
```

在这里，我们用 server.on()方法为服务器的 request 事件注册了一个事件函数，让服务器在接收到浏览器请求时返回'<h1>你好，Node.js! </h1>'这个字符串。这里采用的就是事件驱动的异步方案。

5.2.2 回调函数

如上所述，事件驱动的异步实现方案也会使用回调函数，但这些回调函数都必须要有一个事件触发者的角色存在。换句话说，必须要有人单击 Web 页面上的按钮或者向服务器发送 http 请求，我们事先注册的事件响应函数才会被调用；并且如果这个事件被反复触发，该函数也会反复被调用。下面介绍一种会自动执行的一次性的异步实现方案。例如，如果我们想让程序延时一秒再调用一个函数，就可以这样写：

```
setTimeout(function() {
  console.log('异步操作');
}, 1000);
```

在这段代码中，我们给 setTimeout()函数传递了两个实参。第一个实参是要延时执行的回调函数，第二个实参是要延长的具体时间，单位为毫秒。换言之，上述调用的作用就是在 1000 毫秒（即一秒）之后执行输出异步操作字符串的函数。请注意，这里不需要任何人触发任何事件，只要过了指定的时间，回调函数就会被执行。为了证明这里执行的是一个异步调用，我们接下来在异步操作中加入一些同步操作，然后看看它们的输出顺序：

```
console.log('同步操作_1');

setTimeout(function() {
  console.log('异步操作_1');
}, 1000);

console.log('同步操作_2');
```

```
setTimeout(function() {
  console.log('异步操作_2');
}, 500);

console.log('同步操作_3');

// 以上代码输出
// 同步操作_1
// 同步操作_2
// 同步操作_3
// 异步操作_2
// 异步操作_1
```

由以上结果可知，同步操作会在异步操作之前全部输出，并且由于异步操作_2 设定的延时小于异步操作_1，所以它也会被先执行。如今，在时下流行的 Vue 等浏览器端框架和 Node.js 运行环境中，存在着大量这种采用回调函数方案实现的异步接口，用于执行文件读写、数据库存取、网络访问等操作。它基本上成了 JavaScript 的主要编程方式。

5.3 异步流程控制

异步编程也有自己要面对的难题。如果一个程序充满了各种异步操作，它的流程控制就会成为一个令人头疼的问题。例如，对于下面这段代码：

```
for(let i = 0; i < 10; ++i) {
  setTimeout(function() {
    console.log('异步操作_', i);
  }, Math.random()*1000);
}
```

我们能预测它的输出顺序吗？事实上，由于循环的每轮迭代在调用 setTimeout() 函数时设定的延时都是 0 到 1000 毫秒之间的随机数[1]，所以这段代码每次执行的输出顺序不一定不同，如图 5-3 所示。

当然了，如果这些异步调用之间没有任何依赖关系，其执行顺序的不确定性就不会带来什么影响，甚至这种随机顺序可能原本就是我们想要的效果。但如果后一个异步调用需要依赖前一个异步调用的结果，或者它们之间有更复杂的关系，那就得考虑一下异步编程的流程控制了。

1 在 JavaScript 中，Math 模块的作用是提供各种数学功能的函数。其中，random()函数的功能是返回一个 0 到 1 之间的随机数。

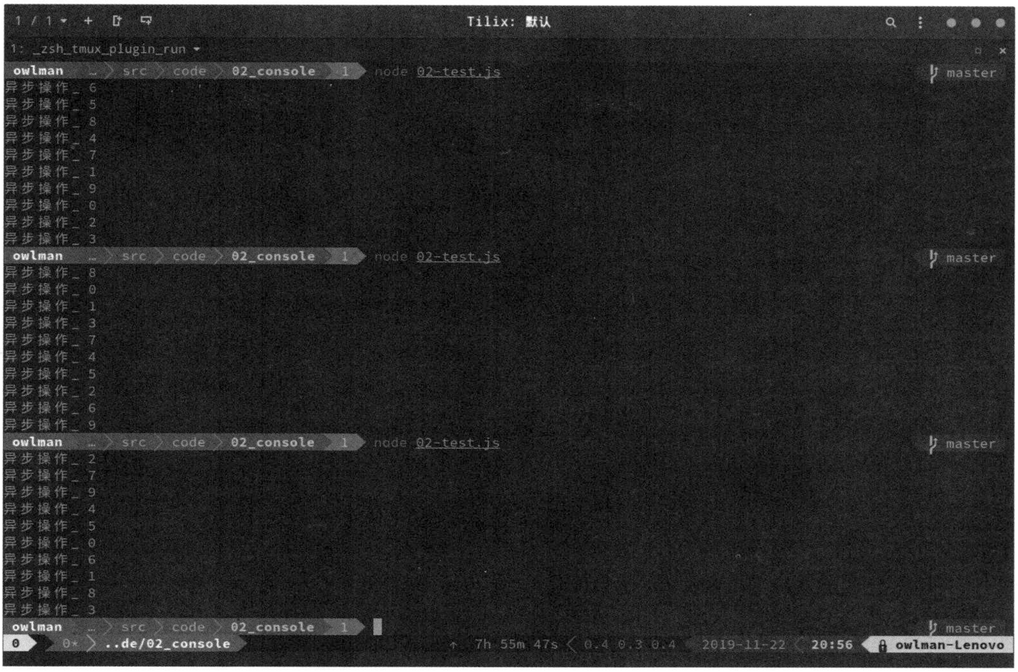

图 5-3　回调函数的执行顺序

5.3.1　回调嵌套

下面，让我们从最简单的情况开始。如果后一个异步调用依赖于前一个异步调用的结果，最简单的解决方案就是嵌套式地调用异步接口，像下面这样：

```
setTimeout(function() {
  let name = 'owlman';
  setTimeout(function(){
    console.log('Hello', name);
  }, 1000);
}, 1000);
// 以上代码输出： Hello owlman
```

内层异步调用输出的内容依赖于外层异步调用中定义的 name 变量，所以它们是按照顺序执行的。但是回调嵌套不是解决异步流程控制的最佳方式，如果相互依赖的异步调用超过了 3 个，这时候再使用回调嵌套的方式来实现就会让代码变得非常烦琐，例如：

```
setTimeout(function() {
  let i = 1;
```

```
  console.log('异步操作_', i);
  ++i;
  setTimeout(function() {
    console.log('异步操作_', i);
    ++i;
    setTimeout(function() {
      console.log('异步操作_', i);
      ++i;
      setTimeout(function() {
        console.log('异步操作_', i);
        ++i;
        setTimeout(function() {
            console.log('异步操作_', i);
            ++i;
        }, 1000);
      }, 1000);
    }, 1000);
  }, 1000);
}, 1000);
// 以上代码输出
// 异步操作_ 1
// 异步操作_ 2
// 异步操作_ 3
// 异步操作_ 4
// 异步操作_ 5
```

在编程方法论中，代码难看与否从来就不只是一个单纯的审美问题，代码的可读性直接关系到其后期维护的难易程度。基本上，可读性弱的代码通常会给维护工作带来“地狱”一般的环境，所以我们常常将上面这种层层嵌套的回调称为**回调地狱**。另外，回调嵌套的方式也解决不了一些更复杂的异步操作。例如，如果我们想用一个循环调用 10 个异步接口，待这 10 个异步操作都完成之后再输出一条消息告知用户，可能会这样写：

```
for(let i = 0; i < 10; ++i) {
  setTimeout(function() {
   console.log('异步操作_', i);
  }, Math.random()*1000);
}

console.log('所有操作完成');
```

结果我们发现无论循环内异步操作的顺序怎么变，原本应该最后输出的信息总是最先被输出，如图 5-4 所示。

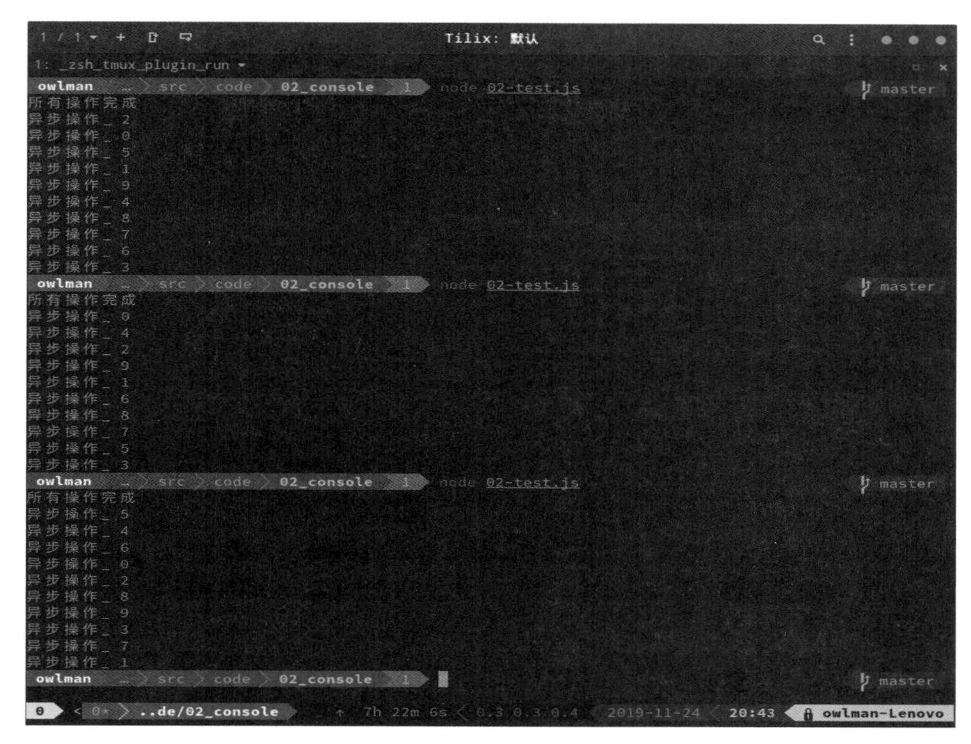

图 5-4 更复杂的异步流程问题

另外，我们还可能想同时调用两个异步接口，然后获取先完成的那个异步操作的结果，并以此为基础来执行下一步操作。这些都是靠回调嵌套方式无法实现的。所以我们得另辟蹊径。

5.3.2 异步封装

到目前为止，我们对上述异步流程控制问题的解决思路基本都大同小异，就是设法将异步操作封装成一个可独立执行的单元（包括函数和对象），然后通过参数传递和返回值与其他操作交换数据。这样一来，这些异步操作就会按照指定的顺序来执行了。

5.3.2.1 借助第三方库

在 ES6 标准发布之前，我们通常需要借助各种第三方库来解决问题。例如，可以在 Node.js 运行环境中按以下步骤引入一个名为 `async` 的模块（请注意：这不是我们后面要介绍的 `async/await` 语法，它只是一个第三方库），然后用它解决异步操作中的同步问题。

（1）在 `code/02_console` 目录下执行 `npm install async` 命令，将 `async`

库安装到当前目录中。

(2) 在 code/02_console 目录下执行 touch 02-useAsync.js 命令，创建一个脚本文件，具体代码如下：

```
// 使用 async 库解决异步流程问题
// 作者：owlman

const Async = require('async');
Async.series([
function (callback) {
  setTimeout(function() {
    console.log('异步操作_1');
    callback();
  },Math.random()*1000);
},

function (callback) {
  setTimeout(function() {
    console.log('异步操作_2');
    callback();
  },Math.random()*1000);
},

function (callback) {
  setTimeout(function() {
    console.log('异步操作_3');
    callback();
  },Math.random()*1000);
}
],function(){});
```

(3) 在 code/02_console 目录下执行 node 02-useAsync.js 命令，就会看到终端中陆续输出下面 3 个字符串：

```
异步操作_1
异步操作_2
异步操作_3
```

async 库提供了一组用于异步流程控制的函数，例如 series()、waterfall()、parallel()等。调用这些函数都需要提供两个实参，第一个实参是一个函数列表，该列表中的每个元素都是一个以某个回调函数为参数的函数，其中封装了将要执行的异步操作；第二个实参是函数列表中每个元素要调用的回调函数。之前封装的那些异步操作中都得调用一下这个回调函数。另外需要说明的是，这里只示范了 series()函数的用法，它的作用是让异步操作按照同步顺序执行。如果读者有兴趣，也可以参考 async

库的官方文档[1]了解并实验一下该库中其他函数的用法。在 ES6 标准提供了更好的解决方案之后，我们已经很少使用这些第三方库的解决方案了，读者只需要对它们有所了解即可。

5.3.2.2 Promise 对象

在 ES6 标准发布之后，JavaScript 核心组件中就有了属于自己的用于封装异步操作的解决方案：Promise 对象。从使用方式上来说，我们可以将其视为一种用于存放异步操作的容器，它会根据以下 3 种状态来执行异步操作。

- **pending**：这是被封装的异步操作尚未被执行时的状态。由于 Promise 对象一经创建就会立即被执行，所以我们可以认为这是 Promise 对象的初始状态。
- **fulfilled**：如果 Promise 对象中封装的异步操作在执行过程中没有发生错误或者抛出异常，就会进入 fulfilled 状态，代表异步操作执行成功。
- **rejected**：如果 Promise 对象所封装的异步操作在执行过程中发生了错误或者抛出了异常，就会进入 rejected 状态，代表异步操作执行失败。

Promise 对象的这 3 种状态之间的转换只取决于其内部封装的异步操作，不受任何外部因素的干扰。在这 3 种状态中，只有 pending 状态可以转换成 fulfilled 和 rejected 这两种状态的其中一种，而且这种状态转换是不可逆的。也就是说，一个处于 pending 状态的 Promise 对象在转换为 fulfilled 状态之后，就不能再回到 pending 状态，也不可以再切换到 rejected 状态，反之亦然。下面是 Promise() 这个构造函数的具体使用语法：

```
[let 或 const] [对象名] = new Promise(function(resolve, reject) {
    if([异步操作成功]) {
      resolve([待处理的数据]);
    } else {
      reject([错误信息]);
    }
});
[对象名].then(function([待处理的数据]{
    [处理数据]
}), function([错误信息]) {
    [处理错误]
})
```

Promise() 构造函数只接收一个回调函数为实参，该函数定义的是 Promise 对象的执行器。该执行器又会接收两个回调函数为实参，其中 resolve 定义的是对象转换为 fulfilled 状态时调用的函数；而 reject 则定义了对象转换为 rejected 状态时

1 async 库的官方文档：可在 GitHub 找到。

调用的函数。然后，我们会调用被创建对象的 then() 方法分别将 resolve 和 reject 对应的函数实参传递进去。下面来看一个具体示例：

```
function asyncOperator(number) {
  return new Promise(function(resolve,reject) {
    setTimeout(function() {
      if(number < 0) {
        reject('编号不能是负数！');
        return;
      }
      resolve(number);
    }, Math.round()*1000);
  });
}

asyncOperator(1).then(function(number) {
  console.log('异步操作_', number);
}, function(err) {
  console.log(err);
});// 输出：异步操作_ 1

asyncOperator(-1).then(function(number) {
  console.log('异步操作_', number);
}, function(err) {
  console.log(err);
});// 输出： 编号不能是负数！
```

在上述代码中，asyncOperator() 函数返回了一个 Promise 对象。该对象中封装的异步操作会在 number 为负数时调用 reject()，不然就调用 resolve()。然后我们调用了 asyncOperator() 函数返回对象的 then() 方法，并为其指定了 resolve 和 reject 实参。调用 then() 方法的实参是可选的，当我们不想处理 rejected 状态或者 fulfilled 状态时，可以分别这样调用：

```
asyncOperator(1).then(function(number) {
  console.log('异步操作_', number);
});// 输出： 异步操作_ 1

asyncOperator(-1).then(null, function(err) {
  console.log(err);
});// 输出： 编号不能是负数！
```

对于 rejected 状态，Promise 对象还有个专用的 catch() 方法，例如下面两个调用的效果是完全一致的：

```
asyncOperator(-1).then(null, function(err) {
```

```
  console.log(err);
});// 输出： 编号不能是负数！

asyncOperator(-1).catch(function(err) {
  console.log(err);
});// 输出： 编号不能是负数！
```

在了解了 Promise 对象的基本用法之后，接下来就让我们来解决一下之前提出的异步流程控制问题。对于回调地狱问题，造成多层回调嵌套的原因是后一个异步调用需要前一个异步调用提供的数据，例如下面这个 3 层的回调嵌套：

```
const obj = {};
setTimeout(function() {
  obj.name = 'batman';
  setTimeout(function() {
    obj.sayHi = function() {
      console.log('hello', this.name);
    };
    setTimeout(function() {
      obj.sayHi();
    }, 1000);
  }, 1000);
}, 1000);
// 以上代码输出： hello batman
```

第三层回调函数中使用了前两层回调所构建的对象，下面使用 Promise 对象实现相同的功能，这其中的关键就是利用 then()方法的返回值。代码如下：

```
function asyncOperator(obj) {
  return new Promise(function(resolve,reject) {
    setTimeout(function() {
      if(obj === undefined) {
        reject('对象未定义！');
        return;
      }
      resolve(obj);
    }, 1000);
  });
}

asyncOperator(new Object())
  .then(function(obj) {
    obj.name = 'batman';
    return asyncOperator(obj);
  })
```

```
    .then(function(obj){
      obj.sayHi = function() {
        console.log('hello', this.name);
      };
      return asyncOperator(obj);
    })
    .then(function(obj) {
      obj.sayHi();
    })
    .catch(function(err) {
      console.log(err);
    });
// 以上代码输出： hello batman
```

以上代码是一个 Promise 对象的 then() 方法调用链，能这样使用是因为 then() 方法无论如何都会返回一个新的 Promise 对象。但具体返回的 Promise 对象会因我们具体调用它的方式有一些不同。

- 如果我们不具体指定返回值，then() 方法会返回一个空的 Promise 对象。例如：

```
const pobj = asyncOperator(10).then(function(obj){});
console.log(pobj); // 输出：Promise { <pending> }
pobj.then(function(){
  console.log('pobj.then'); // 输出：pobj.then
})
```

- 如果我们指定其返回一个基本数据类型的值，then() 方法会将该值传递给新的 Promise 对象的 resolve() 处理函数。例如：

```
asyncOperator(10)
.then(function(obj) {
    return ++obj;
})
.then(function(obj) {
    console.log(obj); // 输出：11
});
```

- 如果我们指定其返回一个具体的 Promise 对象，then() 方法就会根据这个对象来执行操作，就像上面那个解决回调地狱问题的示例中的那样。
- 除此之外，then() 方法还能返回一个定义了 then() 方法的对象，我们将其称为 thenable 对象。例如：

```
asyncOperator(new Object())
  .then(function(obj){
    obj.then = function(resolve, reject){
```

```
            resolve('batman');
          };
          return obj;
        })
        .then(function(msg) {
          console.log(msg); // 输出：batman
        });
```

在了解了如何避免回调嵌套导致的回调地狱问题之后，我们再来解决一下如何在循环调用若干个异步调用之后再输出一条提示信息。当时的代码是这样写的：

```
for(let i = 0; i < 10; ++i) {
  setTimeout(function() {
   console.log('异步操作_', i);
  },Math.random()*1000);
}

console.log('所有操作完成');
```

结果，由于循环中执行的都是异步的延时调用，因此“所有操作完成”这条信息始终会第一个输出。如何让最后一条信息等待循环中所有异步调用完成之后再输出呢？答案是使用 Promise.all() 方法，具体代码如下：

```
function asyncOperator(number) {
  return new Promise(function(resolve,reject){
    setTimeout(function() {
      console.log('异步操作_', number);
      resolve();
    }, Math.random()*1000);
  });
}

let promises = new Array();
for(let i = 0; i < 10; ++i) {
  promises.push(asyncOperator(i));
}

Promise.all(promises)
  .then(function() {
    console.log('所有操作完成');
  });
```

我们首先将要循环调用的异步操作封装成了一个函数，然后用循环生成了一个拥有 10 个元素的 Promise 对象数组。Promise.all() 方法会接收一个 Promise 对象的数组为实参，在数组中所有 Promise 对象都完成各自的异步操作之后返回一个新的

Promise 对象，并调用它的 then() 方法。现在，我们只需要在终端执行一下这段代码，就会看到无论异步操作的顺序如何，"所有操作完成"这条信息始终是最后一个输出的，如图 5-5 所示。

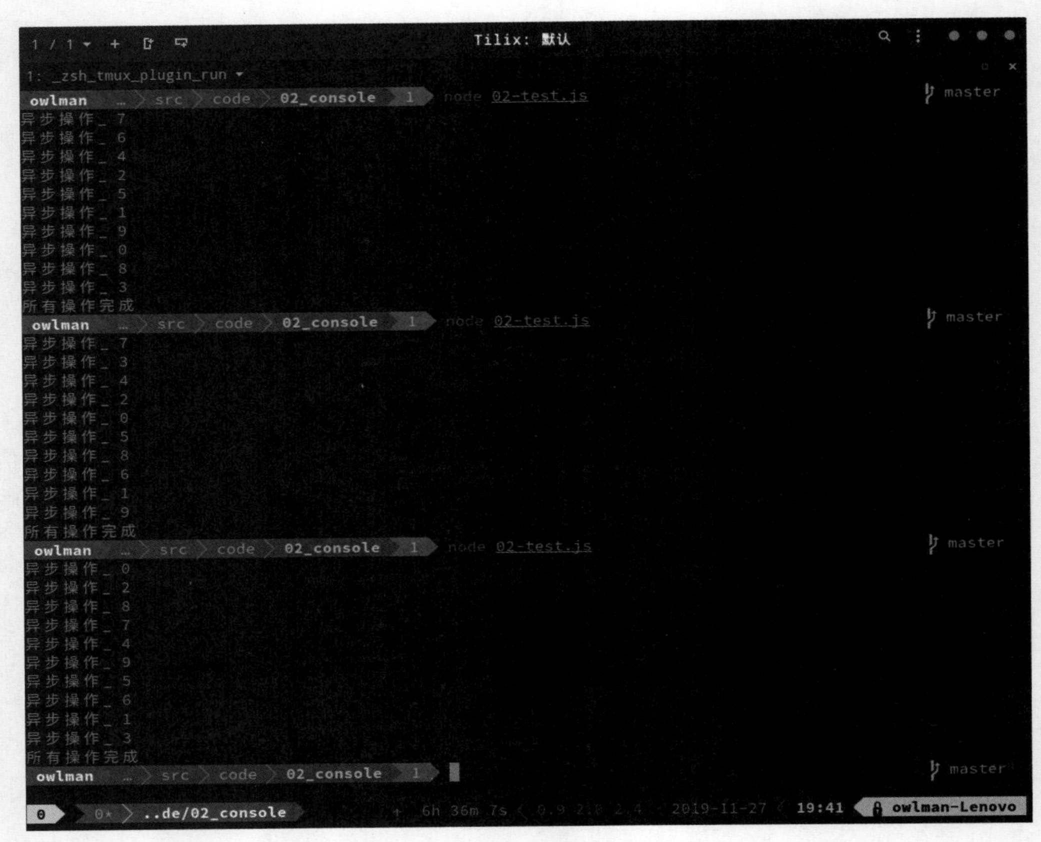

图 5-5 Promise.all()方法的使用

在上面执行的这些 Promise 对象中，resolve() 处理函数只是个占位符，它不执行任何操作。但如果这些被封装的异步操作需要将某些参数传递出来，应该怎么办？答案是 Promise.all() 方法返回的这个 Promise 对象中会生成一个数组用于存储每个异步操作传递出来的数据，并将其交由自身的 then() 方法来处理。下面修改一下上面的代码：

```
function asyncOperator(number) {
  return new Promise(function(resolve,reject){
    setTimeout(function() {
      resolve('异步操作_' + number);
    }, Math.random ()*1000);
```

```
  });
}

let promises = new Array();
for(let i =0; i < 10; ++i) {
  promises.push(asyncOperator(i));
}

Promise.all(promises)
  .then(function(data) {
    for(const item of data) {
      console.log(item);
    }
    console.log('所有操作完成');
  });
// 以上代码输出
// 异步操作_0
// 异步操作_1
// 异步操作_2
// 异步操作_3
// 异步操作_4
// 异步操作_5
// 异步操作_6
// 异步操作_7
// 异步操作_8
// 异步操作_9
// 所有操作完成
```

data 数组中存储了所有异步操作传递给 resolve() 处理函数的数据，我们可以在 Promise.all() 方法返回的 Promise 对象中对其进行一并处理。只不过就算这样做，所有异步操作的结果也会按顺序输出，这似乎不符合我们的设计初衷。

另外，只要 Promise 对象数组中有一个对象进入 rejected 状态，Promise.all() 方法返回的 Promise 对象就都会是 rejected 状态。例如：

```
// asyncOperator()函数的定义不变

let promises = new Array();
promises.push(Promise.reject('操作失败了'));
// 添加已处于“rejected”状态的 Promise 对象
for(let i = 0; i < 10; ++i) {
  promises.push(asyncOperator(i));
}

Promise.all(promises)
```

```
  .then(function(data) {
    for(const item of data) {
      console.log(item);
    }
    console.log('所有操作完成');
  })
  .catch(function(err) {
      console.log(err);
  });
// 以上代码输出：操作失败了
```

在这里，Promise.reject()方法的作用是直接生成并返回一个已处于rejected状态的Promise对象，并将“操作失败了”这条报错信息传递给其生成对象的reject()处理函数。然后，我们把这个对象添加为promises数组的第一个元素，这会让Promise.all()方法忽略掉后续所有的Promise对象，直接返回一个处于rejected状态的Promise对象，并交由其catch()方法输出报错信息。同样地，我们也可以用Promise.resolve()方法直接生成并返回一个已处于fulfilled状态的Promise对象，并将相关参数直接传递给其resolve()处理函数。

下面，我们来解决最后一个问题：如果想在若干个异步操作中找到最先完成的那个操作，并获取该操作的结果，该如何做呢？答案是使用Promise.race()方法。具体代码如下：

```
// asyncOperator()函数的定义不变

let promises = new Array();
// promises.push(Promise.reject('操作失败了'));
for(let i =0; i < 10; ++i) {
  promises.push(asyncOperator(i));
}

Promise.race(promises)
  .then(function(data) {
    console.log('最先完成的是：', data);
  })
  .catch(function(err) {
    console.log(err);
});
```

Promise.race()方法的用法与Promise.all()方法基本相同，即都接收一个Promise对象的数组为实参，并返回一个新的Promise对象。区别是promises数组中只要有一个元素完成了异步操作，Promise.race()方法就会停止执行，并将该元素的信息传递给其返回的Promise对象。需要注意的是，这里所谓的“最先完成的

Promise 对象”既可以是处于 fulfilled 状态的，也可以是处于 rejected 状态的。如果我们同样将上面这个已处于 rejected 状态的 Promise 对象加到 promises 数组中，代码也会输出“操作失败了”这条报错信息。

5.3.3 专用语法

读者可能已经发现了，无论是采用第三方库还是使用 Promise 对象的 then() 方法调用链，都会涉及至少 3 层回调。虽然这些回调都是以参数和返回值的形式来实现的，但依然不够直观。相比同步操作，它们出错的概率与维护的难度依然很高。于是，ES7 标准在 Promise 对象基础上进一步推出了 async/await 语法，专门用于处理异步调用。

5.3.3.1 使用 **async/await** 语法

下面示范一下这种语法的具体使用方法：

```
// asyncOperator()函数的定义不变

async function test() {
  const msg = await asyncOperator(1);
  console.log(msg);
}

test(); // 输出：异步操作_1
```

在上述代码中，我们在 test() 函数的定义前面加上了一个 async 关键字，该关键字的作用是告诉 JavaScript 解释器这是一个要调用 Promise 对象的函数。然后在 test() 函数中，我们用 await 关键字来调用 asyncOperator() 函数。这时候，JavaScript 解释器就会停下来等 Promise 对象执行完成，并直接将其传递给 resolve() 处理函数的数据返回给 msg 变量。等这一切操作都完成之后，再继续执行后面的代码。这样做的好处在于，我们可以直接在当前函数中处理异步操作的结果，而不用使用 then() 方法调用链再传递回调函数了。如果我们用这种语法来调用一下 Promise.all() 和 Promise.race() 这两种方法，就会发现代码简单、直观了不少：

```
// asyncOperator()函数的定义不变

async function test() {
  let promises = new Array();
  // promises.push(Promise.reject('操作失败了'));
  for(let i = 0; i < 10; ++i) {
    promises.push(asyncOperator(i));
  }
```

```
  console.log('执行 Promise.all()');
  const data = await Promise.all(promises);
  for(const item of data) {
    console.log(item);
  }
  console.log('执行 Promise.race()');
  const msg = await Promise.race(promises);
  console.log('最先完成的是：', msg);
}

test();
```

但是这里还是有一个问题没有解决，即这里处理的都是处于 `fulfilled` 状态的 `Promise` 对象。如果我们将已经处于 `rejected` 状态的 `Promise` 对象添加到 `promises` 数组中，那么该如何处理传递给 `reject()` 处理函数的报错信息呢？答案是使用 JavaScript 的异常处理机制——`try-catch` 语句来处理。例如，我们可以这样写：

```
// asyncOperator()函数的定义不变

async function test() {
  let promises = new Array();
  promises.push(Promise.reject('操作失败了'));
  // 添加已处于“rejected”状态的 Promise 对象
  for(let i = 0; i < 10; ++i) {
    promises.push(asyncOperator(i));
  }

  try {
    console.log('执行 Promise.all()');
    const data = await Promise.all(promises);
    for(const item of data) {
      console.log(item);
    }
    console.log('执行 Promise.race()');
    const msg = await Promise.race(promises);
    console.log('最先完成的是：', msg);
  } catch(err) {
    console.log(err);
  }
}

test();
```

我们将主要的执行代码放在了 `try` 语句块中，一旦执行过程中遇到了处于

rejected 状态的 Promise 对象，或者因其他因素产生的异常，它们传递出来的信息就会被后面的 catch 语句块捕获。在这里，“操作失败了”这条报错信息原本是传递给 reject() 处理函数的，现在将传递给 catch 语句块的 err 形参。除此之外，JavaScript 中的错误信息还可以由 throw 语句[1]来传递给 catch 语句块，例如：

```
try {
  // 执行相关代码
  let isErr = true;
  if(isErr) {
    throw '错误信息';
  }
  // 继续执行后续代码
} catch(err) {
  console.log(err); // 输出：错误信息
}
```

以上就是时下 JavaScript 中较为热门的用于异步编程的专用语法，它让我们的异步调用代码简单、直观了不少。当然了，这只是在使用层面。如果读者想更进一步地理解 async/await 语法背后的实现机制，那必须要了解一下 ES6 标准提供的另一个新特性：Generator 函数。换句话说，async/await 本质上只是 Generator 函数的语法糖。所以从某种程度上来说，如果想更好地使用这种异步编程的专用语法，最好还是对其背后的实现有所了解。

5.3.3.2 Generator 函数

Generator 函数是 ES6 标准提供的一种可跟踪执行状态的特殊函数，这种函数的定义用到了一套全新的语法，具体如下：

```
function* [函数名]([形参列表]) {
  yield [执行状态 1];
  // 继续执行代码
  yield [执行状态 2];
  // 继续执行代码
  yield [执行状态 3];
  // 继续执行代码
   ...
  yield [执行状态 N];
  // 继续执行代码
  return [返回结果];
}
const [跟踪器] = [函数名]([实参列表]);
let [执行状态] = [跟踪器].next();
```

1 我们在第 2 章中曾介绍过这种跳转语句。它的作用是终止当前代码的执行，并将错误信息传递给后面的 catch 语句块。

当然了，Generator 函数也可以使用直接量的方式来定义，具体如下：

```
[const 或 let] [函数名] = function* ([形参列表]) {
  yield [执行状态 1];
  // 继续执行代码
  yield [执行状态 2];
  // 继续执行代码
  yield [执行状态 3];
  // 继续执行代码
   ...
  yield [执行状态 N];
  // 继续执行代码
  return [返回结果];
}
const [跟踪器] = [函数名]([实参列表]);
let [执行状态] = [跟踪器].next();
```

Generator 函数的定义语法与一般函数基本相同，区别是 funciton 关键字后面多了一个*号，以及在我们要跟踪的执行状态之前多了个 yield 关键字。但是，当我们调用该函数的时候，它与一般函数的差别就会比较明显了。我们会发现，Generator 函数并没有返回 return 后面的结果，而是返回了一个用于跟踪其执行状态的[跟踪器]对象。后者是一个实现了 Iterator 接口（Iterator 接口是 ES6 标准中新增的一个特性，用于实现各种形式的迭代操作）的对象，实现了该接口的对象必须提供一个 next() 方法，用于下一轮的迭代。这里得调用这个[跟踪器]对象的 next() 方法，该函数才能继续执行下去。下面，我们来定义一个具体的 Generator 函数，看看其执行状态是如何被跟踪的：

```
function* task() {
  let str = 'batman';
  yield str;
  yield str = 'owlman';
  return str;
}

const generator = task();
let status = generator.next();
console.log(status);
status = generator.next();
console.log(status);
status = generator.next();
console.log(status);
// 以上代码输出
// { value: 'batman', done: false }
// { value: 'owlman', done: false }
// { value: 'owlman', done: true }
```

从上述代码中，我们可以看到 task() 函数返回的是一个[跟踪器]对象 generator。该对象每调用一次 next() 方法，task() 函数就会停在其接下来遇到的第一个用 yield 关键字标识的表达式上，并将该表达式的值封装成一个表示执行状态的对象并返回给[跟踪器]。除此之外，实现了 Iterator 接口的对象还必须提供两个属性：value 属性和 done 属性。value 属性中存储的是在当前迭代中获取的数据。具体到这里，就是用 yield 或 return 关键字标识的表达式的值。done 属性代表的是当前的迭代操作是否还可以继续下去。具体到这里，就是当该属性值为 false 时代表我们可以继续调用[跟踪器]的 next() 方法，让 task() 函数执行下去；而当该值为 true 时就代表 task() 函数执行完成了。正如我们所看到的，当[跟踪器]对象的 next() 方法遇到 return 关键字的时候，其返回对象的 done 属性值就变成了 true。根据这一特性，我们会发现上述代码其实也可以用一个循环语句来执行对 task() 函数的跟踪，例如：

```
// task()函数的定义不变

const generator = task();
let status = generator.next();
while(!status.done) {
  console.log(status);
  status = generator.next();
}
console.log(status);
// 以上代码输出
// { value: 'batman', done: false }
// { value: 'owlman', done: false }
// { value: 'owlman', done: true }
```

这样一来，无论 task() 函数中设置了多少个 yield 关键字，我们都可以使用上述代码来跟踪它的执行状态。事实上，这个[跟踪器]对象和 Map 对象的 keys()、values() 等方法返回的对象是一样的。因此我们也可以改用更直观的 for-of 循环来遍历 task() 函数的执行状态，例如上述代码可以进一步简化为：

```
// task()函数的定义不变

const generator = task();
let status = null;
for(status of generator)  {
  console.log(status);
}
console.log(status);
// 以上代码输出
// batman
// owlman
```

```
// owlman
```

除了可以跟踪 yield 关键字所标识的执行状态，我们还可以通过向[跟踪器]的 next()方法传递参数的方式将相关数据传回 task()函数。稍微修改上述代码：

```
function* task() {
  let bat = yield 'batman';
  console.log(bat);
  let owl = yield 'owlman';
  console.log(owl);
  return console.log(bat + owl);
}
const generator = task();
let status = generator.next();
while(!status.done) {
  if(status.value === 'batman') {
    status = generator.next(10);
  } else if(status.value === 'owlman') {
    status = generator.next(7);
  } else {
    status = generator.next();
  }
}
// 以上代码输出
// 10
// 7
// 17
```

在上述代码中，当[跟踪器]执行到 yield 'batman'时传回 task()函数的是数字 10，它被赋给了变量 bat。同样地，当[跟踪器]执行到 yield 'owlman'时传回 task()函数的是数字 7，它被赋给了变量 owl。在掌握了 Generator 函数的这些基本用法之后，我们就可以试着用它来处理 Promise 对象了，请看下面这段示例：

```
function asyncOperator(number) {
  return new Promise(function(resolve,reject){
    setTimeout(function() {
      resolve('异步操作_' + number);
    }, Math.random()*1000);
  });
}

function run(task) {
  const generator = task();
  let status = generator.next();
  function step() {
```

```
    if(!status.done) {
      let promise = status.value;
      promise.then(function(value) {
        status = generator.next(value);
        step();
      })
      .catch(function(err) {
        status = generator.throw(err);
        step();
      });
    }
  }
  step();
}

run(function* () {
   try {
    const msg = yield asyncOperator(1);
    console.log(msg);
   } catch(err) {
    console.log(err);
   }
});
// 以上代码输出：异步操作_1
```

在上述示例中，我们专门为用于执行 Promise 对象的 Generator 函数设计了一个执行器函数：run()。该函数中的大部分操作都与之前的示例差不多，唯一需要注意的是，我们在这里用递归代替了循环。这是因为执行器函数这回要跟踪的是一个异步操作，而循环语句并不会停下来等 Promise 对象的回调函数执行完成。在改用了递归方式之后，我们就可以选择在 Promise 对象的 resolve()或 reject()处理函数中执行递归调用，从而迫使整个执行过程必须等相关回调函数执行完成。

在完成上述执行器函数的定义之后，我们就可以用函数实参的形式将用于执行 Promise 对象的 Generator 函数传递给这个 run()函数了。相信细心的读者已经看出来了，这个 Generator 函数的实现与之前用 async/await 语法实现的函数非常类似。没错，它就是被 async/await 语法糖隐藏起来的具体实现细节。换句话说，在该语法的作用下，类似 run()这样的执行器函数将由 JavaScript 的运行环境来负责提供；然后但凡用 async 关键字定义的函数，都会被视为 Generator 函数，该函数的执行将交由 JavaScript 运行环境提供的执行器函数来负责。最后，我们只需将 yield 关键字都替换成 await 关键字，并要求其标识的表达式必须返回一个 Promise 对象即可。例如：

```
// asyncOperator()函数的定义不变
```

```
(async function() {
  try {
    const msg = await asyncOperator(1);
    console.log(msg);
  } catch(err) {
    console.log(err);
  }
})();
// 以上代码输出：异步操作_1
```

5.4 综合练习

在学习了异步编程的相关知识之后，我们照例要综合演示一下这一章的知识点如何运用，顺便解决一下本章开头提出的问题，即如何将电话接通的延时因素考虑到我们之前实现的“电话交换机测试”程序中。首先，我们要修改电话交换机对象的 `call()`方法，具体代码如下：

```
call(number) {                                  // 拨打指定线路
  const me = this;
  return new Promise(function(resolve, reject) {
    const time = Math.random()*5000;
    setTimeout(function() {
      if (me.map.has(number)) {
        let name = me.map.get(number);
        if(time > 3000) {
          resolve('呼叫超时');
        } else {
          resolve('你拨打的用户是：  ' + name);
        }
      } else {
       resolve(number + '是空号！');
      }
    }, time);
  }).then(function(msg) {
    console.log(msg);
  });
}
```

由于我们手里并没有物理的电话网络，所以只能使用 `setTimeout()`函数来模拟电话的延时。我们将电话被允许的延时设置在了 0 到 3 秒之间，超过 3 秒则被认为超时，而实际延时则是 0 到 5 秒之间的随机数，这样就制造了一定的超时概率。由于这是个异步操作，所以我们将其封装在了一个 `Promise` 对象中。需要注意的是，由于我们不希望因为一条线路的问题而影响到其他线路，致其测试终止，所以我们将超时和空号的情况也一并交给 resolve()处理函数来输出。接下来，我们继续修改 callAll()方法：

```
async callAll() {
  console.log('-----开始测试系统所有线路------');
  const promises = new Array();                                  // 拨打所有线路
  for(let number of this.map.keys()) {
    promises.push(this.call(number));
  }
  return await Promise.all(promises).then(function() {
    console.log('-----系统全部线路测试结束------');
  });
}
```

在这里，我们将所有线路的呼叫操作都添加到了一个 Promise 数组中，然后用 Promise.all()方法来执行它们。此外，可以发现这里使用了 async/await 语法。下面，我们用同样的语法来修改测试函数：

```
async function testTelephoneExchange(phoneExch) {
  await phoneExch.callAll();
  phoneExch.add('owlman');
  await phoneExch.callAll();
  phoneExch.delete(1002);
  await phoneExch.callAll();
  phoneExch.update(1003,'batman');
  await phoneExch.callAll();
}
```

这样一来，“电话交换机测试”这个程序的 4.0 版实现方案就完成了。下面是它的全部代码：

```
// 电话交换机测试 4.0 版
// 作者：owlman

class TelephoneExchange {
  constructor(names) {            // names 形参允许指定加入该电话交换机的初始名单
    this.map = new Map();
    this.firstNum = 1001;         // 该电话交换机的第一个未被占用的号码

    for(let name of names) {
      this.firstNum++;
      this.map.set(this.firstNum, name); // 为初始名单分配电话号码
    }
  }

  add(name) {                                    // 为新客户添加线路
    this.firstNum++;
```

```
    this.map.set(this.firstNum, name);
  }

  delete(number) {                      // 删除线路
    this.map.delete(number);
  }

  update(number, name) {                // 修改已有线路的所属人
  if (this.map.has(number)) {
    this.map.set(number, name);
  } else {
    console.log(number + '是空号！');
  }
 }
}

call(number) {                          // 拨打指定线路
  const me = this;
  return new Promise(function(resolve, reject) {
    const time = Math.random()*5000;
    setTimeout(function() {
      if (me.map.has(number)) {
        let name = me.map.get(number);
        if(time > 3000) {
          resolve('呼叫超时');
        } else {
          resolve('你拨打的用户是： ' + name);
        }
      } else {
        resolve(number + '是空号！');
      }
    }, time);
  }).then(function(msg) {
      console.log(msg);
  });
}

async callAll() {
  console.log('-----开始测试系统所有线路------');
  const promises = new Array();                // 拨打所有线路
  for(let number of this.map.keys()) {
    promises.push(this.call(number));
  }
  return await Promise.all(promises).then(function() {
    console.log('-----系统全部线路测试结束------');
  });
```

```
  }
};

async function testTelephoneExchange(phoneExch) {
  await phoneExch.callAll();
  phoneExch.add('owlman');
  await phoneExch.callAll();
  phoneExch.delete(1002);
  await phoneExch.callAll();
  phoneExch.update(1003,'batman');
  await phoneExch.callAll();
}

testTelephoneExchange(new TelephoneExchange(['张三', '李四', '王五', '赵六']));
```

现在，我们可以重复执行几次这个程序，看看效果是否更接近实际电话网络的测试，结果如图 5-6 所示。

图 5-6 “电话交换机测试”程序 4.0 版

本章小结

本章首先从同步编程的局限切入，介绍了进行并发编程的实际需求，由此引出了并发编程的一个实现手段、异步编程的概念及其背后具体的执行机制。然后介绍了异步编程在 JavaScript 编程中的特殊地位。根据这门语言最初的设计目的及其后续的一系列发展，异步编程成了使用该语言编程最核心的技能之一。换句话说就是，只有掌握了异步编程，JavaScript 在我们手中才能展现出其真正的强大能力。

在 JavaScript 中，实现异步调用的具体方式有两种：第一种是事件驱动的方式，具体做法就是将要执行的异步函数注册给某一指定事件，当该事件被触发时该异步函数就会被调用，这种异步函数通常会被重复调用，事件触发一次就调用一次；第二种是一般的回调函数方式，具体做法就是将要执行的异步函数以实参的方式传递给另一个函数，当该函数处于某种指定情景时就调用这个异步函数，这种调用往往是一次性的，不需要第三者来扮演触发者的角色。

当然，异步编程也有必须要面对的难题，其中最难处理的就是流程控制的问题。为了解决这个问题，JavaScript 社区以及 ES6/ES7 标准都提出了不少解决方案，其中既包括像 `async` 库这样的第三方库，也包括 ES6 标准提供的 `Promise` 对象和 `Generator` 函数，以及 ES7 标准在 `Generator` 函数的语法基础上进一步提供的 `async/await` 语法。

第二部分

浏览器端的 JavaScript

本书的第一部分用 4 章的篇幅介绍了 JavaScript 的核心语法，以及部分由 ECMAScript 标准定义的核心组件，并以此为基础介绍了两种在 JavaScript 编程中占据主导地位的编程方法。但要想真正学会一门编程语言，终究是需要将它运用到具体环境中，以解决实际业务需求的，所以是时候将目光转向 JavaScript 的具体应用了。

正如第 1 章所说，作为一门脚本语言，JavaScript 的具体应用取决于它所在的运行环境。由于该语言最初是面向浏览器设计的，所以本书的第二部分介绍 JavaScript 在浏览器端的应用。这部分的内容按照相应的主题划分为以下 5 章来介绍。

- 第 6 章：前端编程概述。
- 第 7 章：DOM 标准与使用。
- 第 8 章：DOM 扩展与 BOM。
- 第 9 章：前端事件处理。
- 第 10 章：AJAX 编程方法。

另外，为了让读者能更好地区分浏览器端与以 Node.js 为代表的服务器端运行环境，我们会暂时离开前几章所在的 Ubuntu 系统环境，将这一部分的 JavaScript 代码的调试环境转移到 MacBook Air 所搭载的 macOS 上来演示执行效果。

第 6 章　前端编程概述

正如我们之前一直反复强调的，Web 浏览器是 JavaScript 最初的运行环境，浏览器端也是这门脚本语言应用得最为成熟的领域。而这一领域的编程也是时下最热门的技术议题之一，能否充分发挥 JavaScript 在浏览器端强大的处理能力直接关系到我们所构建的 Web 应用程序的核心竞争力。但在具体学习如何使用 JavaScript 处理浏览器端的工作之前，读者还需要了解一些基础知识。在阅读完本章内容之后，希望读者能：

- 理解 Web 应用程序的整体架构，以及浏览器在该架构中所扮演的角色；
- 了解如何在 HTML 文档中嵌入 JavaScript 代码；
- 了解如何在前端环境中进行 JavaScript 的模块化编程；
- 初步认识 JavaScript 在浏览器端实际要处理的对象。

6.1 浏览器扮演的角色

众所周知，Web 应用程序如今之所以有如此庞大的市场，主要得益于以下两个客观条件的成熟。

- 以光纤网络为代表的高速网络基础设施已完成了大量铺设，这让数据传输所带来的延时对应用程序产生的不利影响越来越小。这样一来，我们就可以选择将应用程序的不同组件部署在不同的设备中，然后用网络将其连接起来。这样做的用户体验和将应用程序全部部署在同一台设备上是一样的。
- 手机、平板电脑等可移动的客户端设备得到了普及，这使得应用程序在部署方式上也有了一个全新的选择。程序员们可以将应用程序部署在服务器上，让用户通过各种客户端设备来访问并使用它。这既降低了应用程序部署的成本，也丰富了应用程序的使用方式。在编程方法论中，我们通常称这种部署采用了**客户端/服务器架构**，简称 **C/S 架构**。

而 Web 应用程序的架构则是在 C/S 架构上做了更进一步的改善，它将客户端承担的角色统一到了 Web 浏览器中。换句话说，只要用户的设备上安装了 Web 浏览器，他们就能使用部署在服务器上的应用程序。在编程方法论中，我们通常称这种开发并部署应用程序的架构为**浏览器/服务器架构**，简称 **B/S 架构**。这种架构既进一步减少了应用程序对客户端软硬件的依赖，也简化了程序员要学习的技术。

所以，要学习 Web 应用程序的开发就必须要先分清楚浏览器和服务器在 B/S 架构下各自所承担的角色，它们的分工具体如下。

- Web 服务器在 B/S 架构下所承担的角色通常被称为 Web 应用程序的**后端**，主要负责存储并处理用户提交的请求数据，然后把响应数据返回给用户所在的 Web 浏览器。它一般用于处理较为复杂的业务逻辑，包括执行大型计算、存储海量数据等，开发与维护的成本都比较高。
- Web 浏览器在 B/S 架构下所承担的角色通常被称为 Web 应用程序的**前端**，主要负责提供应用程序的用户操作界面，以及向 Web 服务器提交请求数据并接收来自服务器的响应数据。它一般用于处理与用户交互相关的业务逻辑，包括呈现数据、响应用户操作等。这部分的开发与维护成本主要受浏览器的影响较大。

6.2 明确前端开发任务

要想进行 Web 应用程序的前端开发，我们首先要熟悉自己的应用程序主要面向的运行环境——Web 浏览器。就目前来说，浏览器之间的差异主要来自它们采用的渲染引擎。下面简单介绍一下如今市面上主流的浏览器渲染引擎。

- **Trident**：Internet Explorer 浏览器采用的渲染引擎。除此之外，采用该渲染引擎的浏览器还有 Avant、Sleipnir、GOSURF、GreenBrowser 和 KKman 等。由于 Internet Explorer 浏览器是市场占有率最高的桌面操作系统——Windows 操作系统的内置浏览器，所以除非我们想开发一个小众的应用程序，否则就不能忽视采用这一引擎的浏览器。而且到目前为止，国内主要的网上银行还都只支持 Internet Explorer 浏览器。

  由于 Internet Explorer 浏览器曾经长期处于垄断地位（从 Windows 95 到 Windows XP 初期），一家独大的心态使得微软公司在很长一段时间内都惰于更新浏览器引擎，这让 Trident 引擎一度与 W3C（World wide Web Consortium，万维网联盟）标准近乎脱节，并且累积了大量的安全性漏洞。也正因为如此，许多程序员和学者对采用这一引擎的浏览器一直颇有微词，这客观上也促使了很多用户转向了采用其他引擎的浏览器。

- **Gecko**：最初是 Netscape 浏览器采用的渲染引擎，后来的 FireFox 浏览器也采用了这一引擎。由于 Gecko 是一款完全开源的浏览器渲染引擎，全世界的程序员都可以为其编写代码，因此受到许多人的青睐。采用 Gecko 引擎的浏览器也很多，除了 Firefox 浏览器，还包括 Mozilla SeaMonkey、waterfox、Iceweasel、K-Meleon 等。
- **Webkit**：最初是 Safari 浏览器采用的渲染引擎，后来的 Chrome 浏览器也采用了这一引擎[1]。在很长的一段时间里，该渲染引擎都只是 macOS 上 Safari 浏览器的专用引擎，非常小众。但随着 Safari 浏览器推出了 Windows 版和 Chrome 浏览器的加入，再加上这两款浏览器在分别在 iOS 和 Android 等移动端操作系统上所占据的主导地位，该浏览器引擎安全、稳定、快速的优势得到了极大的发挥。目前，Chrome 浏览器的市场占用率已经超越了 Internet Explorer，成为浏览器领域新的领头羊。

在了解了主流浏览器采用的渲染引擎之后，我们就可以来介绍一下浏览器的工作原理了。正如之前所说，浏览器的主要功能就是向 Web 应用程序所在的服务器发出请求，然后在浏览器窗口中展示服务器返回的响应数据。这里所说的响应数据一般包括 HTML 文档、PDF 文档、图片、视频等不同类型的资源。具体来说，浏览器按照分工可以分成以下几个组成部分。

- **用户界面**：用户所请求的资源位置通常要通过 URI 的形式在浏览器的地址栏中或者用之前保存在浏览器中的书签来指定。除此之外，Web 页面的导航通常需要通过浏览器显示区中的页面元素，或工具栏中的前进/后退按钮以及菜单栏中的历史列表来完成。这些功能都是浏览器的用户界面提供的。它会负责将用户的请求数据交付给浏览器引擎，后者将其发送给服务器。
- **浏览器引擎**：这一部分主要负责在用户界面和渲染引擎之间传送数据与操作指令，以及向服务器发送请求并接收响应。它是整个浏览器的调度中心。
- **页面渲染引擎**：这一部分主要负责显示响应数据的内容。具体来说，就是浏览器在收到服务器返回的响应数据之后，就会将其交给渲染引擎。如果返回的响应数据是 HTML 文档，它就负责解析 HTML 和 CSS 内容，并将解析结果排版后显示在屏幕上。如果返回的响应数据是 JavaScript 脚本代码，它就负责去调用 JavaScript 解释器，以便解释和执行这些脚本代码。
- **前端数据存取**：Web 应用程序在某些情况下也会需要在客户端保存一些数据，例如用户允许浏览器记住的用户名和密码等，这时候就需要用到 Cookie 以及

1 据说这几年 Chrome 浏览器的渲染引擎又改成了 Blink，不过该引擎也可被视为开源引擎 WebKit 中 WebCore 组件的一个分支。

HTML5 新定义的“网络数据库”这一类浏览器端的数据存储功能。

由此可以看出，Web 应用程序的前端开发主要包含以下任务。

- 设计 Web 应用程序的用户界面。这部分的任务包括用 HTML 定义的网页结构和用 CSS 设计的网页样式。这部分工作会决定 Web 应用程序要在浏览器中呈现的标题、段落、列表、表格、图片以及音乐、视频等多媒体页面元素。这是我们后续工作的基础所在。
- 赋予 Web 应用程序的用户界面与用户交互的能力。这部分的任务包括响应网页上所有被注册了相关事件的元素，以及部分用户对浏览器本身所做的操作，例如前进/后退的导航按钮、将某些数据存储到 Cookie 中等。这部分工作主要通过 JavaScript 这一类浏览器脚本语言来实现。

6.3 前端编程中的 JavaScript

在前端编程环境中，JavaScript 是一门内嵌在 HTML 文档中的脚本语言，这让它在编写方式上与之前章节会有些许不同。

6.3.1 <script>标签

在浏览器环境下，JavaScript 代码是通过 HTML 的<script>标签内嵌到 Web 页面中的。所以，虽然本书预设读者已经掌握了 HTML 和 CSS 的基本使用方法，但在这里还是需要着重介绍一下<script>标签在 HTML 文档中的具体使用方法。总体而言，JavaScript 通过<script>标签内嵌在 HTML 文档中的方式主要有以下 3 种。

- **同步执行模式**：在这种模式下，我们通常会允许浏览器按照其读取 HTML 文档的顺序执行<script>标签中的 JavaScript 代码。由于浏览器是从上往下逐行读取 HTML 文档的，所以我们经常会选择将 JavaScript 代码直接内联在<script>标签中，并将该标签放在所有页面元素的后面，例如：

```
<!DOCTYPE html>
<html lang="zh-cn">
<head>
  <meta charset="UTF-8">
  <title>浏览器端 JS 代码测试</title>
</head>
<body>
  <h1>浏览器端的 JavaScript</h1>
  <div id="targetID">
     <!--元素内容-->
  </div>
```

```
  <!--其他页面元素-->
  <script>
     const mydiv = document.getElementById('targetID');
  </script>
</body>
</html>
```

内联形式的 JavaScript 脚本通常只适合编写少量的代码。如果大量的 JavaScript 代码与 HTML 标签混在一起，会严重影响代码的可读性，这将给项目的后期维护带来无穷无尽的麻烦。所以对于需要嵌入大量代码的情况，我们通常会选择使用<script>标签的 src 属性来载入外链的 JavaScript 脚本文件，例如：

```
<!DOCTYPE html>
<html lang="zh-cn">
<head>
  <meta charset="UTF-8">
  <title>浏览器端 JS 代码测试</title>
</head>
<body>
  <h1>浏览器端的 JavaScript</h1>
  <div id="targetID">
     <!--元素内容-->
  </div>
  <!--其他页面元素-->
  <script src="03-test.js"></script>
</body>
</html>
```

- **异步执行模式**：由于浏览器在同步执行模式下会先载入完外链的脚本文件再继续读取后面的 HTML 标签，所以为了避免因文件载入而造成的延时影响整个 Web 页面的读取效率，我们通常还会激活<script>标签的 async 属性，令浏览器改用异步执行模式。例如：

```
<!DOCTYPE html>
<html lang="zh-cn">
<head>
  <meta charset="UTF-8">
  <title>浏览器端 JS 代码测试</title>
</head>
<body>
  <h1>浏览器端的 JavaScript</h1>
  <div id="targetID">
     <!--元素内容-->
  </div>
  <script src="03-test.js" async="async"></script>
```

```
    <!--其他页面元素-->
</body>
</html>
```

这样一来，脚本文件的载入就不会影响到后面“其他页面元素”的载入了。然后，我们就只需要在 03-test.js 文件中编写相应的 JavaScript 脚本代码即可。

- **延后执行模式**：<script>标签的上述使用方式依然存在着一个问题，即由于在异步执行模式下，浏览器外链的脚本文件一旦载入完成就会立即执行，程序员无法确保脚本被执行的具体时间，所以它依然得被放在 targetID 的后面。很显然，更理想的选择是将该标签与引用 CSS 文件的<link>标签一样放在<head>标签中。这时候，我们就得要求浏览器采用延后执行模式，即让浏览器在载入所有 HTML 标签之后再执行 JavaScript 脚本，这就需要激活<script>标签的 defer 属性，例如：

```
<!DOCTYPE html>
<html lang="zh-cn">
<head>
    <meta charset="UTF-8">
    <title>浏览器端 JS 代码测试</title>
    <script src="03-test.js" defer="defer"></script>
</head>
<body>
    <h1>浏览器端的 JavaScript</h1>
    <div id="targetID">
        <!--元素内容-->
    </div>
</body>
</html>
```

除此之外，我们通常还会用<script>标签的 type 属性来指定其载入脚本的文本类型，以明确其引用的是哪一种脚本。在 HTML5 标准中，<script>标签的默认 type 属性值是 text/javascript。我们之前使用的都是这种文本类型，它不用特别声明。在默认情况下，浏览器会将该标签载入的代码当作普通的 JavaScript 脚本来执行，但当我们想使用模块（即 type="module"）时，浏览器就会将该标签载入的代码当作 JavaScript 模块来执行。这里提到的“模块”也是 ES6 标准为 JavaScript 新增的特性。下面介绍一下这个特性。

6.3.2　ES6 标准新增的模块机制

在针对具体问题进行编程时，我们会发现自己需要编写的 JavaScript 代码量将急剧增加，命名冲突、代码安全等问题随之而来。这些问题会让之前那种靠单一脚本文件来组织代码的方式越来越难以为继。在这种情况下，我们就需要以文件为单位按照不同的功能将代码拆分成多个模块，然后让这些文件相互导入/导出彼此需要的功能模块，这种做法在编程方法论中通常被称为**模块化**。

将编程项目模块化既有利于代码的管理，也有利于隔离不同功能的代码，降低它们之间的耦合度，从而提高代码的重用率，并避免命名冲突等问题。目前主流的编程语言，例如 C/C++、Java 等也都有自己的模块化机制。但令人意外的是，JavaScript 直到 ES6 标准发布之前始终都没有统一的模块化机制，这给 JavaScript 项目的大型化造成了不少麻烦。为了解决这一类问题，程序员们之前一直只能采用 CommonJS 这样的第三方规范来构建 JavaScript 项目的模块化机制（例如在 Node.js 中）。但这对于 JavaScript 原生代码来说显然不是最佳的解决方案。幸运的是，ES6 标准为我们带来了标准的模块化机制，因此在进入更复杂的编程作业之前，我们很有必要先学习一下如何使用这一机制。

在 ES6 标准的定义中，模块是一种自动运行在严格模式下的 JavaScript 代码。换言之，在 JavaScript 中，模块不仅是一种代码组织形式，而且还是一种有别于普通脚本的代码执行方式。在这种执行方式中，JavaScript 不再遵守之前“共享一切”的原则，我们在模块中命名的标识符将只属于其所在模块的顶级作用域，它在该模块之外是不可见的。如果我们想让其他模块作用域或全局作用域中的代码可以使用这些标识符，就必须用 `export` 关键字导出它们，该关键字的用法有以下两种：

```
// 用法 1：直接在声明标识符时导出
export const value = 10;
export function add_10(num) {
  return num + 10;
}

// 用法 2：先声明标识符
const str = 'owlman';
function multiply_10(num) {
  return num *10;
}
// 先编写一些其他代码，最后再来指定要导出的标识符
export{ str, multiply_10 };
```

`export` 关键字有两种使用方式：第一种是在声明标识符时直接将其声明为导出标识符，这种方式只需要将该关键字放在相应的声明语句之前即可；第二种方式是单独用该关键字声明一个导出标识符的列表，该列表由一对大括号括住，标识符之间用逗号分隔。如果我们还想对要导出的标识符进行重命名，可以在该标识符后面使用 `as` 关键字来重命名，例如：

```
const str = 'owlman';
```

```
export{ str as name };
```

同样地，如果我们想在其他模块作用域或全局作用域中使用某个模块导出的标识符，也必须要用 import 关键字来导入它们，下面来示范一下该关键字的用法。首先，我们需要将上述代码保存在 code/03_web 目录下，并将其保存为 03-moduleFile.js 文件，然后在相同目录下的 HTML 文档的<script>标签中编写如下 JavaScript 代码：

```
<!DOCTYPE html>
<html lang="zh-cn">
<head>
  <meta charset="UTF-8">
  <title>浏览器端 JS 代码测试</title>
  <script type="module">
    // 导入单个标识符
    import{ value }from './03-moduleFile.js';
    console.log(value); // 输出：10

    // 导入多个标识符
    import{ add_10, multiply_10 } from './03-moduleFile.js';
    console.log(add_10(5));       // 输出：15
    console.log(multiply_10(5)); // 输出：50

    // 在导入时对标识符进行重命名
    import{ str as name }from './03-moduleFile.js';
    console.log(name);// 输出：owlman
  </script>
</head>
<body>
  <h1>浏览器端的 JavaScript</h1>
</body>
</html>
```

导入语句主要由两部分组成。第一部分是 import 关键字后面跟着的需要导入的标识符列表，该列表由一对大括号括住，标识符之间用逗号分隔，其中的每个标识符需要与目标模块中导出的标识符一一对应。如果我们还想对导入的标识符进行重命名，可以在该标识符后面使用 as 关键字来重命名。第二部分是 from 关键字后面跟着的目标模块所在文件的路径，该路径既可以是绝对路径、URL，也可以是相对路径。但是，当其为相对路径时，请务必记得表示路径的字符串要以./或../开头，否则代码会因找不到目标文件而报错。下面将上述代码保存为 03-test.htm 文件，执行结果如图 6-1 所示。

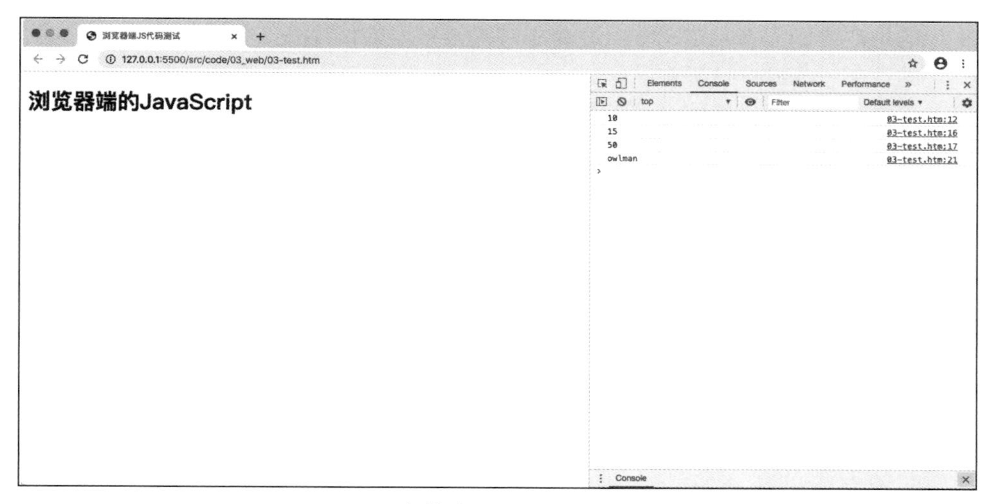

图 6-1 在前端导入 JavaScript 模块

另外，当 type="module"时，<script>标签一样可以通过其 src 属性来载入外链的脚本文件。例如对于上述代码，我们也可以将内联在<script>标签中的 JavaScript 代码单独保存在一个名为 03-test.js 的文件中，然后将 HTML 文档修改为如下：

```
<!DOCTYPE html>
<html lang="zh-cn">
<head>
  <meta charset="UTF-8">
  <title>浏览器端 JS 代码测试</title>
  <script type="module" src="03-test.js"></script>
</head>
<body>
  <h1>浏览器端的 JavaScript</h1>
  <div id="targetID">
    <!--元素内容-->
  </div>
</body>
</html>
```

需要特别说明的是，在模块机制下，<script>标签将自动采用延后执行模式，因此就不必特别激活 defer 属性了。

6.3.3 <noscript>标签

最后，我们还必须得考虑一下<script>标签不起作用的情况。出于安全等原因，如今依然存在一些特定的浏览器或用户会选择禁用脚本功能，这会让许多 Web 应用程序的用户界面无法正常工作。在脚本功能被禁用的情况下，浏览器会忽略<script>标签的存在，这时我们就需要用<noscript>标签来建议用户打开浏览器的脚本功能或者改用支持脚本的浏览器，该标签的具体用法如下：

```
<!DOCTYPE html>
<html lang="zh-cn">
<head>
  <meta charset="UTF-8">
  <title>浏览器端 JS 代码测试</title>
  <script type="module" src="03-test.js"></script>
</head>
<body>
  <noscript>
    <p>本页面需要浏览器支持或启用 JavaScript。</p>
  </noscript>
  <h1>浏览器端的 JavaScript</h1>
  <div id="targetID">
    <!--元素内容-->
  </div>
</body>
</html>
```

这样一来，Web 页面就会在脚本功能被禁用时显示一条提示信息。但在如今的主流的浏览器中，<noscript>标签已经很少有机会发挥作用了。

6.4 前端编程对象

在 Web 浏览器环境下，JavaScript 主要由 3 部分组成：语言的核心部分 ECMAScript、用于操作 HTML 文档的 DOM 和用于操作浏览器部分功能的 BOM。换言之，我们在前端编程中主要面对的是以下两个对象模型。

- **文档对象模型**：DOM，它是一组按照 W3C 组织的标准定义的、用于操作 HTML 及 XML 文档的应用程序接口，JavaScript 通过这些接口来操作 Web 页面中的各种元素。简而言之，DOM 会在内存中将读取到的 HTML 或 XML 文档解释成一个树状的数据结构，然后让 JavaScript 以增、删、改、查该树形结构上的节点并为其注册事件响应函数的形式来完成对 Web 页面的处理。关于这部分的详细内容，我们将会在第 7 章中做具体介绍。
- **浏览器对象模型**：BOM，该对象模型中包含了 windows、navigator、screen、history、location 等一系列与浏览器功能相关的对象组件，JavaScript 通过它们来实现窗口的弹出与平移和获取浏览器名称、版本号、用户计算机的操作系统、用户计算机的屏幕分辨率以及用户之前的访问记录等超出 HTML 文档范围的、

Web 应用程序的客户端功能。由于 BOM 长期以来并没有统一的标准，每个浏览器都有自己的 BOM 实现，所以我们在使用 BOM 时经常会遇到各种兼容性问题。但读者也不必太过担心，在 HTML5 标准发布并被广泛采用之后，这个问题已经在很大程度上得到了解决。如今的主流浏览器几乎都采用了相同的对象实现，这些对象的方法和属性被约定俗成地统称为 **BOM 的方法和属性**。关于这部分的详细内容，我们将会在第 8 章中做具体介绍。

除此之外，XMLHTTP 系列对象也是如今前端编程中经常会用到的一组应用程序接口，这些接口可通过 HTTP 在浏览器和服务器之间收发 XML 或其他数据，而这正是 AJAX 编程的基础。AJAX 编程最大的优势就是它使我们可以动态地更新网页，而无须重新从服务器读取整个网页，也不需要安装 ActiveX 这样的额外插件。从某种程度上来说，正是 AJAX 编程技术的出现才使得 JavaScript 从一门小打小闹的网页脚本语言发展成了 Web 前端开发中的热门语言。关于这部分的详细内容，我们会在第 9 章中做具体介绍。

最后，由于前端编程面对的环境是 Web 应用程序的用户界面，界面的装饰美化也是我们需要关注的任务。因此，以 CSS 为代表的 Web 美工技术也是我们学习前端编程必须要具备的基础知识。况且，如今在 JavaScript 的具体使用中，我们在选取页面元素时也会用到不少 CSS 选择器的使用思维。本书预设读者已经掌握了从 HTML5 到 CSS3 的所有相关基础技术，这里只是强调一下它们在前端开发中的重要性，就不做专门介绍了。读者如果有需要，请自行阅读相关资料，补足相关的基础再继续后面章节的学习。

6.5 综合练习

在理解了浏览器在 Web 应用程序中扮演的角色，以及前端编程的任务及其面对的对象之后，我们大致上应该明白了，所谓前端编程，就是要为我们的应用程序在浏览器中设计一个在交互能力上可以和桌面应用程序相媲美的用户操作界面。在之前的章节中，我们一起模拟了一个电话交换机的业务逻辑。在接下来的几章中，我们将逐步为其设计一个用户界面。本章的任务是将之前的电话交换机实现代码改写成一个模块文件，然后为其创建一个 HTML 文档，并将相应的模块导入。其具体步骤如下。

(1) 在 `code/02_console` 目录下将 `02-testTelephoneExchange.js` 文件重命名为 `TelephoneExchange.js`，并将其代码修改为如下：

```
// 电话交换机测试 5.0 版
// 作者：owlman

class TelephoneExchange {
  constructor(names) {          // names 形参允许指定加入该电话交换机的初始名单
    this.map = new Map();
```

```
    this.firstNum = 1001;          // 该电话交换机的第一个未被占用的号码

    for(let name of names) {
      this.firstNum++;
      this.map.set(this.firstNum, name);// 为初始名单分配电话号码
    }
  }

  add(name) {                      // 为新客户添加线路
    this.firstNum++;
    this.map.set(this.firstNum, name);
  }

  delete(number) {                 // 删除线路
    this.map.delete(number);
  }

  update(number, name) {           // 修改已有线路的所属人
    if (this.map.has(number)) {
      this.map.set(number, name);
    } else {
      console.log(number + '是空号！');
    }
  }

  call(number) {                   // 拨打指定线路
    const me = this;
    return new Promise(function(resolve, reject) {
      const time = Math.random()*5000;
      setTimeout(function() {
        if (me.map.has(number)) {
          let name = me.map.get(number);
          if (time > 3000) {
            resolve('呼叫超时');
          } else {
            resolve('你拨打的用户是： '+ name);
          }
        } else {
          resolve(number + '是空号！');
        }
      }, time);
    }).then(function(msg) {
      console.log(msg);
    });
  }
```

```
  async callAll() {
    console.log('-----开始测试系统所有线路------');
    const promises = new Array();                          // 拨打所有线路
    for(let number of this.map.keys()) {
      promises.push(this.call(number));
    }
    return await Promise.all(promises).then(function() {
      console.log('-----系统全部线路测试结束------');
    });
  }
};

async function testTelephoneExchange(phoneExch) {
  await phoneExch.callAll();
  phoneExch.add('owlman');
  await phoneExch.callAll();
  phoneExch.delete(1002);
  await phoneExch.callAll();
  phoneExch.update(1003,'batman');
  await phoneExch.callAll();
}

export { TelephoneExchange, testTelephoneExchange};
```

（2）在 `code/02_web` 目录下创建一个名为 `03-testTelephoneExchange.htm` 的 HTML 文档，并在其中编写如下代码：

```
<!DOCTYPE html>
<html lang="zh-cn">
<head>
  <meta charset="UTF-8">
  <title>电话交换机测试</title>
</head>
<body>
  <h1>电话交换机测试</h1>
  <script type="module">
    import{ TelephoneExchange, testTelephoneExchange}
    from '../02_console/TelephoneExchange.js';

    testTelephoneExchange(new TelephoneExchange(['张三', '李四', '王五', '赵六']));
  </script>
</body>
</html>
```

综上，我们首先在之前的文件中用 `export` 关键字导出了电话交换机的实现类及其测试函数，然后在刚刚创建的将来用作其用户操作界面的 HTML 文档中用 `import` 关键字导入了它们，并调用了测试函数。我们会看到其执行结果与之前在命令行终端中一样，如图 6-2 所示。

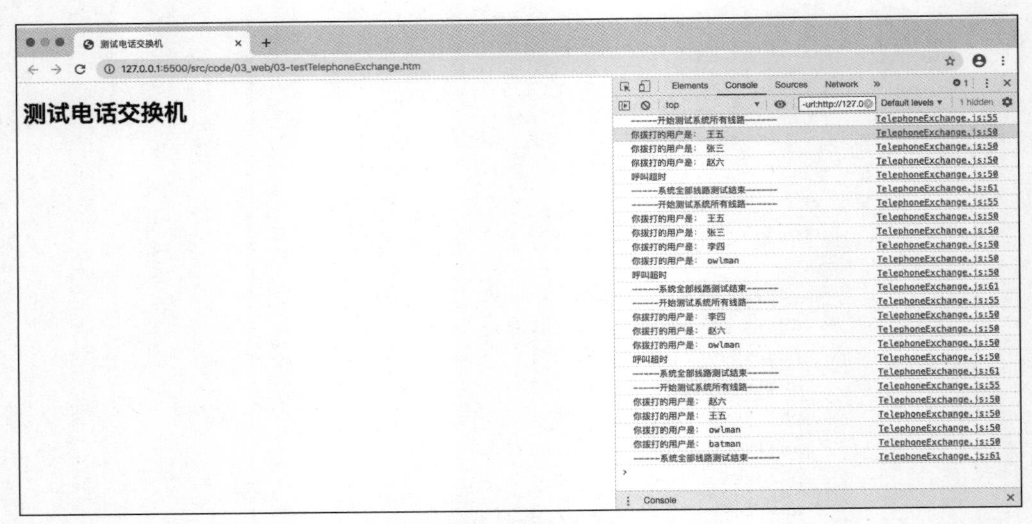

图 6-2 在前端导入电话交换机模块

本章小结

本章从 Web 应用程序的整体架构切入，首先介绍了服务器和浏览器分别在 Web 应用程序架构中的分工，从而明确了前端编程的任务主要是为 Web 应用程序设计一个可在浏览器中运作的用户体验可与桌面程序相媲美的用户操作界面。而由于前端编程要面对的是更为实际的问题，因此我们通常需要编写更多的代码，随之而来的代码重用、命名冲突等问题需要采用模块化的方式来管理代码，所以又介绍了 ES6 标准新增的模块化机制。

本章最后介绍了前端编程中具体要面对的对象，其中包含了用于处理 HTML 和 XML 文档页面元素的 DOM、用于处理浏览器部分功能的 BOM、用于支持 AJAX 编程的 XMLHTTP 系列对象以及用于装饰 Web 页面的 CSS 等美工技术。接下来的几章将详细介绍这些对象。

第 7 章　DOM 标准与使用

本章将详细介绍 DOM。首先我们会简略地回顾一下 DOM 的发展历程，以便读者能更全面地理解 DOM 标准规范的来龙去脉、发展现状以及使用思路；然后，将借助大量示例来演示如何在 JavaScript 中用 DOM 处理 HTML 文档中的各种页面元素。在阅读完本章内容之后，希望读者能：

- 了解 DOM 的发展历程与现状，并理解它的使用思路；
- 了解 DOM 的具体结构以及如何用它来获取 HTML 文档中的页面元素；
- 了解如何运用 JavaScript 对 DOM 树结构上的各类节点执行增、删、改、查操作。

7.1 DOM 的前世今生

正如上一章所说，DOM 是由 W3C 组织负责标准化的一套最初只针对 XML 文档，后来逐步扩展到 HTML 文档的应用程序接口。和 JavaScript 一样，在标准化的 DOM 出现之前，由于微软和网景这两家公司在浏览器市场上的恶性竞争，开发 Web 应用程序的程序员们经历过一段较为黑暗的时期。那时 Internet Explorer 4 和 Netscape Navigator 4 各自实现的是不同的 DHTML（Dynamic HTML）接口，彼此在很多地方都互不兼容，这让 HTML 面临着失去跨平台的先天性优势的危机。而程序员们为了扩展 Web 应用程序的市场，又必须要尽可能地维持程序在双方浏览器上的兼容性，这往往需要付出非常大的精力来构建一些看起来极不优雅并且后期难以维护的解决方案。

7.1.1 DOM 的发展历程

于是，为了响应广大程序员的呼声，以及对软件寡头们之间的恶性竞争行为进行约束，负责制定Web通信标准的W3C组织制定出了一套统一面向XML和HTML文档的应用程序接口规范，即DOM标准。这套标准按照其制定进展和各大浏览器对DOM的支持通常被分为以下几个级别。

- **DOM 0**：该级别在标准化的意义上其实是不存在的，因为它实际上是标准化初级阶段的DOM，大部分实现还停留在实验阶段，但如今程序员们习惯将其称为DOM 0。在实现了这一级别的浏览器中，具有代表性的就是分别在1997年的6月和10月发布的Internet Explorer 4和Netscape Navigator 4。这两款浏览器都各自定义了一组用于操作HTML文档的应用程序接口，从而使JavaScript的功能得到了很大的扩展，如今我们更习惯将这些扩展称为DHTML。需要说明的是，DHTML并不是一项新技术，而是将HTML、CSS、JavaScript技术组合的一种描述，如下所示。
  - 利用HTML标签将Web页面划分为各种页面元素。
  - 利用CSS样式来设置这些页面元素的外观及位置。
  - 利用JavaScript脚本来操控页面元素及其外观样式。

  但正如之前所说，由于没有统一的规范和标准，这两款浏览器对相同功能的实现完全不一样。为了保持程序的兼容性，Web程序员们必须先写一些探测性的代码来检测一下自己编写的JavaScript脚本到底运行于哪一款浏览器之下，然后再切换至与之对应的脚本片段。但这就让Web应用程序的代码变得前所未有地臃肿且难以维护，DHTML也因此在人们心中留下了非常糟糕的印象。
- **DOM 1**：W3C组织在结合了各方浏览器实现的优点之后，于1998年的10月完成了第1级的DOM，我们习惯上称之为DOM 1。DOM 1主要定义了XML和HTML文档的底层结构，主要由DOM Core和DOM HTML两个部分组成。其中，DOM Core规定的是XML文档的结构标准，该标准简化了我们对文档中页面元素的操作。而DOM HTML则在DOM Core的基础上做了进一步的扩展，添加了许多面向HTML文档的对象和方法，例如用于表示整个文档的`document`对象及其方法。
- **DOM 2**：DOM 2引入了更多的交互能力，也支持更高级的XML特性。DOM 2在DOM 1的基础上又扩充了鼠标、键盘等用户界面事件，并通过对象接口增加了对CSS的支持。DOM 2中的DOM Core经过扩展开始支持XML命名空间。具体来说就是，DOM 2在DOM标准中引入了下列模块。
  - DOM Views：该模块定义了用于跟踪不同文档视图的接口。
  - DOM Events：该模块定义了事件和事件处理的接口。
  - DOM Style：该模块定义了基于CSS样式为页面元素设置外观的接口。
  - DOM Traversal & Range：该模块定义了遍历和操作文档树的接口。
- **DOM 3**：DOM 3在DOM 2的基础上进一步扩展了DOM，它在DOM标准中引入了以下模块。

- DOM Load & Save：该模块定义了以统一方式加载和保存文档的接口。
- DOM Validation：该模块定义了验证文档的接口。
- DOM Core 的扩展：增加了对 XML 1.0 规范的支持，包含 XML Infoset、XPath 和 XML Base 等组件。

除此之外，W3C 组织也制定了一系列专用标记语言的 DOM 扩展标准。例如，用于制作矢量图的 SVG、用于编写数学公式的 MathML、用于描述多媒体的 SMIL 等，这些都是基于 XML 扩展而来的标记语言，DOM 标准也为它们定义了专用的应用程序接口。

当然，W3C 组织只负责制定标准，浏览器对标准的实现完成度才是我们在编程过程中所要面对的实际问题。幸运的是，经过多年的努力，如今的 Chrome 和 Firefox 等主流浏览器都基本实现了 DOM 标准制定的接口。但由于一些历史遗留问题，Internet Explorer 浏览器在实现 DOM 标准的同时，依然保留了大量标准化之前的 Only IE 的接口。这样做主要是为了确保大量以前的代码依然能正确运行，在标准化之后，我们在编写新的代码时就不宜再使用这些接口了。关于这一点，下面在具体介绍 DOM 接口的调用时会特别举例说明。

7.1.2 DOM 的使用思路

在具体使用 DOM 之前，我们首先要明确一个概念，即 DOM 只是一套用于处理 XML 和 HTML 文档的应用程序接口。它并不是 JavaScript 专有的，VBScript、Python 等脚本语言也可以调用这套接口。所以换句话说，DOM 本质上是一套以 XML 这类结构化标记语言为中心的编程工具。它设计的目的是为 XML 和 HTML 这类文档提供一种映射在内存中的数据结构、以便其他编程语言可以在程序运行时通过该数据结构来操作文档，从而改变文档的结构、样式和内容。具体来说就是，DOM 会将其读取到的 XML 和 HTML 文档映射到在内存中的一个树形数据结构上，文档界面中的每个页面元素都会被解析成该树结构上的节点，然后其他脚本语言就可以通过增、删、改、查这些节点来完成对这些文档的处理。例如，对于下面这个 HTML 文档：

```
<!DOCTYPE html>
<html lang="zh-cn">
<head>
    <meta charset="UTF-8">
    <title>浏览器端 JS 代码测试</title>
</head>
<body>
    <h1>浏览器端的 JavaScript</h1>
    <div id="content"></div>
</body>
```

```
</html>
```

如果我们要在程序中直接对上述文本进行解析，那就得从上到下逐行读取，然后用词法分析算法处理每一行中的语法标记。整个过程是非常复杂的，基本上是在亲手实现一个浏览器，这完全不符合编程方法论中“不要重复发明轮子”的原则。现在有了 DOM 标准接口，浏览器会自行根据其读取到的文档在内存中创建一个与之相对应的树结构，其大致结构如图 7-1 所示。

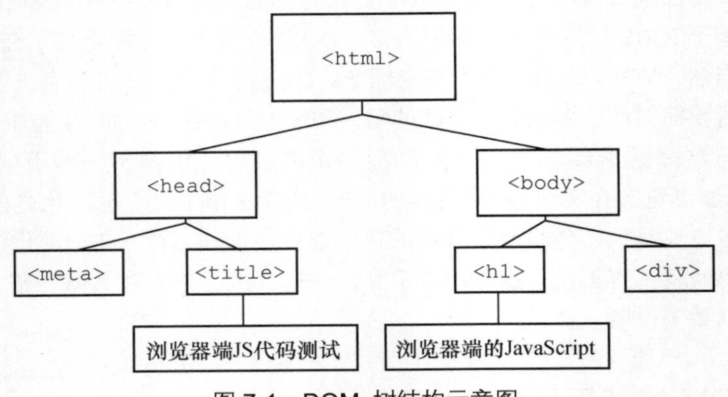

图 7-1 DOM 树结构示意图

然后，我们直接在 JavaScript 或 VBScript 脚本中对该树结构进行操作即可。换句话说，程序员现在不必再去亲自解析 XML 和 HTML 文档的具体文本了，DOM 已经将目标文档转换成了内存中一个可直接操作的树结构，并且其接口设计完全适用于面向对象编程。这显然大大简化了 Web 应用程序开发的复杂度。

7.2 DOM 的节点

如果之前学过数据结构的基础理论，就该知道**树**是一种以开枝散叶的形式将多个节点链接起来的多层结构体。其节点之间的关系非常类似于传统家庭里的父系族谱，从被称为**根**的单一节点往下，每个节点都与其上下一层的节点之间是父子辈关系，与同一层节点之间是兄弟关系。例如在图 7-1 中，`<html>`节点是整个树结构的根节点，`<head>`和`<body>`则是它的两个子节点，而`<h1>`和`<div>`这两个节点则又是`<body>`节点的子节点；与此同时，由于`<h1>`和`<div>`来自同一个父节点，所以它们彼此是兄弟节点的关系。

7.2.1 统一节点接口

在 DOM 标准所定义的接口中，节点是我们可操作的最基本的类型。DOM 树结构中的每一个节点都对应着 HTML 文档中的一个标签元素。为了便于对所有的节点进行统一处理，DOM 标准定义了一套适用于所有 DOM 节点对象的接口，下面介绍其中比较常用的一些属性和方法。

7.2.1.1 **nodeType** 属性

该属性的值是一个从 1 到 12 的整数常量，每个常量都代表着一种类型的 DOM 节点对象，具体如表 7-1 所示。

表 7-1 DOM 节点类型

常量标识符	常量值	相关说明
Node.ELEMENT_NODE	1	代表 XML 或 HTML 文档中的页面元素，通常对应着一个具体的页面标记
Node.ATTRIBUTE_NODE	2	代表页面元素的某一个属性，例如<div>元素的 id 属性
Node.TEXT_NODE	3	代表页面元素或其属性中的文本内容，例如<p>元素中的文本
Node.CDATASECTIONNODE	4	代表文档中用<![CDATA[]]>声明的不需要解析的文本
Node.ENTITYREFERENCENODE	5	代表实体引用，常见于 XML 文档中
Node.ENTITY_NODE	6	代表实体，常见于 XML 文档中
Node.PROCESSINGINSTRUCTIONNODE	7	代表 ProcessingInstruction 对象，常见于 XML 文档中
Node.COMMENT_NODE	8	代表文档中的注释节点，即<!--注释内容-->标签的内容
Node.DOCUMENT_NODE	9	代表整个文档，即 DOM 树的根节点：document 对象
Node.DOCUMENTTYPENODE	10	代表文档采用的接口版本，例如<!DOCTYPE html>代表的是 HTML5
Node.DOCUMENTFRAGMENTNODE	11	代表 HTML 文档的某个部分，但它没有对应的元素标签，也不直接显示在浏览器中
Node.NOTATION_NODE	12	代表 DTD（Document Type Definition，文档类型定义）中声明的符号

但在通常情况下，我们只需要记住表 7-2 所示的几种常用的节点类型即可。

表 7-2 常用的节点类型

nodeType 值	对应的节点类型
1	元素节点
2	属性节点
3	文本节点
8	注释节点
9	文档节点

从表 7-1 中可以看出，DOM 标准事实上是为这些常量定义了相应的常量标识符的，例如元素节点是 node.ELEMENT_NODE、属性节点是 node.ATTRIBUTE_NODE、文本节点是 node.TEXT_NODE、注释节点是 node.COMMENT_NODE、文档节点是 node.

DOCUMENT_NODE 等。但并不是所有的浏览器都支持这些标识符（例如微软公司的 IE8 及其更早的版本就不支持它们），所以我们通常直接使用数字来判断节点的类型。

7.2.1.2 nodeName 属性

该属性的值取决于节点的具体类型，常见情况如下。

- 元素节点的 nodeName 属性值是其对应的 HTML 标签名。
- 属性节点的 nodeName 属性值与其对应 HTML 标签的属性名相同。
- 文本节点的 nodeName 属性值始终为#text。
- 注释节点的 nodeName 属性值始终为#comment。
- 文档节点的 nodeName 属性值始终为#document。

7.2.1.3 nodeValue 属性

该属性的值也取决于节点的具体类型，常见情况如下。

- 元素节点的 nodeValue 属性值是 undefined 或 null。
- 属性节点的 nodeValue 属性值是其对应 HTML 标签属性的值。
- 文本节点的 nodeValue 属性值是其对应 HTML 标签中的文本本身。

请注意：如果希望返回指定元素节点中的文本，请务必要记住文本始终位于文本节点中，我们必须先获取该元素节点下面的文本节点，才能读取到这段文本。例如，假设我们要获取 element 这个元素节点下的文本，就应该这样写：

```
const someText = element.childNodes[0].nodeValue;
```

7.2.1.4 childNodees 属性

上面的代码中已经使用了该属性，这也间接说明了它是节点接口中最常用的属性之一。该属性中存储的是当前节点的所有子节点，这是一个实现了迭代器接口的 NodeList 对象，我们可以将其作为一个数组对象来使用，例如对其进行如下遍历：

```
for(let i = 0; i < element.childNodes.length; ++i) {
  console.log(element.childNodes[i].nodeName);
}
```

或者直接通过 for-of 循环，利用迭代器接口来完成遍历：

```
for(let aNode of element.childNodes) {
  console.log(aNode.nodeName);
}
```

7.2.1.5 firstChild 属性

该属性引用的是当前节点的第一个子节点，即 aNode.childNodes[0]的值。

7.2.1.6 **lastChild** 属性

该属性引用的是当前节点的最后一个子节点，即 aNode.childNodes[aNode.childNodes.length-1]的值。当某个节点只有一个子节点时，其 firstChild 属性和 lastChild 属性指向的是同一个节点。

7.2.1.7 **parentNode** 属性

该属性引用的是当前节点的父节点。当且仅当当前节点为根节点时，该属性值为 null。

7.2.1.8 **previousSibling** 属性

该属性引用的是当前节点的前一个兄弟节点，即该节点在其共同父节点的 childNodes 属性中的索引位置是当前节点的前一个。当且仅当当前节点为其父节点的第一个节点时，该属性值为 null。

7.2.1.9 **nextSibling** 属性

该属性引用的是当前节点的后一个兄弟节点，即该节点在其共同父节点的 childNodes 属性中的索引位置是当前节点的后一个。当且仅当当前节点为其父节点的最后一个节点时，该属性值为 null。

7.2.1.10 **appendChild()** 方法

该方法的作用是在当前节点的 childNodes 属性的最后一个索引位置后面继续添加一个子节点。它只接收一个节点类型的实参，用于传递要添加的节点。例如：

```
aNode.appendChild(newNode);
console.log(aNode.lastChild == newNode); // 输出：true
```

7.2.1.11 **insertChild()** 方法

该方法的作用是在当前节点的 childNodes 属性中指定位置的前面再添加一个子节点。它接收两个节点类型的实参，第一个实参用于传递要添加的节点，第二个实参用于指示节点的添加位置。通常是 childNodes 属性中的某个现有节点，新节点会被添加在该节点之前；而当该实参值为 null 时，就相当于调用了 appendChild()方法，新节点会被添加到 childNodes 列表的末尾。与此同时，该方法也会返回这个新添加的节点。下面来看几个示例：

```
// 将新节点添加到第一个子节点前面
const returnNode = aNode.insertChild(newNode,aNode.firstChild);
console.log(aNode.firstChild == newNode);  // 输出：true
```

```
console.log(returnNode == newNode);          // 输出：true

// 将新节点添加到最后一个子节点前面
aNode.insertChild(newNode, aNode.lastChild);
console.log(aNode.lastChild.previousSibling == newNode);// 输出：true

// 将新节点添加为最后一个子节点
aNode.insertChild(newNode, null);
console.log(aNode.lastChild == newNode);// 输出：true
```

7.2.1.12 replaceChild()方法

该方法的作用是用一个新节点去替换当前节点的某一个被指定的子节点。它接收两个节点类型的实参，第一个实参传递的是将被用于替换的新节点；第二个实参指向的是当前节点的某个子节点，它是我们的替换目标，并且将作为方法的返回值被返回。下面来看几个示例：

```
// 替换当前节点的第一个子节点
const oldNode = aNode.firstChild;
const returnNode = replaceChild(newNode, aNode.firstChild);
console.log(aNode.firstChild == newNode);  // 输出：true
console.log(returnNode == oldNode);         // 输出：true

// 替换当前节点的最后一个子节点
const oldNode = aNode.lastChild;
const returnNode = replaceChild(newNode,aNode.lastChild);
console.log(aNode.lastChild == newNode);  // 输出：true
console.log(returnNode == oldNode);        // 输出：true
```

7.2.1.13 removeChild()方法

该方法的作用是移除一个指定的当前节点的子节点。它只接收一个节点类型的实参，用于指定需要被移除的节点，并将其作为返回值返回。下面来看几个示例：

```
// 移除当前节点的第一个子节点
const oldNode = aNode.firstChild;
const newFirstChild = aNode.firstChild.nextSibling;
const returnNode = removeChild(aNode.firstChild);
console.log(aNode.firstChild == newFirstNode); // 输出：true
console.log(returnNode == oldNode);             // 输出：true

// 移除当前节点的最后一个子节点
const oldNode = aNode.lastChild;
const newLastChild = aNode.lastChild.previousSibling;
const returnNode = removeChild(aNode.lastChild);
```

```
console.log(aNode.lastChild == newLastNode);   // 输出：true
console.log(returnNode == oldNode);            // 输出：true
```

7.2.1.14 **cloneNode()**方法

该方法的作用是复制当前节点。它只接收一个布尔类型的实参。当实参值为 false 时，该方法执行的是浅复制，它返回的是当前节点的引用。当实参值为 true 时，该方法执行的是深复制，它会将当前节点及其所有子节点全部重新复制一份，并将该副本的引用返回。下面来看个示例，假设 aNode 节点的内容如下：

```
<div id="targetID">
  <p>这是一个 div 区域。</p>
</div>
```

我们可以对它编写如下代码：

```
// 浅复制
const shallowCopy = aNode.cloneNode(false);
console.log(shallowCopy.childNodes.length); // 输出：0

// 深复制
const deepCopy = aNode.cloneNode(true);
console.log(deepCopy.childNodes.length);    // 输出：3
```

7.2.2 常用节点类型

细心的读者可能已经发现了，上一小节中的代码示例都无法实际执行。因为我们既没有介绍当前节点 aNode 如何获取，也没有介绍新节点 newNode 如何创建，代码根本就没有具体操作对象。这是因为这两个操作都要取决于节点的具体类型，接下来就让我们来补上这一课吧。

DOM 节点的类型实际上有 12 种，但其中绝大部分的节点不是在 HTML 文档中不太常用，就是因在各大浏览器中的行为尚不一致而不被推荐，所以我们实际只需要熟悉平时常用到的节点类型只有表 7-2 中列出的元素节点、属性节点、文本节点、注释节点以及文档节点。下面就逐一介绍这些节点类型以及它们所提供的接口。

7.2.2.1 文档节点

文档节点通常用于代表整个 XML 或 HTML 文档，换句话说，一个文档的 DOM 树结构中往往有且只能有一个文档节点。文档节点的 nodeType 的值为 9、nodeName 的值为#document、nodeValue 的值为 null。而在浏览器环境下，文档节点事实上是一个名为 document 的全局对象，我们通常通过这个对象来获取当前 HTML 页面中的信息，并对页面中的元素执行各种操作。下面介绍 DOM 标准为文档节点定义的专用接口（文档节点自然也继承了上一小节中介绍的所有统一节点接口，这里就不重复介绍了）。

- **documentElement 属性**：在 HTML 文档中，这个属性代表的是当前页面的<html>标签，它在 DOM 树结构中对应着一个元素类型的节点。在某些浏览器的实现中，该节点有时也是文档节点的第一个子节点。对此，我们可以用下面的代码来验证一下：

```
const htmlNode = document.documentElement;
console.log(htmlNode == document.firstChild);
// 某些浏览器会输出 false，而另一些则输出 true
```

- **body 属性**：在 HTML 文档中，这个属性代表的是当前页面的<body>标签，它在 DOM 树结构中对应着一个元素类型的节点。由于在 Web 开发中我们要执行的绝大部分操作针对的都是该节点的子节点，所以该属性应该是 document 对象使用频率最高的属性之一了。与此同时，它在通常情况下还应该是 htmlNode 节点的最后一个子节点，我们可以接着上面的代码继续来验证一下：

```
const bodyNode = document.body;
console.log(bodyNode == htmlNode.lastChild);
```

- **title 属性**：该属性中存储的是<title>标签中的文本，该文本通常会出现在浏览器窗口的标题栏和标签页中。我们可以用该属性来修改当前页面的标题，例如：

```
console.log(document.title); // 输出现有标题
document.title = 'new title';
console.log(document.title); // 输出：new title
```

- **URL 属性**：该属性中存储的是当前页面在浏览器地址栏中显示的 URL，我们是通过该 URL 来向服务器发送访问当前页面的请求的。
- **domain 属性**：该属性中存储的是当前页面的 URL 所属的域名。例如，假设当前页面的 URL 是 http://owlman.org/index.htm，该属性值就是 owlman.org。
- **referrer 属性**：该属性中存储的是链接到当前页面的那个页面的 URL。例如，假设我们是通过 http://owlman.org/index.htm 这个页面访问到 http://owlman.org/readme.htm 的，那么后者的该属性值就是 http://owlman.org/index.htm。如果当前页面不来自任何页面，我们是亲自输入 URL 来访问它的，那么该属性值就为 null。
- **anchors 属性**：该属性是一个类数组对象，其中存储的是当前页面中所有设置了 name 属性的<a>元素。
- **forms 属性**：该属性是一个类数组对象，其中存储的是当前页面中所有的<form>元素。
- **images 属性**：该属性是一个类数组对象，其中存储的是当前页面中所有的<img>元素。

- **links 属性**：该属性是一个类数组对象，其中存储的是当前页面中所有设置了 href 属性的<a>元素。
- **getElementById()方法**：该方法的作用是获取当前页面中指定 id 值的页面元素。如果当前页面中有 id 值相同的元素，就选取其中的第一个元素。在上一小节中频繁出现的 aNode 节点通常就是用该方法来获取的。例如对于下面的 HTML 文档：

```
<!DOCTYPE html>
<html lang="zh-cn">
<head>
  <meta charset="UTF-8">
  <title>浏览器端 JS 代码测试</title>
  <link rel="stylesheet" type="text/css" href="style.css"/>
  <script type="module" src="03-test.js"></script>
</head>
<body>
  <noscript>
    <p>本页面需要浏览器支持或启用 JavaScript。</p>
  </noscript>
  <h1>浏览器端的 JavaScript</h1>
  <div class="box" id="box_1">
    <p>这是一个 div 区域。</p>
  </div>
  <div class="box" id="box_2">
    <p>这是另一个 div 区域。</p>
  </div>
</body>
</html>
```

如果我们想获取 id 值为 box_1 的<div>元素，就可以在其外链的 03-test.js 文件中编写如下代码：

```
const aNode = document.getElementById('box_1');

// 浅复制
const shallowCopy = aNode.cloneNode(false);
console.log(shallowCopy.childNodes.length); // 输出：0

// 深复制
const deepCopy = aNode.cloneNode(true);
console.log(deepCopy.childNodes.length);    // 输出：3
```

请注意：这里的 id 值在大部分浏览器中是严格区分大小写的，但不包括 IE7 及其早期版本。

- **getElementsByName()方法**：该方法的作用是返回一个类数组对象，其中包含了当前页面中所有设置了相同 name 值的元素。我们经常会在处理表单中的单选框时用到它，因为为了让浏览器知道哪些单选框属于同一组互斥性选项，我们会将同一组单选框赋予相同的 name 值。
- **getElementsByTagName()方法**：该方法的作用是返回一个类数组对象，其中包含了当前页面中所有使用了相同标签的元素。例如，上面某些类数组功能的属性可以使用该方法来实现：

```
console.log(document.forms == document.getElementsByTagName('form'));
console.log(document.images == document.getElementsByTagName('img'));
```

- **getElementsByClassName()方法**：该方法的作用是返回一个类数组对象，其中包含了当前页面中设置了相同 class 属性的元素。众所周知，在 HTML 文档中，元素的 class 属性主要是提供给 CSS 设计样式的，而有时候样式的设置需要 JavaScript 脚本的配合。例如，如果我们想为之前那个 HTML 文档中所有设置了 box 样式的元素注册一个鼠标单击事件，就可以在其外链的 03-test.js 文件中这样写：

```
const aClassNodes = document.getElementsByClassName('box');
for(const tmpNode of aClassNodes) {
  tmpNode.onClick = function() {
    tmpNode.className = 'newStyle';
  }
}
```

读者在这里暂时不必深究事件的概念，下一章将具体介绍这部分的内容。

- **write()方法**：该方法的作用是将其接收到的字符串类型的实参原样输出到 document 对象所代表的 HTML 文档中。
- **writeln()方法**：该方法的作用与 write()方法基本相同，唯一的区别是该方法会在输出实参字符串的同时加上一个换行符。例如，我们可以在之前使用的 HTML 文档中 id 值为 box_2 的<div>元素后面再添加一个<script>标签，具体代码如下：

```
<!DOCTYPE html>
<html lang="zh-cn">
<head>
  <meta charset="UTF-8">
  <title>浏览器端 JS 代码测试</title>
  <link rel="stylesheet" type="text/css" href="style.css" />
  <script type="module" src="03-test.js"></script>
</head>
<body>
```

```
    <noscript>
      <p>本页面需要浏览器支持或启用 JavaScript。</p>
    </noscript>
    <h1>浏览器端的 JavaScript</h1>
    <div class="box" id="box_1">
      <p>这是一个 div 区域。</p>
    </div>
    <div class="box" id="box_2">
      <p>这是另一个 div 区域。</p>
    </div>
    <script>
      document.write('当前时间是：');
      const now = new Date();
      document.writeln(now.toLocaleDateString());
    </script>
  </body>
</html>
```

- **createElement()方法**：该方法的作用是创建一个新的元素节点。例如，对于上一小节中没有详细说明来历的代表新节点的 newNode 对象，我们可以这样创建：

  ```
  const newNode = document.createElement('div');
  document.body.appendChild(newNode);
  ```

  createElement()方法只接收一个代表新建元素标签名的字符串为实参，并且对于 HTML 标签来说，该实参值是不区分大小写的。关于元素节点本身的具体操作，我们稍后会详细介绍。

- **createAttribute()方法**：该方法的作用是创建一个新的属性节点。例如，我们可以这样为上面的 newNode 节点添加一个属性节点：

  ```
  const attrNode = document.createAttribute('class');
  attrNode.value = 'box';
  newNode.setAttributeNode(attrNode);
  ```

  createAttribute()方法只接收一个字符串类型的实参，用来指明新建属性节点的名称。关于属性节点本身的操作，我们稍后会做详细介绍。

- **createTextNode()方法**：该方法的作用是创建一个新的文本节点。它只接收一个字符串类型的实参，用来指定其创建节点所要容纳的文本。例如，我们可以这样为上面的 newNode 节点所代表的<div>标签中添加一段文本：

  ```
  const textNode = document.createTextNode('这是 box_4 中的文本。');
  newNode.appendChild(textNode);
  ```

关于文本节点本身的操作，我们稍后会做详细介绍。

- **createComment()方法**：该方法的作用是创建一个新的注释节点。它只接收一个字符串类型的实参，用来指定注释的内容。例如，如果我们想在上述newNode节点所代表的<div>标签中添加一段注释，可以这样写：

```
const myComment = document.createComment('这是一个用脚本添加的<div>元素。');
newNode.appendChild(myComment);
console.log(newNode.lastChild.data);// 输出：这是一个用脚本添加的<div>元素。
```

我们稍后也会具体介绍注释节点本身的属性和方法。在这里需要注意的是，document对象虽然可以往HTML文档中写入字符串，以及对文档中的特定元素执行各种增、删、改、查操作，但作为文档节点本身，它是只读的。换句话说，我们直接在document对象上调用appendChild()、removeChild()这一类增删直系子节点的方法是无效的。

7.2.2.2 元素节点

在DOM的定义中，元素节点代表的是XML或HTML文档中的各种页面元素，其nodeType的值为1、nodeName的值为它们各自对应的页面标签、nodeValue的值为null。在Web前端开发的语境下，元素节点通常对应着一个具体的HTML标签。例如，之前调用的document.body属性返回的就是一个HTML标签为<body>的元素节点。严格来说，HTML的每一种标签都对应着一种类型的元素节点。但在通常情况下，我们在处理元素节点时不需要进行如此细致的分类，熟练掌握一部分通用的属性和方法就足以解决绝大部分问题了。下面就来介绍一下这些属性和方法，首先是任意一种元素节点都有的通用属性。

- **tagName属性**：该属性的作用是返回当前元素节点所对应的HTML标签，事实上可以认为这是nodeName属性的一个别名。该属性专属于元素节点，无论是在接口语义上，还是在名称上都显得要更直观一些。例如对于之前所用的HTML文档中的第一个<div>元素，我们可以这样查看它的标签名：

```
const aNode = document.getElementById('box_1');
console.log(aNode.tagName);    // 输出：DIV
```

需要注意的是，tagName属性返回的HTML标签名都是用大写字母来表示的；而对于XML标签，它返回的则是文档中实际使用的标签字符。所以，如果我们不清楚自己编写的脚本是用于处理HTML标签还是XML标签，就必须要对tagName属性返回的字符串进行统一的大小写转换。

- **id属性**：该属性的作用是返回当前元素节点所对应HTML标签的id属性。例如对于上面的aNode节点，我们可以这样查看它的id属性：

```
console.log(aNode.id); // 输出：box_1
```

- **className 属性**：该属性的作用是返回当前元素节点所对应 HTML 标签的 class 属性，但由于 class 在 JavaScript 中属于语言本身的关键字，所以只能将其对应属性命名为 className。例如我们可以这样查看 aNode 节点的 className 属性：

  ```
  console.log(aNode.className); //输出：box
  ```

- **title 属性**：该属性的作用是返回当前元素节点所对应 HTML 标签的 title 属性。该属性主要用于对相关的页面元素进行说明，当鼠标指针悬停在该元素上时就会显示 title 属性。例如我们可以这样查看 aNode 节点的 title 属性：

  ```
  console.log(aNode.title);
  ```

- **lang 属性**：该属性的作用是返回当前元素节点所对应 HTML 标签的 lang 属性。该属性主要用于声明相关页面元素及其子元素所采用语言的编码。例如在编写中文网页时，我们通常会这样编写<html>标签：<htmllang="zh-cn">。当然，在一般元素节点中很少需要设置该属性。到了 JavaScript 中，我们可以这样查看 aNode 节点的 lang 属性：

  ```
  console.log(aNode.lang);
  ```

- **dir 属性**：该属性的作用是返回当前元素节点所对应 HTML 标签的 dir 属性。该属性主要用于说明当前页面中文字的走向。它只有两个值，分别是代表从左向右的 ltr 和代表从右向左的 rtl。这一属性在实际开发中也很少被用到，相关的工作一般会交由 CSS 来完成。例如我们可以这样查看 aNode 节点的 dir 属性：

  ```
  console.log(aNode.dir);
  ```

到目前为止，我们所介绍的这些属性反映的都是一个元素节点的基本信息。我们不仅可以读取这些信息，还可以在 JavaScript 中修改它们。例如，我们可以这样修改 aNode 节点的基本信息：

```
aNode.id = 'box_3';
aNode.className = 'newBox';
aNode.title = '第三段测试文本';
aNode.lang = 'en';
aNode.dir = 'rtl';
```

上面这些属性对应的都是每个 HTML 标签都有的通用属性，它们自然可以通过 DOM 节点对象的属性方式来操作。除此之外，还会有一些特定标签的专用属性，例如<a>标签的 href 属性、<img>标签的 src 属性等。基本上，对于 HTML 规范所定义的标签属性，DOM 中与之对应的元素节点对象都是有相应的属性的。例如，对于下面这个设置了 onclick 事件的<a>元素：

```
<a id="sayhello" href="#" onclick="alert('hello')">打个招呼</a>
```

我们仍然可以通过 DOM 对象属性的方式来对其进行操作，例如：

```
const sayhello = document.getElementById('sayhello');
console.log(typeof sayhello.onclick);                    // 输出：function
sayhello = function() {};
```

除此之外，我们还可以选择调用 DOM 提供的 3 个属性方法。

- **getAttribute()方法**：该方法的作用是读取当前元素的指定属性。它会接收一个字符串类型的实参，用于指定要读取的属性名。需要注意的是，这里的属性名要与当前元素对应的 HTML 标签的属性名相同。例如对于<div>标签的 class 属性，我们传递给该方法的实参值就应该是 class，而不是 className。下面，我们来具体演示一下该方法的使用：

```
// 获取当前页面中所有<img>标签的 src 属性
for(const image of document.images) {
  console.log(image.getAttribute('src'));
}

// 获取当前页面中所有<a>标签的 href 属性
for(const link of document.links) {
  console.log(link.getAttribute('href'));
}
```

  另外，需要注意的是，getAttribute()方法的实参值并不区分大小写。换句话说，SRC 和 src 指定的是相同的属性名，如果该方法没有找到指定的属性名，就会返回 null。

- **setAttribute()方法**：该方法的作用是设置当前元素节点所对应 HTML 标签中指定属性的值。如果指定的属性不存在，那就创建该属性。它接收两个实参，第一个实参是一个用于指定目标属性名的字符串，该实参的用法规则与 getAttribute()方法的实参完全相同；第二个实参则是目标属性的值。下面，我们来具体演示一下该方法的使用：

```
// 为当前页面中所有<img>标签设置 src 属性
for(let i = 0; i < document.images.length; ++i) {
  document.images[i].setAttribute('src', i+'.png');
}
```

- **removeAttribute()方法**：该方法的作用是删除当前元素节点对应 HTML 标签中的指定属性。这一方法在实际开发中并不常用。

这 3 个方法存在着一个明显的问题，即它们都是以字符串的形式来增、删、改、查相应 HTML 标签中的属性的。换句话说，它们读取到的 onclick 属性是一段内容是 JavaScript 代码的字符串，而不是一个 function 类型的对象。

我们可以用 typeof 操作符来验证一下使用 DOM 元素对象的属性与调用 getAttribute()方法的区别：

```
console.log(typeof sayhello.onclick);                    // 输出：function
console.log(typeof sayhello.getAttribute('onclick'));  // 输出：string
```

正是出于这样的原因，在实际开发中，对于 HTML 规范定义的标签属性，我们基本都会采用 DOM 对象属性的方式来操作。但我们有时候也会为某些标签添加一些自定义属性。例如在 HTML5 规范中，我们通常会定义一些名称以 data-开头的、可被验证的自定义属性，用来传递某些特定的数据，这些属性在对应的 DOM 对象中是没有相应属性的。通常只有对于这样的自定义属性，我们才会使用 getAttribute()方法。例如，对于下面这个带有自定义属性的<div>标签：

```
<div id="box_4" data-sayhello="hello"></div>
```

我们可以分别通过用对象属性和调用 getAttribute()方法这两种方式分别来访问一下上述<div>标签中的自定义属性 data-sayhello 的值，看看各自是什么结果：

```
const otherNode = document.getElementById('box_4');
console.log(otherNode.data-sayhello);                     // 输出：NaN 或 undefined
console.log(otherNode.getAttribute('data-sayhello'));   // 输出：hello
```

通过用对象属性方式访问标签自定义属性的结果是因浏览器而异的，有些浏览器会返回 NaN，有些浏览器则会返回 undefined。所以在实际开发中，我们通常会用 getAttribute()方法来访问 HTML 标签的自定义属性。

最后，如果我们在某些情况下需要以 DOM 节点对象的形式操作相关元素的属性，也可以选择调用以下 3 个方法。

- **getAttributeNode()方法**：该方法的作用是以 DOM 节点对象的形式读取当前元素中的指定属性。它接收一个字符串类型的实参，用于指定要读取的属性，并以节点对象的形式将其返回。
- **setAttributeNode()方法**：该方法的作用是以 DOM 对象节点的形式设置当前元素中的指定属性。它接收一个属性节点类型的实参，用于指定要设置的属性。如果指定属性不存在，就将该属性节点添加为当前元素的新属性。
- **removeAttributeNode()方法**：该方法的作用是以 DOM 对象节点的形式删除当前元素中的指定属性。它接收一个属性节点类型的实参，用于指定要删除的属性。

关于以上 3 个方法的具体使用，我们将会在详细介绍属性节点的时候加以演示。

7.2.2.3 属性节点

在 DOM 的定义中，属性节点代表的是 XML 或 HTML 文档中各种页面元素的属性，其 nodeType 的值为 2、nodeName 的值为节点所代表的标签属性的名称、nodeValue 的值为节点所代表的标签属性中存取的数据。在 Web 前端开发的语境中，属性节点通常对应着一个 HTML 标签的属性。例如，之前调用的 sayhello.onclick 属性返回的就是代表<a>标签元素的 onclick 属性的节点。属性节点对象主要提供了以下 3 个接口。

- **name 属性**：nodeName 属性的别名，用于存取节点所代表的标签属性的名称。
- **value 属性**：nodeValue 属性的别名，用于存取节点所代表的标签属性中的数据。
- **specified 属性**：该属性值是一个布尔类型的值，用来表示该属性是用脚本代码设置的（值为 true），还是原本就设置在 HTML 文档中（值为 false）。

下面，我们用脚本创建一个 HTML 标签为<div>的元素节点，并在其中演示一下属性节点的使用：

```
// 用脚本创建新节点
const newNode = document.createElement('div');
document.body.appendChild(newNode);
// 新建属性节点
let attrNode = document.createAttribute('class');
attrNode.value = 'box';
// 为当前元素添加属性
newNode.setAttributeNode(attrNode);
// 重新获取属性节点
attrNode = newNode.getAttributeNode(attrNode.name);
// 以节点对象的形式修改当前元素的属性
attrNode.value = 'newbox';
newNode.setAttributeNode(attrNode);
// 以节点对象的形式删除当前元素的属性
newNode.removeAttributeNode(attrNode);
console.log(attrNode.specified);  // 输出：true
```

严格来说，属性节点通常并不被视为 HTML 文档所对应 DOM 的一部分，它很少被当作独立的节点来使用。

7.2.2.4 文本节点

在 DOM 的定义中，文本节点代表的是 XML 或 HTML 文档中各种页面元素中显示的文本，其 nodeType 的值为 3、nodeName 的值为#text、nodeValue 的值为节点所代表的那段文本。通常情况下，文本节点位于 DOM 树结构的末端，被认为是叶子节点，没有子节点。因此文本节点上的操作基本是一些字符串处理。DOM 为文本节点定义了以下接口。

- **data 属性**：nodeValue 属性的别名，用于存取注释节点中的文本。
- **appendData()方法**：该方法的作用是将指定的文本加入当前节点的现有文本的后面。它接收一个字符串类型的实参，用于指定要插入的文本。

- **deleteData()方法**：该方法的作用是将指定的文本从当前节点的现有文本中删除。它接收两个实参，第一个实参用于指定要删除文本的起始位置，第二个实参用于指定要删除文本的字符数。
- **insertData()方法**：该方法的作用是将指定的文本插入当前节点的现有文本中。它接收两个实参，第一个实参用于指定要插入文本在现有文本中的起始位置，第二个实参用于指定要插入的文本。
- **replaceData()方法**：该方法的作用是用指定文本替换掉当前节点的现有文本中的某段文本。它接收 3 个实参，第一个实参用于要替换文本在现有文本中的起始位置，第二个实参用于指定现有文本中要被替换文本的字符数，第三个实参用于指定要替换的文本。
- **splitText()方法**：该方法的作用是在指定位置分割当前节点中的现有文本。它接收一个用于指定分割位置的实参。
- **subSrtingData()方法**：该方法的作用是从当前节点的现有文本中读取某一段指定的文本。它接收两个实参，第一个实参用于指定要读取文本在现有文本中的起始位置，第二个实参用于指定要读取文本的字符数。

下面，我们用脚本创建一个 HTML 标签为<div>的元素节点，并在其中演示一下上述接口的使用：

```
// 用脚本创建新节点
const newNode = document.createElement('div');
newNode.id = 'box_4';
document.body.appendChild(newNode);
// 创建文本节点
const textNode = document.createTextNode('这是 box_4 中的文本。');
newNode.appendChild(textNode);
console.log(newNode.lastChild.data);  // 输出：这是 box_4 中的文本。
// 在现有文本后面添加文本
textNode.appendData('你好！');
console.log(newNode.lastChild.data);  // 输出：这是 box_4 中的文本。你好！
// 在指定位置添加文本
textNode.insertData(0,'test: ');
console.log(newNode.lastChild.data);  // 输出：test: 这是 box_4 中的文本。你好！
// 读取指定文本
console.log(textNode.substringData(0,'test: '.length));// 输出：test:
// 替换指定文本
textNode.replaceData(0,'test: '.length,'测试：');
console.log(newNode.lastChild.data);  // 输出：测试：这是 box_4 中的文本。你好！
// 删除指定文本
textNode.deleteData(0,'测试：'.length);
console.log(newNode.lastChild.data);  // 输出：这是 box_4 中的文本。你好！
```

7.2.2.5 注释节点

在 DOM 的定义中，注释节点代表的是 XML 或 HTML 文档中的注释标签，其 nodeType 的值为 8、nodeName 的值为#comment、nodeValue 的值为节点所代表注释标签中的文本。注释节点对象的接口与文本节点对象基本相同，它可以执行文本节点除 splitText()方法之外的所有操作。例如对于下面这个带有注释标签的<div>标签：

```
<div id="box_5"><!--这是一个注释。--></div>
```

注释标签应该是该<div>标签的第一个子节点，我们可以通过该子节点的 data 属性来读取其中的注释文本，并用 appendData()方法添加内容，例如：

```
const box_5 = document.getElementById('box_5');
console.log(box_5.firstChild.data);       // 输出：这是一个注释。
box_5.firstChild.appendData('测试。');
console.log(box_5.firstChild.data);       // 输出：这是一个注释。测试。
```

7.3 综合练习

正如之前所说，DOM 的核心作用之一就是我们可以用 JavaScript 脚本增、删、改、查其树结构上节点的方式来操作 HTML 文档中的各种页面元素，从而实现 Web 应用程序界面的动态生成。例如，对于之前实现的"电话交换机测试"程序，我们可以为它设计一个仪表盘式的用户界面，仪表盘上排列着一个个信号灯，每个信号灯代表一条电话线路，然后这些信号灯会用不同颜色的灯光来表示其对应线路是处于待机、占线还是故障状态。在这种情况下，由于仪表盘上的信号灯数量取决于电话簿上的人数，所以必须要由 JavaScript 脚本在运行时动态生成。下面，让我们来实现这一部分的界面设计需求，其具体步骤如下。

- **创建项目目录**。既然已经进入设计用户界面的阶段了，也是时候为我们的"电话交换机测试"程序单独创建一个项目目录了。所以，我们在 code/03_web/目录下创建一个名为 testTelephoneExchange 的新目录，并将之前实现的 testTelephoneExchange.htm 和 TelephoneExchange.js 这两个文件移动到该目录中。
- **编写 HTML 文档及其 CSS 样式**。我们将仪表盘中的信号灯都放在一个用于显示无序列表的<ul>元素中，然后用 CSS 样式使其横向排列，即将 testTelephoneExchange.htm 文件修改为如下：

```
<!DOCTYPE html>
<html lang="zh-cn">
  <head>
    <meta charset="utf-8" />
```

```
    <link rel="stylesheet" type="text/css" href="css/style.css" />
    <link rel="icon" type="image/x-icon" href="img/owl.png" />
    <script type="module" src="testTelephoneExchange.js"></script>
    <title>电话交换机测试页面</title>
  </head>
  <body>
    <header>
      <h1>电话交换机测试页面</h1>
    </header>
    <!-- 主页内容开始 -->
    <div class="main">
      <form>
        <ul id="callList"></ul>
        <table><tr>
          <td><input id="addUser" type="button" class="controlBtn" value="
          添加新用户"></td>
          <td><input id="callAll" type="button" class="controlBtn" value="
          测试全部线路"></td>
        </tr></table>
      </form>
    </div>
    <!-- 主页内容结束 -->
    <div class="clear"></div>
    <footer>
      <div class="copyright">
        <p> &copy; 2019 owlman.org; </p>
      </div>
    </footer>
  </body>
</html>
```

在code/03_web/testTelephoneExchange/目录下创建一个名为css的目录，并在其中创建一个名为style.css的文件，其内容如下：

```
@charset"utf-8";

body {
  margin: 0;
  font-family: "Arial", "Microsoft YaHei", "黑体", "宋体", sans-serif;
  background-image: url("../img/bg.jpg");
  font-size: 16px;
}

a {
  text-decoration: none;
```

```
  color: gray;
}

.clear {
  clear: both;
}

header {
  margin: auto;
  width: 95%;
  color: white;
  border-bottom: dashed 1px;
  margin-bottom: 0.5rem;
}

header h1 {
  margin: 1rem 0;
  font-size: 2.5rem;
  vertical-align: middle;
  text-shadow: 0 2px 0 gray;
}

.main {
  margin: auto;
  padding: 1.5%;
  width: 92%;
  background-color: white;
  border-radius: 8px;
}

.main ul {
  margin: 1rem  0.5rem;
  padding: 0;
}

.main ul li {
  margin-right: 1rem;
  display: inline-block;
}

.main table {
  width: 50%;
  margin: 1rem 1rem;
}
```

```
.controlBtn {
  background-color: #e7e7e7;
  color: black;
  border: none;
  padding: 15px 32px;
  text-align: center;
  text-decoration: none;
  display: inline-block;
  font-size: 18px;
  border-radius: 12px;
}

.callme {
  background-color: #555555;
  color: white;
  border: none;
  padding: 15px 32px;
  text-align: center;
  text-decoration: none;
  display: inline-block;
  font-size: 18px;
  border-radius: 50%;
}

footer {
  margin: auto;
  width: 95%;
  border-top: dashed 1px;
  margin-top: 0.5rem;
  color: white;
}

footer .copyright {
  font-size: 0.8rem;
  margin: 0;
  padding: 0;
}
```

我们还需要在 code/03_web/testTelephoneExchange/目录下创建一个名为 img 的目录，并将上述文件用到的背景图加进去。由于这部分不是本书讨论的范围，因此读者可自行决定采用怎样的背景图，只要不影响页面元素的正常显示即可。

- **编写 JavaScript 脚本**。在 code/03_web/testTelephoneExchange/目录下创建一个名为 testTelephoneExchange.js 的脚本文件，其内容如下：

```
import{ TelephoneExchange } from './TelephoneExchange.js';

const phoneExch = new TelephoneExchange(['张三', '李四', '王五', '赵六']);
const callList = document.getElementById('callList');

for(const [key, name] of phoneExch.map.entries()) {
  const item = document.createElement('li');
  const btn = document.createElement('input');
  btn.type = 'button';
  btn.className = 'callme';
  btn.id = key;
  btn.value = name;
  item.appendChild(btn);
  callList.appendChild(item);
}
```

我们先通过调用 document.getElementById('callList')获取到了之前预留的无序列表元素所对应的 DOM 节点对象。然后通过创建 button 类型的<input>元素的方式，根据电话簿中的人数创建出了程序所需要的全部信号灯，并以节点的形式将它们都添加到了代表无序列表的节点下面，成为后者的子节点。

- **验证实现结果**。将 code/03_web/testTelephoneExchange/目录发布到 Web 服务器上，并用 Web 浏览器访问服务器上的 testTelephoneExchange.htm 文件，效果如图 7-2 所示。

图 7-2 “电话交换机测试”程序的用户界面

请注意，我们在这里只是用 JavaScript 脚本初步生成了一个用于“电话交换机测试”程序的仪表盘界面。如果要进一步完善这个界面，启动真正的测试，以及用不同颜色的灯光表示电话线路的状态，我们还必须为该界面赋予不同的显示环境设置，并注册各种不同的响应事件，对面向命令行终端设计的“电话交换机测试”程序做一定的修改。这些都将是我们在后续章节中要完成的任务。

本章小结

本章对用于在 Web 开发的前端处理 XML 与 HTML 文档的 DOM 接口进行了一次基础性的介绍。首先介绍了 DOM 出现的历史背景。它最早来自微软公司和网景公司这两大浏览器厂商各自定义的 DHTML，W3C 组织为了制止他们之间的恶性竞争而开启了 DOM 标准化的进程。然后简略地介绍了 DOM 标准 3 个实现级别以及它们各自要实现的具体内容。

接下来，本章详细介绍了 DOM 的使用方式及其背后的编程思维。简而言之，DOM 的本质是将浏览器所读取到的 XML 或 HTML 文档映射到内存中的一个树形数据结构中，这样程序员们就可以通过对该树结构的节点进行增、删、改、查等操作来实现 Web 应用程序界面的动态化。除此之外，DOM 树结构上一共可以有 12 种节点类型，每一种节点类型都对应着一种 XML 或 HTML 文档中的页面元素，并提供了相应的操作接口。本章详细介绍了 Web 开发中 5 种常用的节点类型及其接口的使用方式，并做了相应的演示。

第 8 章　DOM 扩展与 BOM

上一章介绍了 DOM 中一些常用的接口，这一部分内容在 W3C 定义的标准规范中基本上都属于 DOM1 定义的接口。这些接口主要用于初步构建 Web 应用程序的用户界面，并赋予其一些基本的动态化能力。但如果我们想进一步赋予该用户界面更多的能力，例如动态变换界面的样式、弹出对话框、对脚本所在的浏览器进行检测等，就需要用到更多具有针对性的应用程序接口。这其中既有从 DOM1 扩展而来的各种专用接口，也有面向 Web 浏览器本身定义的 BOM 接口。本章将围绕 Web 前端开发中的常见任务进一步介绍这些 DOM 扩展接口以及 BOM 接口的使用。在阅读完本章内容之后，希望读者能：

- 了解一些常用的 DOM 扩展接口；
- 使用 DOM 扩展接口完成一些针对性任务；
- 了解 BOM 及其基本使用方法；
- 了解如何在运行时检测脚本所在的浏览器。

8.1　常用的 DOM 接口

就一般性的 Web 前端开发任务而言，DOM1 中定义的接口基本上可以满足大部分需要。但程序开发的工作从来就不只是让代码按照我们的设计意图运行起来这么简单，它同时必须兼顾程序的运行效率、程序员编程的效率以及程序后期的维护效率等一系列会影响程序开发、部署与使用成本的问题。这就要求我们在程序开发过程中，对一些具有重大影响的核心任务采用一些经过针对性优化的、调用起来更方便的、让代码可读性更强且更易于维护的接口。有意思的是，这些扩展接口最初基本来自开发者社区，并且在社区中获得广泛认可之后，用市场需求倒逼浏览器厂商对其提供支持，从而成了事实上的标准。然后再经过一段时间，才会最终被 W3C 这样的组织纳入正式的标准规范。所以，接下来要介绍的这些 DOM 接口虽然未必都已经被纳入正式标准，但基本已得到了主流 Web 浏览器的支持，读者大可放心使用。下面，让我们按照不同的任务来介绍一下这些 DOM 接口。

8.1.1 文本处理

正如上一章所说，在 DOM 标准定义中，HTML 文档中所有元素中的文本都是一个独立的 DOM 节点对象，并且通常以最终子节点的形式存在于 DOM 树结构中。这意味着，每当我们要添加、删除或修改某个指定元素中的文本时，就必须按照创建节点或获取节点的步骤走一遍。例如我们要这样为指定元素添加仅有几个字的文本：

```
const otherNode = document.getElementById('box_4');
const textNode = document.createTextNode('这是 box_4 中的文本。');
textNode.insertData(0,'test: ');
textNode.replaceData(0,'test: '.length, '测试：');
otherNode.appendChild(textNode);
```

先不论调用这么多方法给程序运行效率带来的影响，就说为了添加这样区区几个字的文本，要程序员编写那么一大段代码，程序的开发效率也令人担忧。况且这样的代码显然不够简洁直观，代码写得不仔细就极容易遗漏某个细节，阅读代码不仔细就很难在成百上千行代码中分辨出这段代码的作用什么，并且很难在维护时准确定位它们，所以这段代码的可维护性同样也不高。

更糟糕的是，一些浏览器会将 HTML 标签中所有的换行符视为一个独立的文本节点。也就是说，对于下面两个拥有相同文本的`<div>`元素：

```
<div id="box_6">一段文本</div>
<div id="box_7">
  一段文本
</div>
```

在某些浏览器中，它们子节点的数量是不一样的，我们可以来验证一下：

```
const box_6 = document.getElementById('box_6');
console.log(box_6.childNodes.length);   // 在所有浏览器中输出 1
const box_7 = document.getElementById('box_7');
console.log(box_7.childNodes.length);   // 由于标签中存在换行符，因此某些浏览器会输出 3
```

这意味着我们在一些浏览器中无法用`box_7`节点的`firstChild`属性访问到其下面的文本。当然，我们也可以先调用`normalize()`方法再使用该属性读取文本，像这样：

```
const box_7 = document.getElementById('box_7');
```

```
box_7.normalize();
console.log(box_7.firstChild);
```

这样做依然不够直观。事实上，程序员们更多时候会选择用 innerText 和 outerText 这两个属性来读写节点中的文本信息。这两个属性最初是 IE 浏览器特有的接口，后来得到了程序员们的广泛使用，虽然至今都未被纳入正式标准，但它们在大多数浏览器中都得到了支持。下面具体介绍一下这两个属性的用法：

- **innerText 属性**：在使用该属性读取节点中的文本时，它会将该节点下所有的文本拼接成一整个字符串并返回。例如对于下面这个<div>元素：

```
<div id="box_8">
  <p>这是一段文本。</p>
  <p>这是另外一段文本。</p>
</div>
```

  我们可以用如下代码来看看其 innerText 属性返回的内容：

```
const box_8 = document.getElementById('box_8');
console.log(box_8.innerText);
// 以上脚本输出
//     这是一段文本。
//     这是另外一段文本。
```

  当我们使用该属性为指定节点设置文本时，必须要记住它会用单一的文本节点覆盖掉该节点下的所有子节点。例如，如果我们对上面的 box_8 对象执行下面的代码：

```
const box_8 = document.getElementById('box_8');
box_8.innerText = '这是一段测试文本';
```

  之前那个 id 值等于 box_8 的<div>元素实际上就变成了下面这样：

```
<div id="box_8">这是一段测试文本</div>
```

- **outerText 属性**：该属性在执行读取操作时的行为与 innerText 属性完全一致，但在执行写入操作时，它覆盖掉的就不只是指定节点下面的子节点了，它会连同被指定的节点本身一起覆盖掉。例如，对于下面这个<div>元素：

```
<div id="box_8">
  <div id="box_9">这是一段文本</div>
</div>
```

  如果我们对上面的 box_9 对象执行下面的代码：

```
const box_9 = document.getElementById('box_9');
box_9.outerText = '这是一段测试文本';
```

之前那个 id 值等于 box_8 的<div>元素实际上就变成了下面这样：

```
<div id="box_8">这是一段测试文本</div>
```

需要注意的是，innerText 和 outerText 这两个属性会对接收到的 HTML 代码中的特殊字符进行转义。换言之，它们会将 HTML 代码原样呈现，而不会交由浏览器来解析。如果我们想设置浏览器可解析的 HTML 代码，应该改用 innerHTML 和 outerHTML 这两个属性，它们在使用方式上与 innerText 和 outerText 属性是相同的，只不过作用从设置文本变成了设置 DOM 子树结构。

8.1.2 元素遍历

部分浏览器会因换行符而生成文本节点的问题给我们的元素遍历操作带来麻烦。为了避免在遍历 DOM 树结构上的元素节点时读取到没有意义的文本节点，我们通常需要在遍历循环中加上节点类型的判断。例如：

```
// 老方法
function forEachElement(element) {
  let nodePtr = element.firstChild;
  while(nodePtr !== element.lastChild) {
    if(nodePtr.nodeType === 1) { // 检查是否为元素节点
      console.log(nodePtr.tagName);
      forEachElement(nodePtr);    // 递归调用
    }
    nodePtr = nodePtr.nextSibling;
  }
}
forEachElement(document.body);
```

但这样做显然不够简洁明了，尤其在只能用数字来表示节点类型的情况下，采用这种方法是不利于代码的可读性和程序员的编程效率的。为了解决这个问题，DOM 提供了以下专用于遍历元素节点的接口。

- **childElementCount 属性**：该属性用于返回当前节点的子节点中元素节点的个数，即不包含文本节点和注释节点。
- **firstElementChild 属性**：该属性用于返回当前节点的子节点中的第一个元素节点。
- **lastElementChild 属性**：该属性用于返回当前节点的子节点中的最后一个元素节点。
- **previousElementSibling 属性**：该属性用于返回当前节点的前一个兄弟元素节点。
- **nextElementSibling 属性**：该属性用于返回当前节点的后一个兄弟元素

节点。

有了这些接口，我们就可以像下面这样遍历 DOM 树结构中的元素了：

```
// 新方法
function forEachElement_new(element){
  let elemPtr = element.firstElementChild;
  while(elemPtr != element.lastElementChild) {
    console.log(elemPtr.tagName);
    forEachElement_new(elemPtr);
    elemPtr = elemPtr.nextElementSibling;
  }
}
forEachElement_new(document.body);
```

8.1.3 元素选择

在实际开发过程中，比起元素节点的遍历，我们更需要执行的操作是从一堆层层嵌套的 DOM 元素中快速获取到要操作的元素对象。而在相当长的一段时间里，我们只能通过以下 4 个接口来执行这类操作。

- `getElementById()`方法。
- `getElementsByName()`方法。
- `getElementsByTagName()`方法。
- `getElementsByClassName()`方法。

这些接口有两个明显的问题。首先，它们的名称各不相同而且都相当长，在没有自动补齐的编程环境中是极易出错的。尤其是除了第一个接口，其他 3 个接口的 `Element` 单词后面都有一个 `s`。其次，它们的行为也并不一致，第一个接口返回的是单一元素，即使目标 HTML 文档中有多个匹配元素，它也只返回第一个匹配的元素；而其他 3 个接口返回的都是一个元素数组[1]，即使目标 HTML 文档中只有一个匹配元素，它们返回的也是一个包含该元素的数组，这意味着我们还是要用读取数据的方式来获取元素对象。在过去，为了避免上述问题，程序员们只能选择使用 JQuery 这样的第三方库提供的接口。而如今为了响应市场需求，W3C 组织也参考了 CSS 选择器的用法，重新提供了以下两个选取页面元素的接口。

- **`querySelector()`方法**：该方法的作用是返回目标对象中第一个符合条件的元素对象。它接收一个字符串类型的实参，该实参是一个 CSS 选择器，即我们用`#id`、`.className`、`tagName` 等 CSS 选择器模式来指定要匹配的元素。例如，下面这个调用与 `document.getElementById('box_1')`是等价的：

1 严格来说，`getElementsXXX()`系列方法返回的是 `HTMLCollection` 类型的类数组对象。但在初步理解时，建议读者将其当作数组来使用就行了。

```
const box_1 = document.querySelector('#box_1');
```

除此之外，我们还可以这样使用该接口：

```
// 返回 document 对象中第一个 class 值等于 box 的元素
const boxObj_1 = document.querySelector('.box');
// 返回 document 对象中第一个标签为<div>的元素
const div_1 = document.querySelector('div');
// 返回 document 对象中第一个 class 值等于 box 的<div>元素
const divBox_1 = document.querySelector('div.box');
```

- **querySelectorAll()方法**：该方法的作用是返回目标对象中所有符合条件的元素对象[1]。它接收一个字符串类型的实参，该实参的用法与 querySelector()方法相同。也就是说，我们可以这样使用该接口：

```
// 返回 document 对象中所有 id 值等于 box_1 的元素
const boxes = document.querySelectorAll('#box_1');
// 返回 document 对象中所有 class 值等于 box 的元素
// 等价于调用 document.getElementsByClassName('box')
const boxObjs = document.querySelectorAll('.box');
// 返回 document 对象中所有标签为<div>的元素
// 等价于调用 document.getElementsByTagName('div')
const divAll = document.querySelectorAll('div');
```

需要注意的是，这两个元素选择器接口不仅可以用 document 来调用，我们也可以在具体的 DOM 元素节点上调用它们，在这种情况下元素选择器将在调用它的节点对象的子节点中选取匹配元素。所以，这两个新的元素选择器接口不仅可以实现之前 4 个老选择器接口的全部功能，还能指定更复杂的匹配条件。例如，如果我们想获取某个指定 class 值的<div>元素，就可以这样写：

```
// 返回 document 对象中所有 class 值等于 box 的 <div> 元素
const divBoxes = document.querySelectorAll('div.box');
```

此外，新的元素选择器在使用方式上也更为灵活，无论哪一种匹配条件，都可以选择是要获取第一个匹配元素，还是获取所有匹配元素。这显然有助于提高我们的开发效率，并改善代码本身的可读性。在之后的代码示例中，我们也会尽可能地改用这两个元素选择器来执行获取页面元素的任务。

8.1.4 创建表格

在设计 Web 应用程序界面的过程中，表格一直是我们使用得非常频繁的 HTML 页

1 同样地，querySelectorAll()方法返回的是 NodeList 类型的类数组对象，所以事实上该方法的返回值不能与 getElementsXXX()系列方法的返回值使用===操作符进行比较。但在初步理解时，读者可以将其当作数组来使用。

面元素之一。但由于表格元素涉及一系列子元素，因此如果用一般创建元素节点的那些接口来创建表格，将是一个非常烦琐的过程。例如，我们用一般创建元素节点的老方法来创建一个 2×2 的简单表格：

```
// 老方法
const table = document.createElement('table');
// 表体
const tbody = document.createElement('tbody');
// 第一行
const row_1 = document.createElement('tr');
const cell_1 = document.createElement('td');
cell_1.innerText= '张三';
row_1.appendChild(cell_1);
const cell_2 = document.createElement('td');
cell_2.innerText = '1000';
row_1.appendChild(cell_2);
tbody.appendChild(row_1);
// 第二行
const row_2 = document.createElement('tr');
const cell_3 = document.createElement('td');
cell_3.innerText= '李四';
row_2.appendChild(cell_3);
const cell_4 = document.createElement('td');
cell_4.innerText = '1001';
row_2.appendChild(cell_4);
tbody.appendChild(row_2);
table.appendChild(tbody);
document.body.appendChild(table);
```

显然，这种创建表格的方法所需要的代码量绝对不会让人觉得这是在创建一个“简单的”表格，而且我们在实际开发中要创建的表格通常要比这个例子复杂得多，读者可以自行想象届时要付出多大的开发成本。而且在这种情况下，代码的可读性通常较弱，因此维护成本自然也低不了。为了解决这一问题，DOM 提供了一系列专用于处理表格的接口，首先是由`<table>`元素对象调用的属性和方法。

- **`caption` 属性**：该属性对应的是`<table>`元素下面的`<caption>`元素，我们可以通过该属性来设置调用该方法的`<table>`元素对象的标题。
- **`tHead` 属性**：该属性对应的是`<table>`元素下面的`<thead>`元素，我们可以通过该属性来设置调用该方法的`<table>`元素对象的页眉。
- **`tFoot` 属性**：该属性对应的是`<table>`元素下面的`<tfoot>`元素，我们可以通过该属性来设置调用该方法的`<table>`元素对象的页脚。
- **`rows` 属性**：该属性是调用该方法的`<table>`元素对象中用于存储`<tr>`元素的

类数组对象，我们可以通过该属性来管理其中的<tr>元素。

- **createCaption()方法**：该方法用于创建一个<caption>元素，并在返回该元素对象引用的同时，将其加入调用该方法的<table>元素对象中。
- **createTHead()方法**：该方法用于创建一个<thead>元素，并在返回该元素对象引用的同时，将其加入调用该方法的<table>元素对象中。
- **createTFoot()方法**：该方法用于创建一个<tfoot>元素，并在返回该元素对象引用的同时，将其加入调用该方法的<table>元素对象中。
- **deleteCaption()方法**：该方法用于删除调用该方法的<table>元素对象中的<caption>元素。
- **deleteTHead()方法**：该方法用于删除调用该方法的<table>元素对象中的<thead>元素。
- **deleteTFoot()方法**：该方法用于删除调用该方法的<table>元素对象中的<tfoot>元素。
- **deleteRow()方法**：该方法用于删除调用该方法的<table>元素对象中的<tr>元素。它接收一个数字类型的实参，用于指定被删除元素在 rows 属性中的索引值。
- **insertRow()方法**：该方法用于在调用该方法的<table>元素对象中插入一个<tr>元素。它接收一个数字类型的实参，用于指定被插入元素在 rows 属性中的索引值。

下面是由<tbody>元素对象调用的属性和方法。

- **rows 属性**：该属性用于设置调用该方法的<tbody>元素对象中用于存储<tr>元素的类数组对象，我们可以通过该属性来管理其中的<tr>元素。
- **deleteRow()方法**：该方法用于删除调用该方法的<tbody>元素对象中的<tr>元素。它接收一个数字类型的实参，用于指定被删除元素在 rows 属性中的索引值。
- **insertRow()方法**：该方法用于在调用该方法的<tbody>元素对象中插入一个<tr>元素。它接收一个数字类型的实参，用于指定被插入元素在 rows 属性中的索引值。

最后是由<tr>元素对象调用的属性和方法。

- **cells 属性**：该属性用于设置调用该方法的<tr>元素对象中用于存储<td>元素的类数组对象，我们可以通过该属性来管理其中的<td>元素。
- **deleteCell()方法**：该方法用于删除调用该方法的<tr>元素对象中的<td>元素。它接收一个数字类型的实参，用于指定被删除元素在 cells 属性中的索引值。
- **insertCell()方法**：该方法用于在调用该方法的<tr>元素对象中插入一个

<td>元素。它接收一个数字类型的实参，用于指定被插入元素在 cells 属性中的索引值。

下面，我们用这些专用接口来创建一个 2×2 的简单表格，读者可以自行对比一下这个创建表格的新方法与之前老方法的区别：

```
// 新方法
const newTable = document.createElement('table');
// 表体
const newTboby = document.createElement('tbody');
// 第一行
newTboby.insertRow(0);
newTboby.rows[0].insertCell(0);
newTboby.rows[0].cells[0].innerText = '王五';
newTboby.rows[0].insertCell(1);
newTboby.rows[0].cells[1].innerText = '1002';
// 第二行
newTboby.insertRow(1);
newTboby.rows[1].insertCell(0);
newTboby.rows[1].cells[0].innerText = '赵六';
newTboby.rows[1].insertCell(1);
newTboby.rows[1].cells[1].innerText = '1003';
newTable.appendChild(newTboby);
document.body.appendChild(newTable);
```

很显然，现在我们在创建表格的行元素和单元格元素时需要写的代码量相对少了许多，而且代码本身也更简洁明了、简单易懂了。这对降低开发成本和维护成本都有好处。

8.1.5 样式变换

让 Web 页面中的各元素能随程序运行的实际情况来变换外观（例如背景色、字体及其大小等），是其作为应用程序用户界面的基本功能之一。实现这一功能需要我们在 JavaScript 脚本中为 HTML 页面元素赋予 CSS 样式值，而与 CSS 相关的主要是 style 和 class 这两个属性，所以我们在 JavaScript 中执行的样式变换任务将围绕它们来展开。为此，DOM 标准也提供了专用的扩展接口，下面分别介绍一下这些接口。

8.1.5.1 style 属性

在编写 HTML 文档时，我们有时会将一些简单的 CSS 样式直接写在相关元素标签的 style 属性中。例如，如果我们只想为一个<div>元素设置一个背景色，可以这样写：

```
<div id="box_10" style="background-color:red">
  这是一个用于测试样式变换的 div 元素。
</div>
```

这种做法是 CSS 样式设置中优先级最高的方式，因为在 CSS 样式的计算规则中，style 属性是最后被读取的样式。这意味着我们在该属性中设置的样式会覆盖掉用其他方式设置的样式。在通常情况下，我们并不鼓励读者在 HTML 文档中使用相关元素标签的 style 属性来设置 CSS 样式，因为这种方式不仅不利于设置较为复杂的样式，还违反了将呈现样式与文档结构分离，以降低耦合度的设计原则。但如果我们是在 JavaScript 脚本中设置元素的 style 属性，就不存在这样的问题了。为此，DOM2 引入了相应的样式模块，所以对于 HTML 文档中每一个可设置 style 属性的标签，其对应的 DOM 对象中也有一个与之对应的 style 属性。

在 DOM2 的定义中，元素节点对象的 style 属性本身也是一个对象，它也以属性的形式存储了当前元素所有可设置的 CSS 条目。当然了，这些属性在命名上与其实际对应的 CSS 条目存在着些许的不同。例如对于像 font-size、background-color 这种带连接符的 CSS 条目，它在 style 属性对象中就会采用 fontSize、backgroundColor 这样的驼峰命名法。再例如对于 float 这样在 JavaScript 中属于关键字的 CSS 条目名称，在 style 属性对象中就改为 cssFloat 这样的命名。例如，对于上面这个<div>元素，我们可以这样读取并修改它的 style 属性：

```
const box_10 = document.querySelector('#box_10');
console.log(box_10.style.backgroundColor);
box_10.style.backgroundColor = 'blue';
console.log(box_10.style.backgroundColor);
```

当然，我们也可以继续为该<div>元素设置高度、宽度、字体大小等样式，例如：

```
box_10.style.width = '50%';
box_10.style.height = '250px';
box_10.style.fontSize = '18px';
```

除了这些与 CSS 样式条目一一对应的属性，元素节点的 style 属性对象还提供了以下接口。

- **cssText 属性**：该属性的主要作用是以字符串的形式返回当前元素节点的 style 属性。例如，如果想查看我们之前为 id 值为 box_10 的<div>元素设置的所有 CSS 样式，就可以接着上面的代码这样写：

  ```
  console.log(box_10.style.cssText);
  // 输出：background-color: blue; width: 50%; height: 250px; font-size: 18px;
  ```

  该属性也可以用于以字符串的形式一次性地设置多个 CSS 样式，只不过这样设置时需要小心，因为无论我们赋予它什么值，之前在 style 属性中设置的所有样式都会被抹除。下面，我们来验证一下，接着上面的代码这样写：

  ```
  box_10.style.cssText = 'font-size: 20px; background-color: red';
  ```

```
console.log(box_10.style.cssText);
// 输出: font-size: 20px; background-color: red;
```

- **length 属性**：该属性的作用是返回当前元素节点的 style 属性中设置的 CSS 条目数量。例如，我们可以这样查看 box_10 元素的 style 属性中设置了多少 CSS 样式：

```
const box_10 = document.querySelector('#box_10');
console.log(box_10.style.backgroundColor);
box_10.style.backgroundColor = 'blue';
box_10.style.width = '50%';
box_10.style.height = '250px';
box_10.style.fontSize = '14px';
console.log(box_10.style.length);// 输出: 4
```

- **item()方法**：该方法的作用是按指定的索引值返回当前元素节点的 style 属性中 CSS 样式的条目名称。它接收一个数字类型的实参，用于指定相关 CSS 条目的索引值。因此，该方法通常需搭配 length 属性来使用。例如，如果想查看 style 属性中设置了哪些 CSS 条目，我们可以接着上面的代码这样写：

```
for(let i = 0; i < box_10.style.length; ++i) {
  console.log(box_10.style.item(i));
}
```

- **getPropertyValue()方法**：该方法的作用是按照指定的 CSS 条目名称返回在当前元素的 style 属性中设置的样式值。它接收一个字符串类型的实参，用于指定相关的 CSS 条目名称。例如，如果想要完整地遍历当前元素在 style 属性中设置的 CSS 样式，我们可以将上面的循环修改为如下：

```
for(let i = 0; i < box_10.style.length; ++i) {
  const cssItem = box_10.style.item(i);
  const cssValue = box_10.style.getPropertyValue(cssItem);
  console.log((cssItem + ' : ' + cssValue);
}
```

- **setProperty()方法**：该方法的作用是在当前元素的 style 属性中设置或添加指定的 CSS 样式条目。它接收两个字符串类型的实参，第一个实参用于指定要设置的 CSS 条目名称，如果该条目目前不存在于当前元素的 style 属性中，就将它添加进去；第二个实参用于指定要设置的样式值。当然，这个方法并不常用，我们更倾向于用之前属性的方式来设置样式，例如：

```
box_10.style.setProperty('width','50%');
// 等价于: box_10.style.width = '50%';
```

- **removeProperty()方法**：该方法的作用是在当前元素的 style 属性中移除

指定 CSS 条目中的样式值。它接收一个字符串类型的实参，用于指定要移除样式值的 CSS 条目名称。需要注意的是，该方法只能用于移除我们在 style 属性中设置的样式值，用其他方式设置的样式，并由 style 属性继承为默认值的样式是不受影响的。也就是说，这里所谓的“移除”，实际的效果是恢复指定 CSS 条目在 style 属性中的默认值，所以该方法并不常用。

8.1.5.2 classList 属性

在编写 HTML 文档时，对于那些需要多个 CSS 条目联动的更为复杂的样式变换操作，我们通常会选择先在外链的 CSS 文件或者<style>标签中定义相应的 CSS 类，然后通过目标元素的 class 属性来实现。正如上一章所说，HTML 页面元素的 class 属性对应的是 DOM 中元素对象的 className 属性，这意味着我们也可以在 JavaScript 中执行同样的样式变换操作。

但 className 属性在执行样式变换任务时并不是一个太好用的接口。因为在实际的 Web 开发中，针对页面元素的样式变换通常是几个不同的 CSS 类的搭配组合。例如，在某个 Web 页面中，我们通常会先为所有的<div>元素设置一些宽度、高度、边框等基本样式，并将这些样式定义在名为 box 的 CSS 类中；然后分别为显示错误信息的<div>元素定义一个名为 bug 的 CSS 类、为显示提示信息的<div>元素定义一个名为 tip 的 CSS 类，以便它们呈现出不同的字体和背景色。这样一来，当一个<div>元素显示提示信息时，它的 class 属性值应该是 box tip，当它要显示错误信息时，class 值就被修改成 box bug。这显然是一个用空格分隔的 CSS 类名列表，而按照 DOM 标准的定义，元素节点的 className 属性只是一个字符串类型的对象。这意味着，我们只能以用字符串分隔、查找以及替换的方式来实现样式变换任务，例如：

```
const box_11 = document.createElement('div');
box_11.id = 'box_11';
box_11.className = 'box tip';
document.body.appendChild(box_11);
setTimeout(function(){
  let pos = -1;
  const CSSClasses = box_11.className.split(/\s+/);
  for(let i = 0; i < CSSClasses.length; ++i) {
    if(CSSClasses[i] == 'tip') {
      pos = i;
      break;
    }
  }
  CSSClasses[pos] = 'bug';
  box_11.className = CSSClasses.join(' ');
}, 3000);
```

在上面的代码中，我们首先创建了一个 id 值为 box_11 的<div>元素节点，它初始状态下的 className 属性值为“box tip”，然后在 3 秒之后将该值变换成“box bug”。上述代码的整个编写过程不仅太过烦琐，而且极易出错，这很显然是不利于降低开发成本和维护成本的。为了解决这个问题，DOM 为元素节点另外定义了一组增加、删除及修改 CSS 类名的接口，即 classList 属性。它会根据我们在元素节点的 className 中设置的 CSS 类名自动构建出一个相应的类数组对象。下面介绍一下该对象提供的接口。

- **add() 方法**：该方法的作用是将指定的 CSS 类名添加到当前元素节点的 classList 属性中。它接收一个字符串类型的实参，用于指定要添加的 CSS 类名。例如，如果我们需要为上面的 box_11 元素节点再添加一个名为 message 的 CSS 类，就可以这样写：

```
box_11.classList.add('message');
```

- **remove() 方法**：该方法的作用是将指定的 CSS 类名从当前元素节点的 classList 属性中移除。它接收一个字符串类型的实参，用于指定要移除的 CSS 类名。例如，如果我们需要移除上面为 box_11 元素节点添加的 CSS 类名，就可以这样写：

```
box_11.classList.remove('message');
```

- **contains() 方法**：该方法的作用是判断指定的 CSS 类名是否存在于当前元素节点的 classList 属性中，如果存在则返回 true，否则就返回 false。它接收一个字符串类型的实参，用于指定要查看的 CSS 类名。例如，如果我们要在移除指定的 CSS 类名前，先判断一下它是否存在于 box_11 元素节点的 classList 属性中，就可以这样写：

```
if(box_11.classList.contains('message')) {
  box_11.classList.remove('message');
}
```

- **toggle() 方法**：该方法的作用是在指定 CSS 类名不存在于当前节点的 classList 属性中时添加它。反之，如果指定的 CSS 类名已经存在于其中，则删除它。例如，如果我们想为 box_11 元素节点反复添加或删除一个 CSS 类，可以这样写：

```
for(let i = 0; i < 10; ++i){
  setTimeout(function(){
    box_11.classList.toggle('message');
  }, i*3000);
}
```

下面，我们再创建一个 id 值为 box_12 的<div>元素节点，并用 classList 属性提供的接口在节点上实现与 box_11 元素节点相同的显示效果，以便读者可以对比两者的区别：

```
const box_12 = document.createElement('div');
box_12.id = 'box_12';
box_12.classList.add('box');
box_12.classList.add('tip');
document.body.appendChild(box_12);
setTimeout(function(){
  if(box_12.classList.contains('tip')) {
    box_12.classList.remove('tip');
  }
  box_12.classList.add('bug');
}, 3000);
```

很显然，与之前在 box_11 元素节点上的实现相比，上面的代码更简单明了、清晰易懂，更有助于降低开发和维护的成本。

8.2 浏览器对象模型

到目前为止，我们所做的前端编程任务面向的都是 DOM 所对应的 HTML 文档。但在实际前端开发中，有些任务是要面向 Web 浏览器来执行的，这时候就需要用到另一套专门面向浏览器的应用程序接口：浏览器对象模型，即 BOM。与 DOM 不同的是，BOM 没有复杂的树形数据结构，它本质上只是一个由多个不同功能的对象组成的聚合体，其中的每一个对象都单独负责处理一种专门的浏览器任务。事实上，我们之前一直在使用的 document 对象也是其中之一。由于在相当长的一段历史时期里，并没有一致的 BOM 标准，市场上各种浏览器提供商在 BOM 中聚合的对象不尽相同，某对象在某一浏览器中被支持，在另一浏览器中却不被支持的情况比比皆是。幸好，在 HTML5 发布之后，W3C 组织为了规范化 JavaScript 的相关操作，根据目前各大主流浏览器之间共同实现的对象，对 BOM 的最基本组成进行了一定程度的标准化。下面介绍一下这部分被标准化了的内容。

首先，BOM 中所有对象组成的聚合体被命名为 window 对象。该对象在 BOM 中处于核心地位，它实际上是浏览器本身在 JavaScript 脚本程序中的一个引用句柄。也就是说，window 对象是我们在 JavaScript 代码中操作浏览器窗口的一个接口，我们可以用它来执行获取窗口大小与位置、弹出系统对话框等直接面向浏览器窗口的操作。另外，由于如今大部分浏览器都带有标签页的功能，每个标签页都拥有独立的 window 对象，同一个窗口的标签页之间并不共享一个 window 对象，所以该对象的一部分接口所要面向的目标已经由浏览器窗口转向了浏览器的标签页，这点我们在使用 window 对象接口时务必要有一个清晰的概念。另外，window 对象除了是我们操作浏览器的接口对象，同时还是 JavaScript 在前端编程环境中的全局对象。它所在的作用域就是前端编程环境中的全局作用域，因此它的属性和方法都可以被当作全局变量和方法来调用。也就是说，在前端编程环境中，document 和 window.document 这两个标识符引用的是同一个对象，因而通常情况下是不需要加 window.这个前缀的。对此，我们可以来验证一下：

```
console.log(document === window.document);  // 输出： true
```

由于 window 对象中提供的对象和方法非常多，其中许多接口在各浏览器中的表现都不太一致，并且本书也不是一本面面俱到的参考手册，所以接下来，我们还是按照前端开发中常见的编程任务来介绍 BOM 中一些常用接口的使用方式。

8.2.1 识别显示环境

在 Web 应用程序的开发中，有时候需要根据脚本运行时所处的显示环境来编写相应的代码。例如，面向移动端设备的代码通常会与 PC 端有所不同。这种情况下就需要在 JavaScript 脚本运行时获取浏览器窗口或当前设备屏幕的大小，以判断脚本当前是否运行在移动端设备上。虽然很多浏览器都在 window 对象中提供了像 innerHeight（显示区高度）、innerWidth（显示区宽度）、outerHeight（窗口高度）、outerWidth（窗口宽度）、screenX（窗口位置的横向坐标）、screenY（窗口位置的纵向坐标）这样的全局属性以便我们获取浏览器在运行时的大小及其位置信息（这里的“显示区”指的是浏览器窗口中真正用于显示网页内容的区域，不包含标题栏、菜单栏、工具栏、标签栏以及状态栏所占的区域，而“窗口位置”则指的是窗口左顶点在整个显示屏中的位置坐标），例如：

```
console.log('浏览器窗口大小：', outerHeight+','+outerWidth);
console.log('浏览器窗口位置：', screenX+','+ screenY);
console.log('浏览器显示区大小：', innerHeight+','+innerWidth);
```

但以上这些属性在各浏览器中的表现不太一致，而且有些浏览器会用 screenLeft 和 screenTop 这两个属性来实现与 screenX、screenY 相同的功能。所以我们还是使用 window 对象的专职成员——screen 对象来获取设备方面的信息。下面介绍一下该对象提供的常用接口（如果读者希望了解该对象的全部接口，还请查阅相关的参考手册）。

- **height 属性**：该属性表示的是浏览器所在设备屏幕的高度。
- **width 属性**：该属性表示的是浏览器所在设备屏幕的宽度。
- **availHeight 属性**：该属性表示的是当前程序可使用的屏幕区域的高度。
- **availWidth 属性**：该属性表示的是当前程序可使用的屏幕区域的宽度。
- **availLeft 属性**：该属性表示的是当前程序可使用的屏幕区域的横向坐标。
- **availTop 属性**：该属性表示的是当前程序可使用的屏幕区域的纵向坐标。
- **colorDepth 属性**：该属性表示的是当前程序可使用的系统颜色值的位数，目前大多数系统是 24 位。

这里需要特别说明的是，screen 对象的这些属性都是只读的，它们不可在脚本运行过程中被修改。这也正是我们使用该对象的另一个原因。毕竟，在实际 Web 应用程序开发中，我们并不鼓励在运行时调整浏览器的大小或位置。JavaScript 脚本在早期某一段时间基本上是恶作剧的代名词，其中有一个原因是那时有太多脚本通过在运行时调整浏览器窗口的位置和大小搞出了许多华而不实的效果。这些脚本轻则只是一个恶趣味的炫技或无聊的玩笑，重则会导致用户的操作系统崩溃死机或数据丢失（尤其在 Windows 98 的年代）。无论哪一种情况都会给用户带来不少困扰，而使用 screen 对象的只读属性就可以从根本上杜绝这种可能性。下面，我们就来演示一下如何用 screen 对象来获取 JavaScript 脚本所运行的显示环境：

```
console.log('当前设备屏幕大小：', screen.height+','+screen.width);
console.log('程序可用区域大小：', screen.availHeight+','+screen.availWidth);
console.log('程序可用区域位置：', screen.availLeft+','+screen.availTop);
console.log('系统颜色的位数：', screen.colorDepth);
```

这样一来，我们就可以对当前脚本运行的显示环境中做一个基本的判断了。例如在通常情况下，如果得知设备屏幕的高度小于 900 像素且宽度小于 420 像素，脚本就基本可以判断为运行在手机这样的设备上，因此，我们可以在代码中这样写：

```
if(screen.height<900 && screen.width<420) {
  console.log('你的脚本运行在屏幕大小与手机相似的设备上。');
} else {
  console.log('你的脚本运行在手机以外的大屏设备上。');
}
```

下面用 Google Chrome 浏览器来模拟一下手机屏幕，结果如图 8-1 所示。

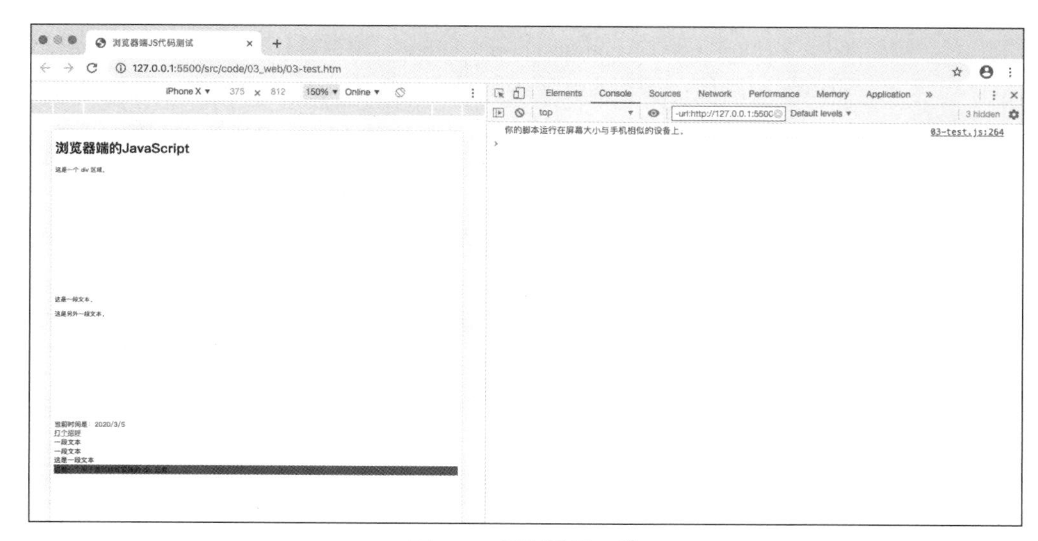

图 8-1 识别显示环境

如果我们的目标只是根据 Web 应用程序在运行时的显示环境来调整字体、图片等元素的大小和排列效果，通常只需要使用 CSS 的响应式布局功能就可以了。除非涉及更为复杂的程序业务逻辑，否则我们没有必要使用 JavaScript 来完成这方面的任务。

8.2.2 定位与导航

在 JavaScript 中，网页的定位与导航（包括浏览器访问记录的回溯等功能）都是靠 `window` 对象中 `location` 和 `history` 对象这两个专职成员来实现的。其中，`location` 对象负责的是存储并解析浏览器当前载入页面的 URL 信息，而 `history` 对象负责的则是浏览器的访问记录。下面，我们先来介绍一下 `location` 对象提供的常用接口。

- **`href` 属性**：该属性返回的是浏览器当前载入页面的完整 URL，例如 https://www.google.com。
- **`protocol` 属性**：该属性返回的是浏览器当前载入页面 URL 中的协议部分，例如 `https` 或 `ftp`。
- **`host` 属性**：该属性返回的是浏览器当前载入页面 URL 中的主机名及端口号，例如 www.google.com:80。
- **`hostname` 属性**：该属性返回的是浏览器当前载入页面 URL 中的主机名，例如 www.google.com。
- **`port` 属性**：该属性返回的是浏览器当前载入页面 URL 中的主机端口号，例如 `8080` 或 `7575`。
- **`hash` 属性**：该属性返回的是浏览器当前载入页面 URL 中#标识的内容（即当前页面中的锚链接）。如果不存在相关标识，就返回空字符串。例如，如果当前页面的 URL 是 http://myweb.com/test.htm#location，则该属性返回的就是`#location`。
- **`search` 属性**：该属性返回的是浏览器当前载入页面 URL 中?标识的内容（也叫查询字符串）。如果不存在相关标识，就返回空字符串。例如，如果当前页面的 URL 是 http://myweb.com/test.htm?script=js，该属性返回的就是`?script=js`。
- **`assign()` 方法**：该方法的作用是在当前浏览器窗口（或标签页）中打开指定的页面。它只接收一个字符串类型的实参，用于指定要载入页面的 URL。
- **`replace()` 方法**：该方法的作用和使用方式与 `assign()` 方法基本相同，唯一的区别是它不会在浏览器的访问历史中留下记录。

下面，让我们来演示一下对指定 URL 的具体解析。在开始具体解析操作之前，让我们先用 `assign()` 方法打开 http://127.0.0.1:5500/src/code/03_web/03-test.htm?script=js#location 这个 URL：

```
const testUrl = 'http://127.0.0.1:5500/src/code/03_web/03-test.htm?script=js#location';
location.assign(testUrl);
console.log('当前页面的完整 URL：', location.href);
```

```
console.log('当前页面使用的网络协议：', location.protocol);
console.log('当前页面所在的主机信息：', location.host);
console.log('当前页面所在的主机名称：', location.hostname);
console.log('当前页面所在的主机端口：', location.port);
console.log('当前页面 URL 的 hash 部分：', location.hash);
console.log('当前页面 URL 的 search 部分：', location.search);
```

在 Google Chrome 浏览器中执行该脚本，并打开 JavaScript 控制台查看结果，如图 8-2 所示。

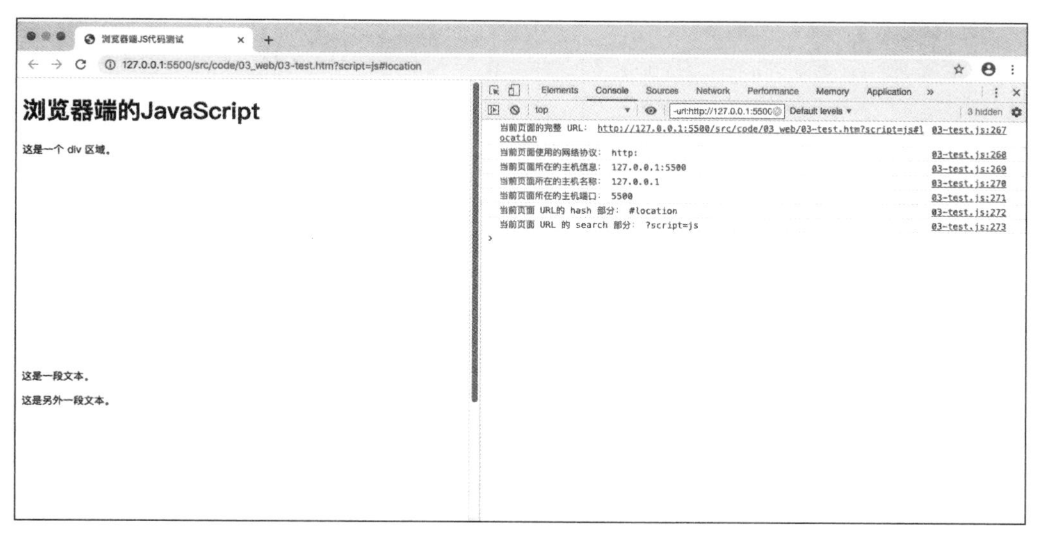

图 8-2　URL 的解析

读者在自己的学习环境中测试以上代码时，要根据自己的 Web 服务器设置来调整 `testUrl` 的具体内容。为了能让测试覆盖 `location` 对象的每一个常用属性，建议在 URL 中加上 `search` 和 `hash` 部分。与 `screen` 对象不同的是，`location` 对象的这些属性是可在运行时被修改的，修改之后就会改变浏览器当前载入的内容。例如，如果我们想修改当前页面 URL 中的 `search` 部分，就可以这样写：

```
location.search = '?script=vbs';
```

这样一来，当前页面的 URL 就自动变成了 http://127.0.0.1:5500/src/code/03_web/03-test.htm?script=vbs，并让浏览器重新载入。

下面，让我们继续介绍用于回溯浏览器访问历史的 `history` 对象，该对象提供的常用接口如下。

- **`length` 属性**：该属性返回的是浏览器访问历史中记录的数量。
- **`back()` 方法**：该方法的作用相当于执行一次浏览器的“后退”功能。
- **`forward()` 方法**：该方法的作用相当于执行一次浏览器的“前进”功能。

- **go()方法**：该方法可以直接指定浏览器执行“后退”或“前进”功能的次数。通常情况下，该方法只需接收一个数字类型的实参，负数代表执行“后退”功能的次数，正数则代表执行“前进”功能的次数。例如：

```
history.go(-2); // 相当于执行两次 history.back() 调用
history.go(3);  // 相当于执行 3 次 history.forward() 调用
```

  但在某些情况下，go()方法也可以接收一个字符串类型的实参，用于以关键字的形式查找相关的历史记录，并重新载入其找到的第一个页面。例如：

```
history.go('google.com');
history.go('127.0.0.1:5500');
history.go('test.htm?script=js');
```

在使用 history 对象时务必要清楚一个概念，那就是程序员在编写脚本时是不可能知道浏览器的访问历史中有多少记录的。而且，出于安全方面的考虑，在服务器端也不应该读取浏览器端的访问历史。所以 JavaScript 脚本对浏览器访问历史的操作，只能交由具体执行该脚本代码的浏览器来“见机行事”。

8.2.3 浏览器识别

虽说脚本的具体执行要交由浏览器“见机行事”，但就像软件公司派出去给客户的技术支持人员，他们虽然无法预知客户那里具体的状况，但到了现场就必须要有迅速掌握客户环境的能力，脚本至少也要具备识别自身所在浏览器的能力。这部分的功能就要依靠 window 对象中的另一个专职成员：navigator 对象。该对象叫这个名字是因为最初引入这个组件的是 Netscape Navigator 浏览器，而如今它成了所有浏览器都支持的组件。我们可以通过它来获取脚本所在浏览器的相关信息，让脚本能自己识别自身所在的执行环境。下面，我们就来具体介绍一下 navigator 对象所提供的常用接口。

- **appName 属性**：该属性返回脚本所在浏览器的完整名称，由于历史原因该属性很多时候返回的是 Netscape。
- **appVersion 属性**：该属性返回脚本所在浏览器的版本信息。
- **language 属性**：该属性返回脚本所在浏览器的默认语言。
- **userAgent 属性**：该属性返回脚本所在浏览器将要在其 HTTP 头信息的 user-agent 项中发送的内容。
- **cookieEnabled 属性**：该属性返回一个布尔类型的值，用于表示脚本所在的浏览器是否启用了 Cookie。
- **plugins 属性**：该属性返回一个用于存储插件信息的数组，用于表示脚本所在的浏览器中安装的插件。该数组中的每一项都提供了以下接口。
  - **name 属性**：该属性返回的是插件的名称。

  - **description 属性**：该属性返回的是插件的说明性文本。
  - **filename 属性**：该属性返回的是插件所对应的文件的名称。
  - **length 属性**：该属性返回的是插件支持的 MIME 类型的数量。
- **platform 属性**：该属性返回脚本所在客户设备的名称。
- **javaEnabled() 方法**：该方法返回一个布尔类型的值，用于表示脚本所在的浏览器是否启用了 Java。

必须要强调的是，以上这些接口只是 navigator 对象众多属性和方法中较为常用的一部分。如果读者希望了解该对象的所有属性和方法，还请查阅相关的参考手册。下面，我们用以上属性和方法编写一个脚本，并用它了解一下自己使用的浏览器：

```
console.log('你所使用的浏览器是：', navigator.appName);
console.log('浏览器的发行版信息：', navigator.appVersion);
console.log('浏览器使用的默认语言：', navigator.language);
console.log('浏览器的 user-agent 信息：', navigator.userAgent);
console.log('浏览器是否启用了 Cookie：', navigator.cookieEnabled? '是':'否');
console.log('浏览器是否启用了 Java：', navigator.javaEnabled()? '是':'否');
console.log('浏览器所在的设备环境：', navigator.platform);
console.log('你的浏览器安装了以下插件：');
for(const plugin of navigator.plugins) {
  console.log('--插件名称：', plugin.name);
  console.log('--插件描述：', plugin.description);
  console.log('--插件所在文件：', plugin.filename);
  console.log('--插件支持的 MIME 类型数量：' ,plugin.length);
}
```

读者可在自己使用的浏览器中执行上述脚本，并查看输出结果。此处使用的是 Google Chrome 浏览器，其输出结果如图 8-3 所示。

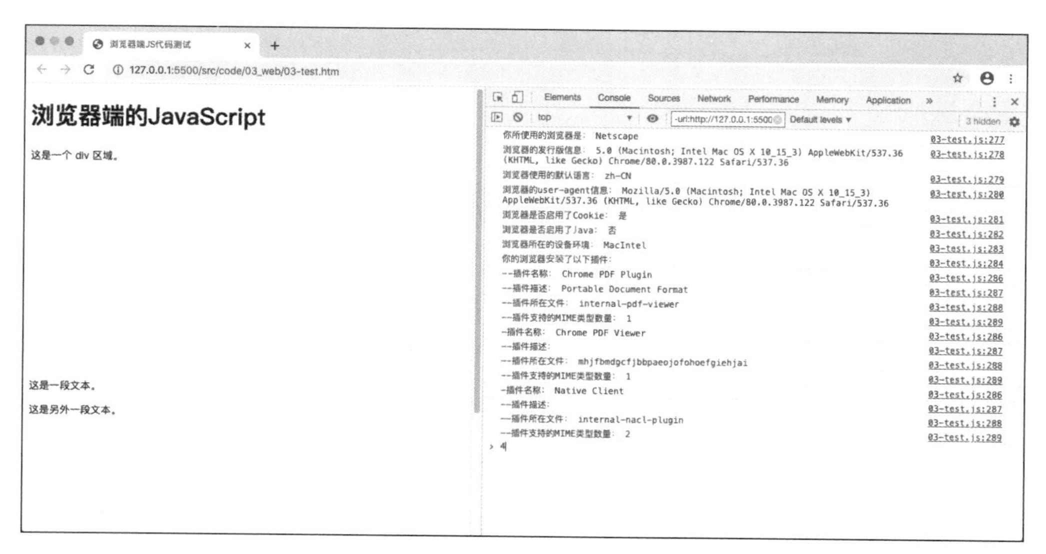

图 8-3　查看浏览器信息

8.2.4 弹出对话框

在 Web 应用程序的运行过程中，有时候也需要像 PC 端桌面应用程序一样，以弹出对话框的方式来提示用户或让用户确认、提供某些信息。为此，window 对象提供了以下 3 个弹出基本系统对话框的方法。

- **alert()方法**：该方法弹出的对话框中只有一条提示信息和一个确认按钮。该对话框通常用于提示或警告某一条信息，用户只需读取信息并单击按钮即可。该方法接收一个字符串类型的实参，用于设置需要提示的信息，例如：

```
alert('这是一条提示信息！');
```

以上代码弹出的对话框如图 8-4 所示。

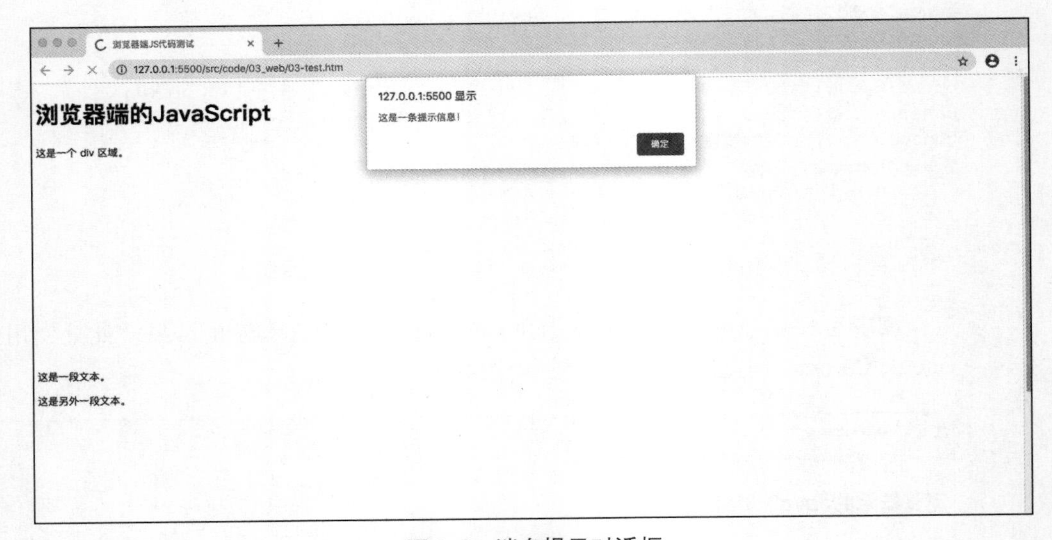

图 8-4　消息提示对话框

- **confirm()方法**：该方法弹出的对话框中包含一条待确认的信息、一个取消按钮和一个确认按钮。该对话框通常用于让用户确认某一条信息（通常是某个操作），用户可以根据当下看到的信息来决定单击取消按钮还是确认按钮。该方法接收一个字符串类型的实参，用于设置需要用户确认的信息，并且在用户单击确认按钮时返回 true，单击取消按钮或对话框的关闭按钮时返回 false。所以，confirm()方法的使用方式通常是这样的：

```
if(confirm('确定要执行这个操作吗？')) {
  console.log('确定');
} else {
  console.log('取消');
}
```

执行以上代码弹出的对话框如图 8-5 所示。

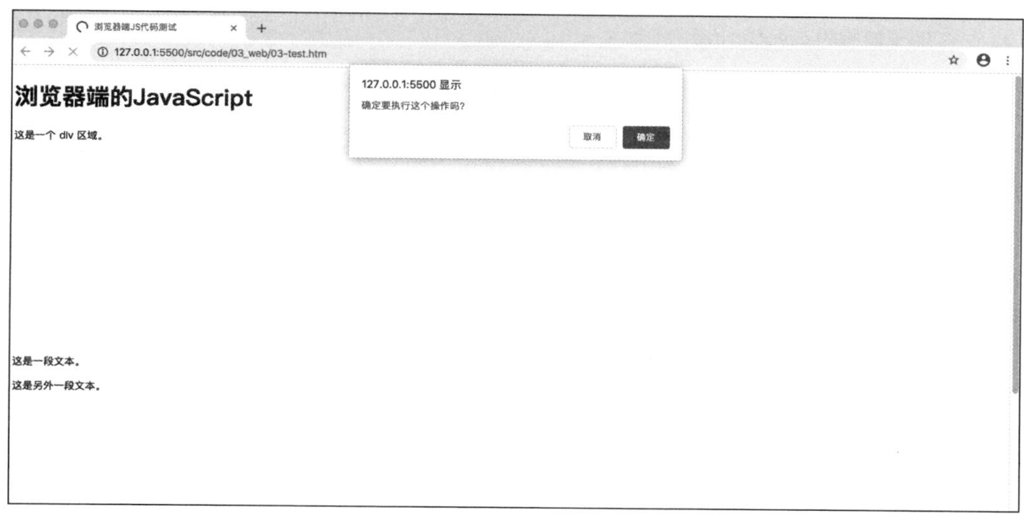

图 8-5　消息确认对话框

- **`prompt()`方法**：该方法弹出的对话框中包含一个文本输入区域、一个取消按钮和一个确认按钮。该对话框通常用于让用户提供某一信息（例如电子邮箱地址），我们只需根据自己的需要选择是在输入相关信息之后单击确认按钮，还是直接单击取消按钮拒绝输入。该方法可接收两个字符串类型的实参，第一个实参用于设置提示用户输入什么内容的文本，第二个实参用于设置默认的输入信息（该参数是可选的）。在用户单击确认按钮时返回输入的内容，单击取消按钮或对话框的关闭按钮时返回 `null`。所以，`prompt()` 方法的使用方式通常是这样的：

```
const email = prompt('请输入你的电子邮箱地址：');
if(email ! = null) {
  console.log(email);
}
```

执行以上代码弹出的对话框如图 8-6 所示。

需要特别强调的是，以上 3 种方法弹出的是系统对话框，它们不是 HTML 与 CSS 所描述的内容，其外观取决于用户所使用的 Web 浏览器与操作系统。并且，这 3 种对话框采用的都是同步执行的方式，这意味着当以上任意一种对话框弹出时，JavaScript 脚本就会停止执行，直至对话框关闭之后才继续执行。正因为如此，我们并不建议读者在实际 Web 开发中过于频繁地使用这 3 种对话框，它们会破坏 Web 应用程序异步执行的优势。

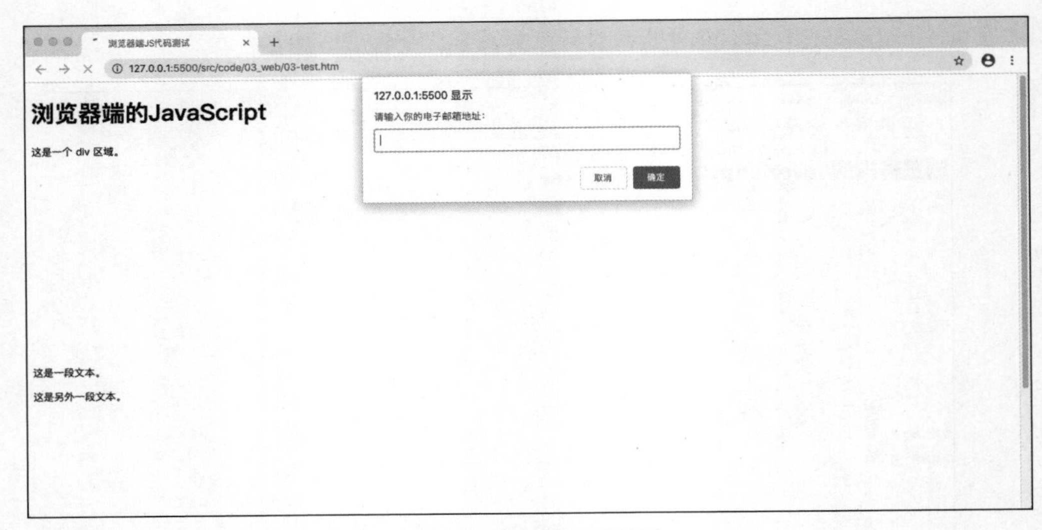

图 8-6　信息输入对话框

8.3　综合练习

现在，让我们按照本书的惯例来对本章所介绍的知识点做一些具有实用性的使用示范，以巩固学习成果。正如开头所说，本章介绍的都是一些可能尚未完全被纳入标准的 DOM 和 BOM 接口。就算这些接口都已经被纳入了标准，但各大浏览器对标准的实现完成度也不一样，甚至相同浏览器的不同版本对特定接口的支持也有差异（例如 IE8 和 IE9 这两个版本对标准接口的实现差异简直可以用“变异”来形容）。而 Web 应用程序开发的最大特点之一就是：程序员永远无法预知用户会使用什么浏览器来访问自己编写的程序。于是，让程序在运行时检测脚本所在的浏览器，以确定它是否支持我们在开发中使用的接口，并在这些接口不被支持时设置好备用方案或程序报错机制，就成了 Web 程序员们在某些情况下不得不做的一件事。下面，我们以元素选择器的接口为例来示范一下这种情况的具体处理方式。

正如之前所说，在选取某个具体的页面元素时，使用 `querySelector()`方法是一个更好的选择。但问题就在于，`querySelector()`方法是一个近些年才出现的 DOM 扩展接口。虽然目前各大主流浏览器的最新版本都支持这一扩展接口，但我们依然无法确保该接口在所有用户使用的浏览器中都能正常运作，毕竟还有大量用户至今仍在使用 IE 8 以及更早版本的 IE 浏览器。在这种情况下，我们就需要用到 `getElementById()`系列的方法了，其具体处理过程如下：

```
function getElement(query) {
  if(typeof document.querySelector == 'function') {
```

```
    return document.querySelector(query);
  } else {
    switch(query[0]) {
      case '#':
        return document.getElementById(query.substring(1));
      case '.':
        return document.getElementsByClassName(query.substring(1))[0];
      default:
        return document.getElementsByTagName(query)[0];
    }
  }
}
```

我们在这里自己封装了一个元素选择器，并将其命名为 getElement()函数，这个函数的实参与 document.querySelector()方法的实参相同。在该函数中，首先用 typeof 操作符判断 document 对象中是否存在一个名为 querySelector 的成员。只有该成员存在并且是该对象的一个方法时，typeof 操作符才会返回“function”这个字符串。在这种情况下，我们只需直接调用 document.querySelector()方法即可。但是，如果该方法不存在，那么我们就需要对函数的实参进行分析。如果实参以#字符开头，就按元素的 id 属性来选取；如果实参以.字符开头，就按元素的 class 属性来选取；其他情况则按元素的标签名选取。

以上解决方案也可以运用于其他我们不确定是否被所有浏览器支持的 DOM 扩展接口。它的作用就像是许多电子产品的接口转换器，一旦发现新的接口规格不被支持，就自动转换到旧有规格的接口上去，以确保产品的基本功能可以正常运作。下面我们将这个自定义的元素选择器更新到之前的“电话交换机测试”程序的源码中，以作为常备工具来使用：

```
import { TelephoneExchange} from './TelephoneExchange.js';

// 自定义元素选择器
function getElement(query) {
  if(typeof document.querySelector == 'function') {
    return document.querySelector(query);
  } else {
   switch(query[0]) {
    case '#':
      return document.getElementById(query.substring(1));
    case '.':
      return document.getElementsByClassName(query.substring(1))[0];
    default:
      return document.getElementsByTagName(query)[0];
    }
  }
```

```
}

const phoneExch = new TelephoneExchange(['张三', '李四', '王五', '赵六']);
const callList = getElement('#callList');  // 使用自定义元素选择器

for(const [key, name] of phoneExch.map.entries()) {
  const item = document.createElement('li');
  const btn = document.createElement('input');
  btn.type = 'button';
  btn.className = 'callme';
  btn.id = key;
  btn.value = name;
  item.appendChild(btn);
  callList.appendChild(item);
}
```

除了可以在运行时检测脚本所在浏览器对某一特定接口的支持情况，我们也可以通过读取 navigator 对象提供的各种信息来判断浏览器的状况。例如利用 navigator.cookieEnabled() 来判断浏览器是否启用了 Cookie 功能，利用 navigator.javaEnabled() 来判断浏览器是否开启了对 Java 小程序的支持。在实际开发中，我们通常还会通过解析 navigator.userAgent 返回的信息来完成识别浏览器的任务，例如可以编写这样一个返回浏览器名称的函数：

```
function getdBrowserName() {
  const user_agent = navigator.userAgent;
  if(user_agent.indexOf('Firefox')>-1) {
    return 'Firefox';
  } else if(user_agent.indexOf('Chrome')>-1) {
    return 'Chrome';
  } else if(user_agent.indexOf('Trident')>-1
          && user_agent.indexOf('rv:11')>-1) {
    return 'IE11';
  } else if(user_agent.indexOf('MSIE')>-1
          && u_agent.indexOf('Trident')>-1) {
    return 'IE(8-10)';
  } else if(user_agent.indexOf('MSIE')>-1) {
    return 'IE(6-7)';
  } else if(user_agent.indexOf('Opera')>-1) {
    return 'Opera';
  } else {
    return '不知名的浏览器，其 user-agent 信息为：'+user_agent;
  }
}
```

然后，我们就可以根据 getdBrowserName()函数返回的字符串执行一些针对性的任务。由于 Google Chrome 与 Mozilla Firefox 这两款浏览器支持的插件各不相同，因此我们通常要先判断是什么浏览器，才能进一步确认它是否安装了某一插件。例如，如果我们想要在运行时确认 Google Chrome 浏览器是否安装了 PDF 插件，就可以编写这样一个函数：

```
function hasPDFPlugin() {
  const browser_name = getdBrowserName();
  if(browser_name == 'Chrome') {
    for(const plugin of navigator.plugins) {
      if(plugin.name == 'Chrome PDF Plugin') {
        return true;
      }
    }
  }
  return false;
}
```

当然了，我们也可以用同样的方式识别浏览器所在的操作系统等信息，以便脚本可以在运行时针对特定的用户环境做出反应。但需要提醒读者的是，由于浏览器市场存在着恶性竞争的情况，浏览器提供商经常会在其 user-agent 信息中加入某些虚假信息，以对脚本进行电子欺骗。例如，微软公司当初为了与网景公司竞争，在很长一段时间内都在其 user-agent 信息中声称自己是“Mozilla”浏览器。所以，我们并不鼓励过于依赖特定的浏览器来开发应用程序，在大部分时候应该尽量采用具有通用性的解决方案。

本章小结

本章首先以实际开发中会遇到的任务为导向，介绍了一系列具有专门用途的 DOM 扩展接口。通过使用这些接口，我们可以大幅度地降低开发、维护成本，并提高程序的运行效率。然后介绍了用于在 JavaScript 脚本中执行浏览器相关操作的 BOM 接口。通过这些接口，我们可以在 JavaScript 脚本中完成页面的定位与导航、识别用户使用的浏览器、判断用户设备屏幕的大小、弹出系统对话框等任务。

最后，由于各浏览器对 DOM 和 BOM 的支持各有差异，在特定情况下，我们需要让应用程序在运行时判断浏览器是否支持程序使用的特定接口，并在接口不被支持时做出相应的安排。于是，本章的“综合练习”部分提出了几种解决这类问题的思路，以供读者参考。

第 9 章　前端事件处理

本章和下一章将分别讨论真正让 HTML 文档得以成为 Web 应用程序前端（即用户界面）的两项关键技术。首先是 Web 浏览器支持的事件驱动模型，在这种模型的支持下，无论是 HTML 文档，还是 Web 浏览器本身，都能以与桌面应用程序相同的方式处理用户的操作，从而使用户在使用 Web 应用程序时能沿用自己从使用桌面应用程序以来所形成的计算机操作习惯，不必从头开始熟悉新的操作方式。这很好地降低了 Web 应用程序的使用门槛。然后就是 AJAX 编程方法。这种编程方法的出现真正实现了 Web 应用程序界面的动态化，即实现浏览器在不重新加载整个 HTML 文档的情况下局部更新程序界面中的相关内容。这就让用户在操作 Web 应用程序时获得了与桌面应用程序几乎相同的操作体验，同时也很好地加强了用户使用 Web 应用程序的意愿。

有意思的是，这两项技术在 JavaScript 中都是以异步编程的方式实现的。这也进一步证明了异步编程在整个 Web 应用程序开发中的重要性。因此接下来会用两章的篇幅分别介绍它们，本章先介绍前端事件的处理。在阅读完本章内容之后，希望读者能：

- 了解前端事件的类型及其相关概念；
- 了解前端事件的传播方式与处理机制；
- 了解如何注册事件处理函数；
- 使用事件处理函数响应用户操作。

9.1 了解前端事件机制

虽然本书在第 5 章中已经介绍过了事件驱动模型的作用及其背后的运作原理，但对基于 JavaScript 的全栈开发来说，分清楚前/后端事件之间的界线，并让它们发挥各自的职能也是一件非常重要的事。本章先来具体介绍一下前端浏览器中的事件处理机制。然后到本书的第三部分再来详细介绍后端服务器中的事件处理。

9.1.1 前端事件概述

按照标准规范的定义，与前端事件相关模块的实现规范应该属于 DOM 2 的一部分（后来 DOM 3 又做了一些增强）。但由于历史原因，BOM 也同样支持一些事件，这些事件与 DOM 中定义的事件之间的关系长期以来都有些含糊不清。所以，前端事件在 Web 应用程序开发中一直是一个较为复杂的议题，需要花点时间来学习。下面，让我们先来厘清事件处理机制在执行过程中涉及的一些重要概念。

9.1.1.1 事件处理中涉及的概念

首先，就像我们经常需要为早上六点起床设置闹钟、为老婆生日设置备忘录一样，浏览器在运行 Web 应用程序的过程中也希望能在某个特定运行情景发生时收到类似的提示，这个需要设置提示的运行情景在编程术语上被称为**事件**（event）。在通常情况下，这些需要被特别关注的事件往往都与一些用户操作相关，例如鼠标单击、键盘输入、文档或窗口载入等操作。在这些操作发生或完成的瞬间，浏览器就会启动其预先设置的提示机制，这个启动提示机制的动作在编程术语上通常被称为**事件触发**（event trigger）。

当一个事件被触发时，它就会被添加到称为**事件流**（event stream）的机制中，该机制会负责在 DOM 树结构上传播该事件。而**事件传播**（event propagation）主要有两种方式，分别是由 DOM 树结构的叶子节点向上传播的**事件冒泡**（event bubble）和由 DOM 树结构的根节点向下传播的**事件捕获**（event capturing）。就目前实际运用情况来看，Web 浏览器在各页面元素之间传播事件时，基本上是两种方式并用的，先是采用事件捕获的阶段，再是采用事件冒泡的阶段。有关这方面的内容，我们会在具体介绍前端事件传播方式时再做详细说明。

然后，事件传播路径上的各种页面元素上预先注册的响应函数就会“监听”到事件流中的相应事件，故而这些响应函数有时候也被称为**事件监听器**（event listener）。事件监听器判断是否要对某一事件做出反应的依据有两个：首先是**事件类型**（event type），它用于判断当前事件是否为该响应函数所关注的运行情景，例如鼠标单击、键盘输入等；其次是**事件目标**（event target），它指的是当前事件具体针对的页面元素，例如被鼠标单击的按钮、接收键盘输入内容的文本框等。

最后，就像我们听到早上六点的闹钟响起时要起床、看到老婆生日的备忘提醒之后要赶紧去买礼物一样，我们注册的响应函数除了要监听指定的事件何时被触发，还必须对该事件做出相应的反应动作，处理相关的任务。所以，这些响应函数在编程术语中更多时候被称为**事件处理函数**（event-handler function）。以上整个过程被称为**事件响应**（event response）。

9.1.1.2 了解 event 对象

在 JavaScript 代码中，一切皆为对象，因此事件在 JavaScript 脚本程序中也是以 event 类的实体来表示的。与其他类型的对象不同的是：event 对象在通常情况下不是一个由程序员来定义的对象（在少数特定情况下，我们也需要在脚本中用代码的形式直接模拟事件的触发，这时候就要手动创建 event 对象），而是一个由浏览器在事件被触发时自动生成的全局对象，它将作为实参被传递给事件处理函数。例如，下面我们可以稍微修改一下第 5 章的前端示例，看看事件处理函数收到的是什么样的 event 对象：

```
<!DOCTYPE html>
<html lang='zh-cn'>
<head>
    <meta charset="UTF-8">
    <title>测试页</title>
    <script>
        function sayHello(eventObj) {
          console.log('Hello', eventObj);
        }
    </script>
</head>
<body>
    <h1>测试页</h1>
    <input type="button" value="先打声招呼" onclick="sayHello(event);">
</body>
</html>
```

在 Google Chrome 浏览器中打开上述代码所在的 HTML 文档，并单击页面上的按钮，然后就可以在浏览器的 JavaScript 控制台中看到输出结果，如图 9-1 所示。

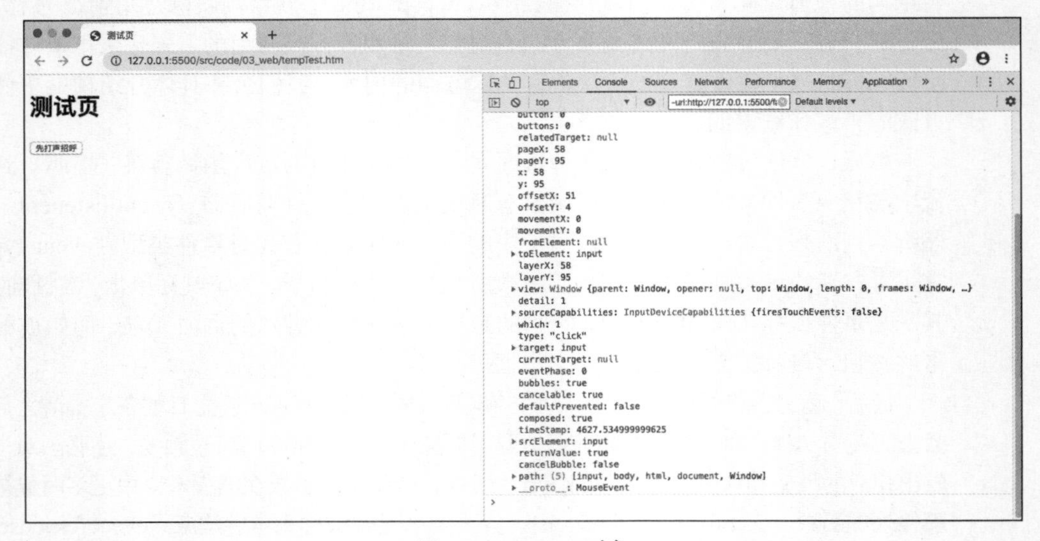

图 9-1 event 对象

event 对象的属性众多，并且根据具体的事件类型会有一些特别的属性。例如对于鼠标单击或双击触发的事件，event 对象中就会存在用于记录鼠标指针位置的属性；对于键盘输入触发的事件，event 对象中就会设置用于记录用户按键的属性。关于这些属性，我们会在介绍具体事件类型时再做说明。下面介绍一些所有事件都支持的常用属性和方法。

- **detail 属性**：该属性返回的是 event 对象所代表事件的详细信息。
- **isTrusted 属性**：该属性返回的是 event 对象所代表事件是否是浏览器自动生成的。如果是就返回 true；如果不是就返回 false，代表该 event 对象是由程序员自己创建的。请注意，允许程序员自行在 JavaScript 代码中创建 event 对象，是 DOM3 新增的特性，由程序员自定义的 event 对象在以往的 JavaScript 代码中并不常见。
- **type 属性**：该属性返回的是当前 event 对象所属的事件类型，例如 click 表示鼠标单击事件、load 表示元素或文档加载事件等。
- **target 属性**：该属性返回的是 event 对象所针对的事件目标，例如 input 表示的是当前 HTML 文档中的<input>元素。（请注意，在 IE 的早期版本中，相同的功能有可能使用的是 srcElement 属性。）
- **currentTarget 属性**：该属性返回的是处理当前 event 对象的事件处理函数所属的页面元素，它与 target 属性是否指向同一个页面元素，取决于事件处理函数的具体设置。关于这一点，我们将在后面具体介绍前端事件处理时再做详细说明。
- **bubbles 属性**：该属性返回的是当前 event 对象所代表事件的传播状态，返回 true 表示事件处于冒泡传播，返回 false 则代表浏览器已经禁止了该事件的冒泡传播。请注意，这是一个只读属性。也就是说，该属性的值是不能直接修改的，我们只能通过 stopPropagation() 方法来改变它的值。
- **eventPhase 属性**：该属性返回的是当前 event 对象所处的事件传播节点。如果是捕获阶段，则返回 1；如果位于事件目标上，则返回 2；如果处在冒泡阶段，则返回 3。
- **defaultPrevented 属性**：该属性返回的是浏览器是否禁止了 event 对象所代表事件的默认行为，如果已经禁止就返回 true，反之则返回 false。请注意，这也是一个只读属性，它的值只能通过 preventDefault() 方法来更改。
- **stopPropagation() 方法**：该方法用于通知浏览器禁止 event 对象所代表事件的冒泡传播，即将 bubbles 属性的值设置为 false。（请注意，在 IE 的早期版本中，相同的功能可能需要用 event.cancelBubble=false 这样的代码来实现。）
- **stopImmediatePropagation() 方法**：当 event 对象所针对的事件目标上

注册了多个事件处理函数时，这些函数在事件被触发时就会按照其注册的顺序全部执行；如果我们希望在执行了某个事件处理函数后就不再继续了，就应该在这个事件处理函数的最后调用该方法，这样在它后面注册的事件处理函数就不会被执行了。

- **preventDefault()方法**：该方法用于通知浏览器禁止执行 event 对象所代表的事件的默认行为。（请注意，在 IE 的早期版本中，相同的功能可能需要用 event.returnValue=true 这样的代码来实现。）

关于 event 对象的传播方式，以及如何注册时间处理函数等问题，我们稍后会再做详细说明。在这里，我们希望读者能先对事件处理过程中所涉及的概念，以及事件在 JavaScript 代码中的存在形式有个初步的认知。除了这些与事件有关的概念以及其在 JavaScript 代码中存在的形式，在执行真正的事件处理任务之前，我们还是需要先弄清楚 event 对象所属的具体事件类型。所以接下来，我们将以 Web 应用程序前端所支持的事件类型为切入点，逐步深入地介绍整个前端事件的具体处理机制及其使用方式。

9.1.2 前端事件类型

要想处理好前端事件，我们首先要了解浏览器环境支持哪些事件类型，因为对于不同的事件类型，我们有不同的处理方式。根据 DOM 3 规范，在 Web 应用程序的前端可触发的常用事件主要分为用户界面事件、鼠标操作事件、键盘操作事件与焦点得失事件，每一类事件类型中都包括几个由相同来源所触发的事件。下面就让我们来按照以上分类详细介绍一下这些事件类型。

9.1.2.1 用户界面事件

用户界面事件通常指的是一些与用户操作没有直接关系的事件类型，例如窗口或文档的载入、窗口大小的调整等。这一类事件的触发来源不一定直接来自用户的操作，它们也可能由应用程序自己执行的操作触发。而且严格来说，这类事件也不一定完全属于 DOM 标准的范围。其中某些事件类型的目标很明确就是针对 window 对象的，而且早在 DOM 标准出现之前就已经被大量使用了，DOM 标准只不过在规范上对其进行承认，某种程度上更像是一种向后兼容。下面逐一介绍一下这些事件。

- **load 事件**：该事件会在事件目标加载完成时被触发，事件目标通常是一些加载到浏览器中需要一定时间的对象，它们既可以是 BOM 中的 window 对象，也可以是 DOM 中的<body>、<object>、<img>等元素对象。
- **unload 事件**：该事件会在事件目标完全被卸载时触发，事件目标既可以是 BOM 中的 window 对象，也可以是 DOM 中的<body>、<object>、<img>等元素对象，它们通常是一些需要在从浏览器中卸载之后执行某种善后工作的对象。例如，在当前页面要跳转到下一页面时，当前页面中所加载的某些对象需要经历一个从浏览器中卸载的过程。这时候，我们如果需要接触这些对象对相关资源的引用，以防止某种程度的内存泄漏问题，就需要处理它们的 unload 事件。

- **abort 事件**：该事件会在事件目标被停止加载时被触发，事件目标既可以是 BOM 中的 window 对象，也可以是 DOM 中的<body>、<object>、<img>等元素对象，它们通常是一些加载时间较长的对象。例如，在实际 Web 应用程序的设计中，程序员会考虑到如果页面中的文件因体积过大、网速过慢等原因而导致加载时间过长，那么会损坏整个应用程序的用户体验。为了解决这个问题，他们通常会为这些可能需要加载很长时间的对象设置一个“停止加载”的选项，以便用户自行选择是否停止加载。这时候，如果我们想让应用程序在用户在选择停止加载时做出反应，就必须要处理相关对象的 abort 事件。
- **error 事件**：该事件会在事件目标出错时被触发，事件目标通常是一些需要在出错时让应用程序做出某些反应的对象。
- **select 事件**：该事件会在事件目标中的内容被选中时触发，事件目标通常是一些包含可被选中内容的对象，例如表单中的文本框元素。
- **resize 事件**：该事件会在事件目标的大小被改变时触发，事件目标通常是一些可在运行时调整大小的对象，例如 BOM 中的 window 对象。需要注意的是，各浏览器对该事件的理解存在着一些差异，例如 Google Chrome 浏览器的理解是事件目标的大小每变化一个像素就触发一次该事件，而 Mozilla Firefox 浏览器则认为要等事件目标调整大小的过程完成之后才触发该事件。这意味着，该事件的处理函数有可能在事件目标调整大小的过程中被调用很多次，所以该函数执行的操作不能太过复杂，否则会严重影响应用程序的执行效率。
- **scroll 事件**：该事件会在当前页面启用滚动条功能时被触发，事件目标即当前页面所对应的 window 对象。需要注意的是，和 resize 事件一样，由于各浏览器对该事件的理解不一样，该事件的处理函数也同样可能在启用滚动条功能的过程中被调用多次，因此它执行的操作也不能太过复杂，否则会影响应用程序的执行效率。

在用户界面类事件中，最常用的是 window 对象的 load 事件。通过为该事件注册处理函数，我们就可以确保相关操作是在当前页面中所有元素都加载完成之后执行的。例如在之前的代码中，如果我们不想将注册事件处理函数的动作直接放在“按钮”元素的 HTML 标签代码中，就可以将其放在<head>元素下面的<script>元素中，这时候为了确保为“按钮”元素注册事件处理函数的动作在当前页面中的所有元素都加载完之后执行，我们就得将该操作放在 window 对象响应 load 事件的处理函数中，具体代码如下：

```
<!DOCTYPE html>
<html lang='zh-cn'>
<head>
    <meta charset="UTF-8">
    <title>测试页</title>
    <script>
        window.onload = function() {
          const btn = document.querySelector('#sayHello');
          btn.onclick = function(event) {
            console.log('Hello', event);
          }
        }
    </script>
</head>
<body>
    <h1>测试页</h1>
    <input type="button" value="先打声招呼" id="sayHello">
</body>
</html>
```

这种注册事件处理函数的方式只是初步降低了 JavaScript 代码与 HTML 标签代码的耦合度，更完善的解决方案我们会等到具体介绍事件处理过程时再做详细说明。在这里，我们只是希望读者对 load 这类用户界面事件的作用有一个初步的认知。

9.1.2.2 鼠标操作事件

鼠标是一种让计算机真正走入寻常百姓家的输入设备。正是因为它的出现，将抽象的计算机操作图形化的用户界面才能得以实现，并大大降低了计算机的使用门槛。正如之前所说，在 Web 应用程序的开发中，前端扮演的正是用户界面的角色，因此处理鼠标操作触发的事件自然是它最重要的任务之一。下面逐一介绍一下与鼠标操作相关的事件。

- **click 事件**：该事件会在事件目标被鼠标单击（通常是左键单击）时触发，事件目标通常是当前页面上的所有可见元素，例如<a>、<input>、<div>等元素。在相关元素获得焦点的情况下（我们稍后会介绍与焦点相关的事件），按键盘上的回车键也同样可触发该事件。
- **dblclick 事件**：该事件会在事件目标被鼠标双击（通常是左键双击）时触发，事件目标通常是当前页面上的所有可见元素，例如<a>、<input>、<div>等元素。该事件在某些情况下也能通过在获得焦点的元素上按键盘上的回车键或空格键来触发。
- **mousedown 事件**：该事件会在鼠标在事件目标上按下任意键时被触发，它无法通过键盘来触发，事件目标通常是当前页面上的所有可见元素，例如<a>、<input>、<div>等元素。

- **mouseenter 事件**：该事件会在首次将屏幕上的鼠标指针移到事件目标所在区域时触发，它不支持冒泡传播，事件目标通常是当前页面上的所有可见元素，例如<a>、<input>、<div>等元素。
- **mouseleave 事件**：该事件会在将屏幕上的鼠标指针从事件目标所在区域移出时触发，它不支持冒泡传播，事件目标通常是当前页面上的所有可见元素，例如<a>、<input>、<div>等元素。
- **mousemove 事件**：该事件会在鼠标指针在事件目标所在区域内移动时触发，由于它会反复被触发，所以该事件的处理函数不能执行过于复杂的操作，否则可能会影响程序的执行效率。同样地，该事件无法用键盘触发，事件目标通常是当前页面上的所有可见元素，例如<a>、<input>、<div>等元素。
- **mouseout 事件**：该事件会在将屏幕上的鼠标指针从事件目标所在的元素移动到另一个元素时触发，在这里，事件目标通常是当前页面上的所有可见元素，例如<a>、<input>、<div>等元素。而另一个元素既可以是事件目标的父元素，也可以是它的兄弟元素或者子元素。同样地，该事件无法通过键盘触发。
- **mouseover 事件**：该事件会在将屏幕上的鼠标指针从另一个元素移动至事件目标所在的元素时触发，在这里，事件目标通常是当前页面上的所有可见元素，例如<a>、<input>、<div>等元素。而另一个元素既可以是事件目标的父元素，也可以是它的兄弟元素或者子元素。同样地，该事件无法通过键盘触发。
- **mouseup 事件**：该事件会在鼠标在事件目标上释放任意按键时被触发，它无法通过键盘来触发，事件目标通常是当前页面上的所有可见元素，例如<a>、<input>、<div>等元素。
- **mousewheel 事件**：该事件会在鼠标在网页所在区域滑动滚轮时被触发，事件目标可以是当前页面上的任意元素，并且采用冒泡传播的方式向上传播至 doucment 对象和 window 对象。通常情况下，我们会在最顶层的 window 对象上注册该事件的处理函数。

9.1.2.3　键盘操作事件

键盘一直以来都是计算机的主要输入设备，即使在鼠标和触控设备如此流行的今天，键盘输入操作也是应用程序从用户那里获取相关数据的主要途径。所以，在 Web 应用程序的开发中，在前端处理好键盘操作以及文本输入触发的事件也是设计一个交互性良好的用户界面必须要完成的任务。下面逐一介绍一下与键盘操作相关的事件。

- **keydown 事件**：该事件会在键盘上任意一个键被按下时触发，并且如果用户按住该键不松开，还会导致它被重复触发。事件目标通常是当前页面中获得了焦点的元素。

- **keyup 事件**：该事件会在键盘上任意一个键被松开时触发，事件目标通常是当前页面中获得了焦点的元素。
- **keypress 事件**：该事件会在键盘上任意一个字符键被按下时触发，并且如果用户按住该键不松开，还会导致它被重复触发。事件目标通常是当前页面中获得了焦点的元素。
- **textInput 事件**：该事件会在事件目标中被输入文本时触发，事件目标必须是当前页面中可输入文本的元素。从某种程度上说，该事件可被视为 keypress 事件的补充。它们之间的主要区别是，keypress 事件会在所有获得了焦点的元素上被触发，而 textInput 事件则只能在可输入文本的元素上被触发。所以在响应文本框这类元素上的相关操作时，建议优先注册 textInput 事件的处理函数。

9.1.2.4 焦点得失事件

无论是鼠标还是键盘，在使用它们进行输入操作之前，我们都必须要让操作对象进入等待输入的状态，例如文本框获得输入光标、链接进入被选中状态等。在计算机操作术语中，我们将文本框中的输入光标、链接被选中后呈现的方框这类表示目标已经进入待输入状态的标记称为**焦点**。程序用户界面上的各个元素都可以在得失焦点时触发相关事件，以告知用户自己是否处于可输入状态。下面逐一介绍一下与焦点相关的事件。

- **blur 事件**：该事件会在相关对象失去焦点时被触发，它在传播途径上不会采用冒泡方式。
- **focus 事件**：该事件会在相关对象获得焦点时被触发，它在传播途径上不会采用冒泡方式。
- **focusin 事件**：该事件会在相关对象获得焦点时被触发，但与 focus 事件不同的是，它在传播途径上会采用冒泡方式。
- **focusout 事件**：该事件会在相关对象失去焦点时被触发，但与 blur 事件不同的是，它在传播途径上会采用冒泡方式。

通常情况下，我们会优先选择响应 focus 和 blur 这两个事件来处理与焦点相关的操作，因为它们存在于 JavaScript 代码中的历史较为悠久，所有的浏览器都对它们提供了完全的支持。只有在需要处理冒泡传播的焦点事件时，人们才会考虑后两个事件。例如，如果我们想在一个包含文本框元素的<div>元素上处理焦点得失事件，这时候就得注册 focusin 和 focusout 这两个事件的处理函数了。

除了以上列出的这些常用事件，如今的 Web 页面还会对触摸屏上的操作以及 DOM 上的节点变化做出事件响应。出于对本章篇幅上的整体安排的考虑，这里就不对这些事件类型进行介绍了。如果读者在实际开发中需要处理这些事件，可自行去查阅相关的参考手册和标准规范。

9.1.3 前端事件传播

在了解了我们在 Web 应用程序的前端开发中可以响应哪些事件之后，接下来就可以具体地来介绍一下事件在 DOM 事件流中的传播方式，以及形成这种传播方式的技术与历史原因。这些知识是我们日后注册事件处理函数的重要基础。虽然 HTML 文档在内存中呈现的是一个树状的数据结构，但它在浏览器中实际呈现的是一个类似于同心圆的嵌套结构。这意味着，当我们在某一个页面元素上触发某个事件时，实际上也在该元素的外层元素上触发了相同的事件。例如，对于下面这个测试页面来说：

```
<!DOCTYPE html>
<html lang='zh-cn'>
<head>
    <meta charset="UTF-8">
    <title>测试页</title>
    <script>
        window.onload = function() {
          const btn = document.querySelector('#sayHello');
          btn.onclick = function(event) {
            console.log('Hello', event);
          }
        }
    </script>
</head>
<body>
    <h1>测试页</h1>
    <div id="box">
        <input type="button" value="先打声招呼" id="sayHello">
    </div>
</body>
</html>
```

当我们单击 id 值为 sayHello 的按钮时，实际上也单击了 id 值为 box 的<div>元素和<body>元素，甚至可以认为 document 和 window 这两个对象也被单击了。因为当你指着一组同心圆最内层那个圆的圆心时，事实上相当于同时指着所有圆的圆心。但问题是，到了 JavaScript 程序处理的 DOM 中，事件却在一个树结构中传递，所以在处理事件时必须要考虑它在 DOM 事件流中的传播方式。如果事件从代表最外层元素的根节点向代表最内层元素的叶子节点传播，我们在外层元素上注册的事件处理函数就会先于内层元素的事件处理函数被调用。在某种情况下，我们甚至可以在外层元素上“截获”事件，使其无法传递到内层元素，故而这种传播方式通常被称为**事件捕获**。反之，如果事件从代表最内层元素的叶子节点向根节点传播，那么我们在内层元素上注册的事件函数就会先被调用，某种情况下也可以阻止事件外溢到外层元素上去，故而这种传播方式通常被称为**事件冒泡**。

在 DOM 被标准化之前，IE 浏览器的事件流采用的是事件冒泡的方式。具体到上述测试页面中就是 `click` 事件会先在 `id` 值为 `sayHello` 的按钮元素上被触发，然后依次传递给 `id` 值为 `box` 的`<div>`元素、`<body>`元素、`document` 对象（在某些情况下，某些事件还会被传递到 `window` 对象上）。而网景浏览器的事件流采用的是事件捕获的方式，传播路径正好相反。由于历史原因，这两大浏览器阵营都累积了不少项目，这些项目关系着许多企业和程序员的生计，因此 W3C 组织在制定 DOM 标准的时候无法轻易否定其中任何一种方式。于是 W3C 组织采用了一种向后兼容的解决方案，即让事件先采用事件捕获的方式由代表最外层的根元素向内传递，待事件抵达最内层叶子元素之后，再采用事件冒泡的方式将其传递出来。这样一来，DOM 被标准化之前就存在所有的代码就都能继续工作了。

总而言之，DOM 标准将事件流的传播路径分成了 3 个阶段：首先是从根节点到事件目标节点的**事件捕获阶段**；然后是事件到达其目标节点时的**处于目标阶段**；最后是由事件目标节点再传回根节点的**事件冒泡阶段**。在这里，事件目标指的是事件被触发时其 `event` 对象的 `target` 属性所指向的元素节点。请注意，切实深入地理解事件在 DOM 中的传播方式是我们在具体处理事件之前必须做的功课，因为接下来要介绍如何根据事件在事件流中的传播方式来为相关的元素注册事件处理函数。

9.2 注册事件处理函数

在了解了前端事件处理机制的运行方式之后，下面具体介绍如何注册事件处理函数。在这一节中，我们会演示各种不同的注册事件处理函数的方法，并比较这些方法，以便读者能根据自己面对的具体情况来选择最合适的注册事件处理函数的方法。简而言之，在注册事件处理函数的过程中，我们主要将面对两个问题：其一是要从编码层面上决定要在哪里注册事件处理函数，这个问题解决的是 HTML 与 JavaScript 之间的代码耦合度问题；其二是要从 DOM 结构层面决定应该将事件处理函数注册在哪一个元素节点上，这个问题解决的是事件处理的具体业务逻辑。下面，我们先来解决编码层面的问题。

9.2.1 事件处理函数的编程方式

从编程层面来说，注册事件处理函数最简单的编程方式就是将用于响应事件的 JavaScript 代码直接写在 HTML 元素标签的事件处理属性中，这些属性的命名方式是在相关的事件名称之前加上一个“on”前缀。正如之前所示范的，要想按钮元素响应 click 事件，就直接将用于响应的 JavaScript 代码写在代表按钮元素的<input>标签的 onclick 属性中。例如，如果我们想让按钮在被单击时弹出一个消息对话框，就可以这样写：

```
<!DOCTYPE html>
<html lang='zh-cn'>
<head>
    <meta charset="UTF-8">
    <title>测试页</title>
</head>
<body>
    <h1>测试页</h1>
    <input type="button" value="先打声招呼" onclick="alert('hello')">
</body>
</html>
```

请注意，HTML 元素标签的事件处理属性本身就是一个事件处理函数，所以我们赋予它的值是该函数要执行的代码，而不是在定义一个函数。如果我们不想弹出对话框，而是想在控制台中输出相关信息，就可以将 onclick 属性的值改为 console.log('hello')。但这种编写事件处理函数的方式就等于将 JavaScript 代码与 HTML 标签完全耦合在了一起，非常不利于代码的重复使用和后期维护。

幸运的是，HTML 标签的事件处理属性和其他标签属性一样，在对应的 DOM 元素对象上也有相应的事件处理函数，所以我们也可以像处理其他 HTML 元素标签一样，先赋予上面的按钮元素一个 id，例如：

```
<!DOCTYPE html>
<html lang='zh-cn'>
<head>
    <meta charset="UTF-8">
    <title>测试页</title>
    <script src="test.js"></script>
</head>
<body>
    <h1>测试页</h1>
    <input type="button" value="先打声招呼" id="sayHello">
</body>
</html>
```

然后就可以在其外链的 JavaScript 脚本文件中编写代码了。需要注意的是，这一回我们赋值给 onclick 属性的应该是一个完整的事件处理函数，例如：

```
const btn = document.querySelector('#sayHello');
```

```
btn.onclick = function() {
  alert('hello');
}
```

以上述方式编写的代码的运行结果与之前直接在 HTML 标签中编写是一样的，都是弹出一个带有“hello”信息的对话框。虽然这种方式需要编写的代码量好像比之前要多一些，但它实现了 JavaScript 代码与 HTML 标签的分离，降低了程序代码之间的耦合度，提高了代码的可重用度和可维护性。与事后减少的维护工作量相比，这种低耦合的编程方式所增加的这点代码量简直可以忽略不计。

然而，以上这种注册事件处理函数的编程方式依然是在 DOM 标准规范出现之前就存在了。虽然其因简单直观的编程分工至今仍被程序员大量使用，但它在如今的 DOM 中有两个问题需要解决。首先，这种方式无法让程序员自己来决定是在事件捕获阶段还是在事件冒泡阶段响应事件；其次，这种方式无法为同一元素的相同事件注册多个事件处理函数。而真正符合 DOM 标准的注册事件处理函数的编程方式是使用以下两个定义在 DOM 2 事件模块中的接口。

- **`addEventListener()`方法**：该方法用于为当前元素添加事件处理函数。它有 3 个实参：第一个实参是一个字符串类型的值，用于指定要处理的事件名称，例如“load”“click”等；第二个实参是一个函数类型的值，用于设定响应事件的处理函数；第三个实参是一个布尔类型的值，用于决定在事件传播的哪个阶段响应事件，当该值为 `true` 时，事件处理函数会在事件捕获阶段响应事件，当该值为 `false` 时则在事件冒泡阶段响应事件。例如，如果我们想用该方法注册之前的事件处理函数，可以这样写：

  ```
  const btn = document.querySelector('#sayHello');
  btn.addEventListener('click', function() {
    alert('hello');
  },false);
  ```

  并且我们还可以为相同元素的相同事件注册多个事件处理函数。例如：

  ```
  const btn = document.querySelector('#sayHello');
  btn.addEventListener('click', function() {
    alert('hello');
  },false);
  btn.addEventListener('click', function() {
    console.log('hello');
  },false);
  ```

  在这种情况下，浏览器在按钮元素上的单击事件被触发时会依照事件处理函数的注册顺序调用它们。具体到这里，就是会先弹出带有“hello”信息的对话框，然后再将该信息输出到控制台中。当然，这里只是为了演示，在实际开发中我们并不建议这样做。

- **removeEventListener()方法**：该方法用于为当前元素移除之前被注册的事件处理函数。它的实参列表与addEventListener()方法相同，第一个实参代表要处理事件的名称；第二个实参代表之前用addEventListener()方法注册的某个事件处理函数；第三个实参则用于指明要删除的事件处理函数响应的是哪一阶段的事件。需要注意的是，要想正确移除一个事件处理函数，该方法接收到的实参必须与用addEventListener()方法注册该事件处理函数时传递的实参完全一致。这意味着，我们不能在注册事件处理函数时使用函数的直接量，因为我们无法用下面这种方式来移除之前注册的事件处理函数：

```
btn.removeEventListener('click', function() {
  alert('hello');
},false);
```

在执行上述代码之后，我们会发现之前注册的事件函数并没有被移除，因为两个值相同的函数直接量在 JavaScript 中依然会被认为是两个不同的函数实体。所以如果我们想注册一个可被移除的事件处理函数，就应该这样写：

```
const btn = document.querySelector('#sayHello');
const eventFunc = function() {
  alert('hello');
};
btn.addEventListener('click', eventFunc, false);
// 执行一些其他操作
btn.removeEventListener('click', eventFunc, false);
```

在实际的 Web 应用程序开发中，在大部分元素上对某一事件的处理通常只需要注册一个事件处理函数即可，所以通常情况下我们会继续使用之前那种通过 DOM 属性的编程方式来注册事件处理函数。当然，如果我们对事件处理的业务逻辑有更为精细和复杂的要求，还是应该采用 DOM 标准定义的接口来注册事件处理函数。下面具体讨论一下应该如何设计事件处理的业务逻辑。

9.2.2　事件处理的业务逻辑

首先，我们需要决定在哪个元素上响应事件。正如之前所说，HTML 文档呈现在浏览器中的是一个类似于同心圆的结构，元素之间是层层嵌套的。例如，我们之前讨论的这个 HTML 文档：

```
<!DOCTYPE html>
<html lang='zh-cn'>
<head>
```

```
    <meta charset="UTF-8">
    <title>测试页</title>
</head>
<body>
    <h1>测试页</h1>
    <div id="box">
        <input type="button" value="先打声招呼" id="sayHello">
    </div>
</body>
</html>
```

当 id 值为 sayHello 的按钮元素被单击时，事实上 id 值为 box 的<div>元素和<body>元素也被单击了。这意味着，我们并不一定只能在按钮元素上处理单击事件，也可以在<div>元素上处理该事件。这时候就会涉及之前介绍 event 对象时提到的 target 和 currentTarget 这两个属性，下面我们通过分别为按钮元素和<div>元素注册单击事件的处理函数来具体看看两者的差异。为了方便演示，我们这回选择直接将 JavaScript 代码添加到上述 HTML 文档中，具体代码如下：

```
<!DOCTYPE html>
<html lang='zh-cn'>
<head>
    <meta charset="UTF-8">
    <title>测试页</title>
</head>
<body>
    <h1>测试页</h1>
    <div id="box">
        <input type="button" value="先打声招呼" id="sayHello">
    </div>
    <script>
        const btn = document.querySelector('#sayHello');
        const div = document.querySelector('#box');
        const eventFunc = function(event) {
          console.log('事件目标是：', event.target);
          console.log('处理事件的是：', event.currentTarget);

        };
        btn.addEventListener('click', eventFunc, false);
        div.addEventListener('click', eventFunc, false);
    </script>
</body>
</html>
```

在浏览器中打开上述 HTML 文档，并打开控制台界面，然后单击页面中显示“先打声招呼”字样的按钮，就会在控制台中看到输出结果，如图 9-2 所示。

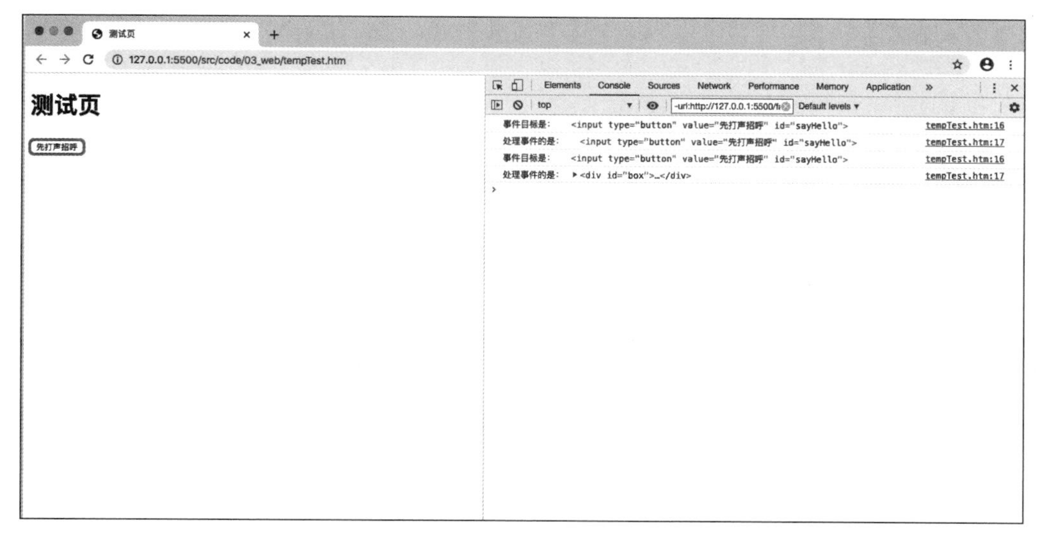

图 9-2 在不同元素上处理相同的事件

由于我们在注册事件处理函数时传递的第三个实参都是 false，即在事件冒泡阶段处理事件，所以当按钮元素被单击时，首先被调用的是注册在按钮元素上的事件处理函数。这时候，event 对象的 target 属性和 currentTarget 属性的值是一致的。但等 event 对象按照冒泡方式继续往上传播到<div>元素上，调用注册在该元素上的事件处理函数时，其 target 属性的值依然是按钮元素，而 currentTarget 属性的值就变成了事件函数所在的元素。由此可见，尽管用户在触发事件时会指定明确的事件目标，但我们依然可以在不同的元素上处理该事件。

当然，在实际开发中，我们通常不会同时在这两个元素上注册同一个事件的处理函数。为了提高效率，我们可以在使用 addEventListener()方法注册事件处理函数时将第三个实参设置为 true，这样<div>元素就会在事件捕获阶段先于按钮元素响应单击事件。另外，在内外层都选择在事件冒泡阶段响应事件的情况下，如果内层元素不希望事件冒泡到其外层元素上，可以在其事件处理函数中调用 event 对象的 stopPropagation()方法终止冒泡传播。例如，我们可以这样修改一下之前的 HTML 文档：

```
<!DOCTYPE html>
<html lang='zh-cn'>
<head>
    <meta charset="UTF-8">
    <title>测试页</title>
</head>
<body>
    <h1>测试页</h1>
    <div id="box">
        <input type="button" value="先打声招呼" id="sayHello">
```

```
        </div>
        <script>
            const btn = document.querySelector('#sayHello');
            const div = document.querySelector('#box');
            const eventFunc = function(event) {
              console.log('事件目标是：', event.target);
              console.log('处理事件的是：', event.currentTarget);
              event.stopPropagation();
            };
            btn.addEventListener('click', eventFunc, false);
            div.addEventListener('click', eventFunc, false);
        </script>
    </body>
    </html>
```

现在，如果我们再次在浏览器中执行上述 HTML 文档，就会在控制台输出的结果中看到<div>元素上的事件处理函数已经不会被调用了，如图 9-3 所示。

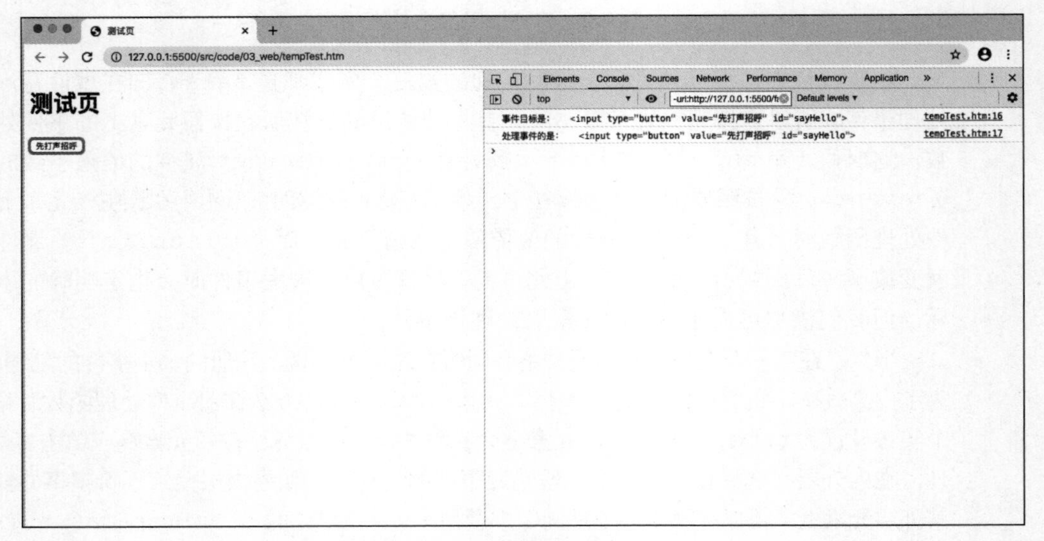

图 9-3　终止事件的冒泡传播

所以，在决定了使用哪个页面元素响应事件之后，在允许的情况下，我们还应该适当考虑一下在事件传播的哪个阶段响应事件，以及是否要终止事件的传播，阻止其他元素也对相同的事件做出响应。这是我们在设计事件处理的业务逻辑时要解决的另一个问题。

9.3　综合练习

在掌握了事件处理的相关知识之后，我们就可以继续完善之前设计的“电话交换机测试”程序的用户界面了。按照之前的设计，该用户界面是一个仪表盘，上面排列着一个个信号灯，每个信号灯代表一条电话线路，然后这些信号灯会用不同颜色来表示其对应线路是处于待机、占线还是故障状态。经过我们在第 7 章中的前期设计，该程序的用户界面的初始状态如图 9-4 所示。

图 9-4 “电话交换机测试”程序的仪表盘

现在，是时候赋予这个用户界面响应用户操作的能力了。为此，我们需要完成以下几项任务。

- 对 TelephoneExchange 类的实现做一些调整，使其更适合面向 Web 应用程序的设计。
- 为仪表盘上的每个信号灯注册单击事件的处理函数，用以执行拨打对应线路的动作。
- 为显示“添加新用户”字样的按钮注册单击事件的处理函数，使得该按钮被单击后弹出一个用于添加新用户的对话框。
- 实现“添加新用户”对话框的功能，用于将新用户添加到电话簿中。
- 为显示“测试全部线路”字样的按钮注册单击事件的处理函数，用以启动所有的电话线路。
- 为仪表盘上的每个信号灯注册双击事件的处理函数，用以删除对应的电话线路。

下面，就让我们按部就班地来完成这些任务吧。首先要修改的是 code/03_web/TelephoneExchange.js 文件中的代码。由于在 Web 应用程序的界面上，电话线路的测试结果要用信号灯的颜色而不用文本信息来表示，所以要对之前的 TelephoneExchange 类做些相应的修改，使其更适合 Web 应用程序的需求，具体代码如下：

```
class TelephoneExchange{
  constructor(names) {                      // names 形参允许指定加入该电话交换机的初始名单
    this.map = new Map();
    this.firstNum = 1001;                   // 该电话交换机的第一个未被占用的号码

    for(let name of names) {
      this.firstNum++;
      this.map.set(this.firstNum, name);   // 为初始名单分配电话号码
    }
}

add(name) {                                 // 为新客户添加线路，并返回该线路的号码
  this.firstNum++;
  this.map.set(this.firstNum, name);
  return this.firstNum;
}

delete(number) {                            // 删除线路
  this.map.delete(number);
}

update(number, name) {                      // 修改已有线路的所属人
  if (this.map.has(number)) {
    this.map.set(number, name);
  } else {
    console.log(number + '是空号! ');
  }
}

call(number) {                              // 拨打指定线路
  const me = this;
  return new Promise(function(resolve, reject) {
    const time = Math.random()*5000;
    setTimeout(function() {
        if (me.map.has(number)) {
         let name = me.map.get(number);
         if(time > 3000) {
            console.log('呼叫超时');
            resolve(2);
          } else {
            console.log('你拨打的用户是:  ' + name);
            resolve(1);
          }
        } else {
          console.log(number + '是空号! ');
          resolve(3);
```

```
      }
    }, time);
  }).then(function(status) {
      return status;
  });
}

async callAll() {
  console.log('-----开始测试系统所有线路------');
  const promises = new Array();              // 拨打所有线路
  for(let number of this.map.keys()) {
    promises.push(this.call(number));
  }
  return await Promise.all(promises).then(function() {
    console.log('-----系统全部线路测试结束------');
  });
}
};
```

与之前相比，我们在这里主要修改了 `TelephoneExchange` 类的 `call()` 方法和 `add()` 方法。其中，`call()` 方法现在会根据线路的状态返回不同的状态值，1 代表线路测试成功，2 代表线路呼叫超时，3 代表线路不存在。而 `add()` 方法现在会返回新增线路的电话号码，以便我们在界面上添加新的信号灯按钮。接下来修改 `code/03_web/testTelephoneExchange.js` 文件，注册该程序界面上的各种事件的处理函数，具体代码如下：

```
import { TelephoneExchange } from './TelephoneExchange.js';

function getElement(query) {
  if(typeof document.querySelector == 'function') {
    return document.querySelector(query);
  } else {
    switch(query[0]) {
      case '#':
        return document.getElementById(query.substring(1));
      case '.':
        return document.getElementsByClassName(query.substring(1))[0];
      default:
        return document.getElementsByTagName(query)[0];
     }
    }
  }

  const phoneExch = new TelephoneExchange(['张三', '李四', '王五', '赵六']);

  // 设置信号灯
```

```
  function addBtn(key, name) {
    const item = document.createElement('li');
    const btn = document.createElement('input');
    btn.type = 'button';
    btn.className = 'callme';
    btn.id = key;
    btn.value = name;

    btn.addEventListener('click', async function(){
      const status = await phoneExch.call(key);
      switch(status) {
        case 1:    // 拨出成功，线路正常
          this.style.backgroundColor = '#4CAF50';
          break;
        case 2:    // 拨出失败，呼叫超时
          this.style.backgroundColor = '#f44336';
          break;
        case 3:    // 拨出失败，线路丢失
          this.style.backgroundColor = '#008CBA';
          break;
      }
    }, false);

    btn.addEventListener('dblclick', function(){
      for(let i =0; i < btns.length; ++i) {
          if (this.id === btns[i].id) {
            const item = btns[i].parentNode;
            callList.removeChild(item);
        }
      }
      phoneExch.delete(key);
    }, false)
    item.appendChild(btn);
    btns.push(btn);
    callList.appendChild(item);
}
const callList = getElement('#callList');
let btns = new Array();
for(const [key, name] of phoneExch.map.entries()) {
  addBtn(key, name);
}

// 设置添加新用户功能
const addUser = getElement('#addUser');
```

```
addUser.addEventListener('click', function(){
  const name = prompt('请输入新用户的姓名：');
  if(name != null) {
    const key = phoneExch.add(name);
    addBtn(key, name);
  }
}, false);

// 设置测试全部线路功能
const callAll = getElement('#callAll');
callAll.addEventListener('click', function(){
  for(const btn of btns) {
    btn.click();
  }
}, false);
```

在上述代码中，我们首先为仪表盘上的每个信号灯按钮注册了单击事件和双击事件的处理函数。其中，单击事件的处理函数用于启动信号灯对应线路的测试，并根据测试返回的状态值赋予信号灯不同的背景色；而双击事件的处理函数则用于删除信号灯对应的线路，并从仪表盘中移除与之对应的信号灯按钮。然后，我们为显示"添加新用户"字样的按钮注册了单击事件的处理函数，用于添加新用户及其在仪表盘上的对应信号灯按钮。最后，我们为显示"测试全部线路"字样的按钮也注册了单击事件的处理函数，通过在所有信号灯按钮上触发单击事件的方式（即调用每个信号灯按钮元素上的`click()`方法）来启动所有电话线路的测试。这样一来，我们之前实现的"电话交换机测试"程序就可以同时在控制台和 Web 页面两种用户界面中显示测试结果了。它某一次执行所有线路测试的结果如图 9-5 所示。

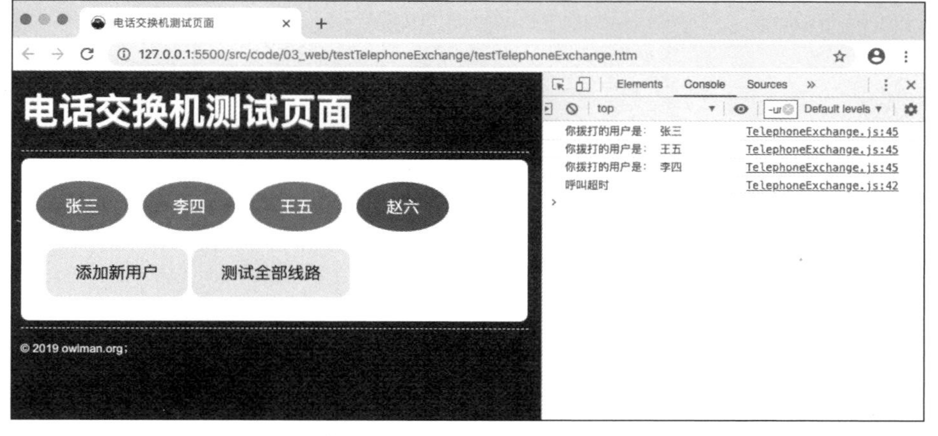

图 9-5 "电话交换机测试"程序的某次测试结果

本章小结

本章对 Web 应用程序中用于响应用户界面操作的前端事件处理机制做了详细的介绍。首先对事件处理中所涉及的一些概念进行了梳理，依次介绍了何谓事件、如何触发事件、事件流是什么、如何响应事件等，以便读者能对事件处理的过程有一个宏观层面上的认知。然后从具体的实现层面介绍了事件在 JavaScript 代码中的存在形式：`event` 对象。该对象提供了事件处理过程中需要用到的各种接口。

接下来，本章分用户界面事件、鼠标操作事件、键盘操作事件以及焦点得失事件这几类事件介绍了在 Web 应用程序的前端究竟可以处理哪些事件。当前端事件被触发之后，事件在 DOM 事件流中的传播又被分成了事件捕获阶段、处于目标阶段与事件冒泡阶段 3 个阶段，选择在哪一个阶段响应事件将在很大程度上决定事件处理函数的设计。

最后本章从编程方式和业务逻辑两个角度详细介绍了事件处理函数的注册方法，并在“综合练习”一节中，通过对“电话交换机测试”程序的完善，具体演示了如何通过注册事件处理函数赋予 Web 应用程序界面响应用户操作的能力。

第 10 章　AJAX 编程方法

本章继续讨论真正让 HTML 文档得以成为 Web 应用程序用户界面的另一项异步编程技术：AJAX。这项技术可以在不重新加载当前页面的情况下更新来自服务器端的数据，从而让一个基于 B/S 架构的应用程序能给用户与 C/S 架构的应用程序近乎相同的体验。这一效果极大地加强了用户在 Web 浏览器上使用应用程序的意愿，让 B/S 这种开发和部署成本更低的应用程序架构真正被市场接受。随着 Web 应用程序的日益复杂化，B/S 架构按照任务的分工进一步将应用程序的开发解耦成了前端和后端两个相对独立的工种，让人们各司其职，减少相互干扰。所以从某种意义上来说，AJAX 是一项真正创造了 Web 前端工程师这一工种的编程技术。

另外，随着前端编程的蓬勃发展，被称为前端工程师的程序员们基于 AJAX 技术和 DOM 结构开发出了各种前端程序库与开发框架。这些程序库和开发框架极大地简化了前端开发的过程，以至于如今某些初学者在完全不了解 AJAX 和 DOM 基础接口的情况下也能使用这些库和框架开发出不错的应用程序。但是，从知识完整性的角度来说，我们还是希望读者能够系统地了解一下 AJAX 技术的来龙去脉和基础知识，毕竟只有做到知其然且知其所以然，才能更好地使用这些程序库和开发框架。总而言之，在阅读完本章内容之后，希望读者能：

- 了解 AJAX 技术的来龙去脉；
- 掌握使用 AJAX 技术编程的基本步骤；
- 了解如何在浏览器端处理 JSON 或 XML 格式的数据；
- 了解使用前端程序库的基本思路和方法。

10.1 AJAX 编程基础

AJAX 这一技术名词最早出现在杰西 · 詹姆斯 · 加勒特（Jesse James Garrett）在 2005 年撰写的“Ajax: A New Approach to Web Applications”一文中。这篇文章第一次系统性地阐述了如何利用这一技术实现浏览器与服务器之间的异步数据通信，并在不重新加载当前页面的情况下局部更新该页面上的数据，从而给予用户更好的操作体验。需要特别提醒的是，虽然 AJAX 中的“X”是 XML 的缩写，但这并不代表这项技术只能针对服务器上的 XML 文件来发送异步通信请求。它并没有数据格式上的限制，以 TXT、JSON 等格式来请求服务器上的数据也一样可行。当然，在具体介绍如何通过异步通信的方式从服务器上获取这些格式的数据之前，我们还是有必要先来解释一下执行这种异步通信的必要性。

10.1.1 为何需要异步通信

众所周知，在 B/S 架构中，浏览器与服务器之间的 HTTP 连接长期以来都被认为是一次性的短期连接，它被限制每次连接只处理一个请求。也就是说，每当浏览器向服务器发送一次访问请求，服务器就会在返回响应内容之后立即切断自身与浏览器之间的连接。与此同时，HTTP 连接在很长一段时间里还是一种无状态连接，即服务器不会记得同一个浏览器上一次请求的内容。这意味着，B/S 架构之下的浏览器不可能像其他 C/S 架构中的客户端一样与服务器保持连续的通信状态。

所以在大多数情况下，Web 应用程序的前后端之间的通信在传统模式下都是一次性的。在这一次通信中，位于前端的浏览器会首先获取 HTML 文档描述的界面结构，再加载以 JavaScript 为代表的前端脚本，然后再由脚本代码来加载界面中需要呈现的数据。这一系列动作是一个连贯的、不可分割的整体。同样由于 HTTP 无状态连接的特性，应用程序的后端也不记得前端上一次请求的内容，因此自然无法通过比较两次请求内容的差异来剥离出变化了的部分返回给前端。这一切反映到 Web 应用程序的用户体验上时，就变成了任何一丁点儿的前后端之间的数据通信都会导致整个用户界面重新加载。这就是 Web 应用程序传统的“发送请求-等待响应”交互模式。这种用户体验极差的交互模式在相当长一段时间里都是 B/S 架构程序无法被市场接受的主要因素之一。而正如之前所说，JavaScript 解决这一问题的核心思路是用异步操作为数据类通信单独发送请求。这样浏览器就不必向服务器发送访问整个页面的请求了。

事实上，早在加勒特提出 AJAX 这个新的编程技术之前，程序员们就已经在利用各种变通手段来实现浏览器与服务器之间的异步数据通信了，例如在 HTML 文档中使用隐藏式的`<iframe>`元素来执行额外的数据请求任务，或者使用 JavaApplet 或 Flash 中的相关功能等。但由于这些方法使用的工具都不是专用于异步数据通信的，所以在具体使用时总是会遇到各种各样的问题，导致效果不尽如人意。而 AJAX 的独到之处就是提出了使用 XMLHttpRequest 这个对象来专门处理异步数据通信，该对象能更为流畅地完成向服务器发送请求，并解析服务器响应数据的任务。所以，学习 AJAX 技术的关键就在于是否能深入地了解 XMLHttpRequest 对象，并熟练掌握它的使用方法。

10.1.2 了解 XMLHttpRequest 对象

XMLHttpRequest 对象最初来自微软公司的 IE5 浏览器，它原本是 IE 浏览器 MSXML 库中的一个 ActiveX 对象。但随着 AJAX 技术被广泛运用，如今绝大部分 Web 浏览器也都提供了相同的对象实现。也就是说，XMLHttpRequest 对象在某种程度上成了当下主流浏览器事实上的标准组件。所以在通常情况下（或者说在 IE7 及其之后出现的主流浏览器中），我们都可以直接通过 new 操作符来创建 XMLHttpRequest 对象，例如：

```
const xhr = new XMLHttpRequest();
```

当然，如果我们不得不考虑 IE6 等老版本的浏览器，也可以考虑将创建 XMLHttpRequest 对象的操作封装成一个兼容新老浏览器的函数，然后再用它来创建对象，例如：

```
function createXMLHttpRequest() {
  if (window.XMLHttpRequest) { // Chrome、Firefox、Safari、IE7+ ...
    return new XMLHttpRequest();
  } else if (window.ActiveXObject) { // IE6 及更老版本的 IE 浏览器
    return new ActiveXObject("Microsoft.XMLHTTP");
  } else {
    throw new Error('你的浏览器不支持 XMLHttpRequest 对象！');
  }
}

const xhr = createXMLHttpRequest();
```

在创建了该对象之后，就可以开始使用该对象提供的接口了。接下来介绍一下该对象的常用接口。

- **readyState 属性**：只读属性，作用是返回一个用于表示请求状态的枚举值。下面是各枚举值代表的含义。
  - UNSET：请求处于未初始化状态。
  - OPENED：请求处于启动状态。
  - HEADERS_RECEIVED：请求处于发送状态。
  - LOADING：请求处于接收响应数据的状态。
  - DODE：请求处于任务完成的状态。

- **response 属性**：只读属性，作用是返回 XMLHttpRequest 对象从服务器上接收到的响应内容，其具体值的类型取决于 XMLHttpRequest.responseType 的值。
- **responseText 属性**：只读属性，作用是以纯文本的形式返回 XMLHttpRequest 对象从服务器上接收到的响应内容，如果请求未成功或尚未发送，则返回 null。
- **responseType 属性**：该属性是一个枚举值，用于表示响应数据的类型。各枚举值的具体介绍如下。
  - "text"：表示响应数据为纯文本类型的字符串对象，这是其默认类型（该枚举值也可以是个空字符串：""）。
  - "arraybuffer"：表示响应数据为 ArrayBuffer 类型的二进制数组对象。
  - "blob"：表示响应数据为 Blob 类型的对象。
  - "document"：表示响应数据为一个 HTML 或 XML 格式的文档对象。
  - "json"：表示响应数据为一个 JSON 格式的对象。
- **responseURL 属性**：只读属性，作用是返回响应数据所在的 URL。如果该 URL 为空，则返回空字符串。
- **responseXML 属性**：只读属性，作用是以 XMLDOM 对象的格式返回 XMLHttpRequest 对象从服务器上接收到的响应内容。如果请求未成功、尚未发送或是不能被解析为 XML 或 HTML，则返回 null。
- **status 属性**：只读属性，作用是以数字的形式返回 XMLHttpRequest 对象发送请求完成之后得到的响应状态值，例如 200 代表响应正常、404 代表其请求的内容不存在等。
- **statusText 属性**：只读属性，作用是以文本的形式返回 XMLHttpRequest 对象发送请求完成之后得到的响应状态。与 status 属性不同的是，它包含完整的响应状态文本（例如"200 OK"）。
- **timeout 属性**：该属性可被赋予一个无符号长整型的数值，用于设置 XMLHttpRequest 对象所发送请求的最大请求时间（单位为毫秒），一旦某次请求所用的时间超出了该属性被设定的值，就会被自动终止。
- **upload 属性**：只读属性，作用是返回一个用来表示上传进度的 XMLHttp-RequestUpload 对象，我们可以通过响应该对象事件的方式来追踪数据上传的进度。下面具体介绍一下可在该对象上注册的一些事件处理函数。
  - **onloadstart 事件处理函数**：在数据上传开始时被调用。
  - **onprogress 事件处理函数**：在数据上传的过程中一直被调用，建议不要执行太复杂的操作。
  - **onabort 事件处理函数**：在数据上传过程被中止时被调用。

  - **onerror 事件处理函数**：在数据上传失败时被调用。
  - **onload 事件处理函数**：在数据上传成功时被调用。
  - **ontimeout 事件处理函数**：在数据上传未在用户规定的时间内完成时被调用。
  - **onloadend 事件处理函数**：在数据上传过程完成时被调用（不论上传成功与否）。
- **withCredentials 属性**：该属性是一个布尔类型的值，用于设置 XMLHttp-Request 对象是否该使用类似 cookies、authorization headers（头部授权）或 TLS（Transport Layer Security，安全传输层协议）客户端证书这一类认证机制来创建一个跨域请求。
- **abort()方法**：该方法会在请求已被发送的情况下，于收到响应之前中止请求。
- **getAllResponseHeaders()方法**：该方法会以字符串的形式返回所有用 CRLF（Carriage Return Line-Feed，回车换行）分隔的响应头，如果请求没有收到响应，则返回 null。
- **getResponseHeader()方法**：该方法会返回包含指定响应头的字符串，如果请求没有收到响应或在收到的响应中不存在该头，则返回 null。
- **open()方法**：该方法的作用是初始化 XMLHttpRequest 对象要发送的请求。
- **overrideMimeType()方法**：该方法会重写由服务器返回的 MIME 类型。
- **send()方法**：该方法用于发送请求。如果请求是异步的（默认），那么该方法将在请求发送后立即返回。
- **setRequestHeader()方法**：该方法用于设置 HTTP 请求头的值，它必须在 open()之后、send()之前被调用。
- **onreadystatechange 事件处理函数**：该事件处理函数会在其所在 XMLHttpRequest 对象的 readyState 属性值发生变化时被调用。

和之前一样，由于本书并不是一本照本宣科式的参考手册，所以上面列出的这些只是 XMLHttpRequest 对象中最常用的，且被大多数主流浏览器支持的属性、方法与事件处理函数，并不是该对象提供的所有接口。如果读者希望更完整地了解 XMLHttpRequest 对象的所有细节，可查阅专门的技术文档。

10.1.3 XMLHttpRequest 对象的基本使用

在了解了 XMLHttpRequest 对象的常用接口之后，接下来具体介绍一下该如何用它来异步数据通信。下面，先来看一下用 XMLHttpRequest 对象与服务器进行异步通信的基本操作：

```
// 第一步：创建 XMLHttpRequest 对象
```

```
const xhr = createXMLHttpRequest();
// 第二步：初始化请求
xhr.open('GET','[某个 URL]', true);
// 第三步：向服务器发送请求
xhr.send(null);
// 第四步：处理服务器的响应
xhr.onreadystatechange = function(){
  if(xhr.readyState === XMLHttpRequest.DONE) {
    if(xhr.status >= 200 && xhr.status < 300 || xhr.status == 304) {
      useData(xhr.response);
    } else {
      throw new Error('请求数据失败！');
    }
  }
};
```

从以上代码可以看出，在 AJAX 编程方法中，一次异步通信主要由 4 个步骤组成。下面，我们逐一详细说明一下每个步骤所要完成的任务，以及需要注意的事项。

- **创建 XMLHttpRequest 对象**。这一步骤的任务是构建进行 AJAX 编程的基础设施。完成该任务时需要注意各大主流浏览器对 XMLHttpRequest 对象的兼容程度，所以上面使用的是之前封装好的、兼容新老浏览器的 createXMLHttpRequest() 函数。
- **初始化请求**。这一步骤的任务是初始化 XMLHttpRequest 对象将要发送的请求。要完成这个任务首先要调用 XMLHttpRequest 对象的 open() 方法，该方法需要传递 3 个实参：第一个实参是一个字符串类型的值，用于指定请求的类型是 GET 还是 POST；第二个实参也是一个字符串类型的值，用于指定请求数据的 URL；第三个实参是一个布尔类型的值，用于设置该请求是否为异步，true 代表这是一个异步请求。

  在调用了 open() 方法之后，我们还可以继续对将要发送的请求做进一步的设置，例如用 timeout 属性设置最大的请求时间、用 withCredentials 属性设置是否允许跨域请求等。例如：

  ```
  xhr.open('GET', '[某个 URL]', true);
  xhr.withCredentials = true; // 允许跨域请求数据
  xhr.timeout = 2000;         // 请求时间超过 2000 毫秒即视为超时
  ```

- **向服务器发送请求**。这一步骤的任务是将之前设置好的请求发送给服务器。完成该任务需要调用 XMLHttpRequest 对象的 send() 方法，该方法需要传递一个实参，用于设置要发送给服务器的数据。在请求类型为 GET 时，数据是随着 URL 一起发送的，所以不需要 send() 方法来发送数据，我们只需将其实参值设置为 null 即可。但当请求类型为 POST 时，我们通常就需要用 send()

方法来发送数据了。例如，假设当前页面上有一个 id 值为 userForm 的 <form>元素，我们就可以这样用 XMLHttpRequest 对象将表单数据发送给服务器：

```
xhr.open('POST', '[某个 URL]', true);
const form = document.querySelector('#userForm');
xhr.send(new FormData(form));
```

请注意，在发送表单数据之前，必须先将这些数据做一些序列化处理。我们在这里是通过创建一个 FormData 对象来完成这一任务的。该对象是 HTML5 的 DOM 提供的新对象，专用于序列化表单数据。它的使用方法非常简单，只需在创建时将目标表单的元素引用传递给它的构造函数即可。

- **处理服务器的响应**。这一步骤的任务是处理 XMLHttpRequest 对象从服务器接收到的响应数据，这个工作需要通过 onreadystatechange 这个事件处理函数来完成。该事件处理函数会在 XMLHttpRequest 对象的 readyState 属性发生变化时被调用。然后，当 readyState 属性的值等于 XMLHttpRequest.DONE 的时候，代表响应数据的接收过程已经完成。接下来就要通过 XMLHttpRequest 对象的 status 属性值来确认 HTTP 响应的具体状态。基本上，如果该值在 200 到 300 之间或等于 304，就可以认为数据请求成功。最后，我们就可以对 XMLHttpRequest 对象的 response 属性中存储的响应数据进行进一步处理了（在上面的示例中，我们假设预先定义了一个名为 useData()的回调函数来处理响应数据）。当然，在这里我们也可以先通过 responseType 属性来确认响应数据的类型，然后再来选择是使用 responseText 属性还是 responseXML 属性来返回格式更为具体的数据。

在这里需要特别说明一件事：出于安全方面的考虑，许多浏览器在默认情况下会禁止 JavaScript 代码进行跨域访问。所谓跨域访问，指的是客户端的 JavaScript 代码在当前域名（包含端口号）下访问另一域名（或相同域名的不同端口号）所指向的服务端资源。例如，如果我们想让在 batman.com 域名下的 JavaScript 客户端脚本向 owlman.com 域名下的资源发送异步请求，这就是一次跨域访问。浏览器的这种限制会给我们在客户端构建 AJAX 应用带来不小麻烦，所以读者在编写 AJAX 应用之前，应该先了解一下如何在当前域名所指向的服务端上做一些资源获取方面的处理工作，以避免进行跨域访问资源。只要本章的代码是在用 Apache、IIS 这类软件或者 Visual Studio Code 的 Go Live 插件构建 Web 服务器中运行的，就不必担心这个问题。

10.1.4 封装 XMLHttpRequest 对象

其实，在使用 AJAX 这种编程技术一段时间之后，就会发现每次要编写的代码都大同小异，基本上就是上述基本步骤的小幅调整，有时是传递的实参些许不同，有时是请求的初始化设置多了几个。总体而言，代码的重复率是很高的。每当遇到这种情况时，我们就应该考虑将这些重复的代码封装成若干个工具函数以供日常调用，以降低代码的重复率，提高我们的编程效率。下面，我们就根据请求类型的不同，来封装一个用于发送 GET 请求的 ajax_get() 函数和一个用于发送 POST 请求的 ajax_post() 函数，以作示范。

现在，让我们先来封装用来发送 GET 请求的 ajax_get() 函数。由于这种请求方式相对简单，即使要向服务器发送数据，这些数据也是以参数的形式被写在要请求的 URL 中的。所以我们只需要给该函数设置两个形参，第一个形参是用于设置 URL 的字符串，第二个形参则是用于处理响应数据的回调函数，具体代码如下：

```
function ajax_get(url, useData) {
  const xhr = createXMLHttpRequest(); // 此处依然使用之前封装的创建函数
  xhr.open('GET', url, true);
  xhr.send(null);
  xhr.onreadystatechange = function(){
    if(xhr.readyState === XMLHttpRequest.DONE) {
      if(xhr.status >= 200 && xhr.status < 300 || xhr.status == 304) {
        useData(xhr.response);
      } else {
        throw new Error('请求数据失败！');
      }
    }
  }
}
```

有了这个函数之后，当我们要用 AJAX 方式发送异步的 GET 请求时就只需要像下面这样调用它即可：

```
ajax_get('[某个 URL]', function(data){
  // 处理响应数据，例如将其输出到控制台中
  console.log(data);
});
```

接下来，我们再来封装用于发送 POST 请求的 ajax_post() 函数。由于这类请求通常用于提交表单数据，所以该函数的形参除了包括用于设置 URL 的字符串和用于处理响应数据的回调参数，还需要一个传递表单数据的形参，具体代码如下：

```
function ajax_post(url, sendData, useData) {
  const xhr = createXMLHttpRequest(); // 此处依然使用之前封装的创建函数
  xhr.open('POST', url, true);
  xhr.send(sendData);
  xhr.onreadystatechange = function(){
```

```
  if(xhr.readyState === XMLHttpRequest.DONE) {
    if(xhr.status >= 200 && xhr.status < 300 || xhr.status == 304) {
      useData(xhr.response);
    } else {
      throw new Error('请求数据失败！');
    }
   }
  }
}
```

同样地，有了这个函数之后，当我们要用 AJAX 方式发送异步的 POST 请求时就只需要像下面这样调用它即可：

```
// 假设当前页面上有一个 id 值为 userForm 的表单元素
const form = document.querySelector('#userForm');
const formData = new FormData(form);
ajax_post(form.action, formData, function(data){
  // 处理响应数据，例如将其输出到控制台中
  console.log(data);
});
```

需要说明的是，与表单数据相关的请求往往还伴随着服务器端对这些数据的处理，单纯依靠在浏览器端发送一个异步请求其实很难得到什么有效的响应数据。正因为如此，我们打算将“表单处理”相关的内容留到本书的第三部分，具体介绍如何用 JavaScript 在服务器端响应浏览器的请求时再做讨论，这里只是纯粹示范一下如何用 AJAX 方法发送异步的 POST 请求。

事实上，除了以上两个用于发送指定请求类型的 AJAX 工具函数，我们还可以根据自己的需要封装出专门用于请求 XML 或 JSON 格式数据的函数，或者设置最大请求时间以及允许跨域请求数据的 AJAX 函数。这些函数的封装方法是大同小异的。简而言之，其基本的设计思路就是将 AJAX 编程中会变化的部分抽离出来，设置成函数的形参，以便在调用时以实参的形式传递给函数；而不变的需要重复编程的部分则封装成为函数体，以便重复调用。

10.1.5 响应数据的处理

在我们之前封装的 AJAX 工具函数中，对于来自服务器的响应数据，我们都是交由一个回调函数来处理的。这样做有利于将每次编程中要执行的具体任务与用 XMLHttpRequest 对象进行异步通信的基本操作分离，从而提高它们各自的可重用性和灵活性，这也是 JavaScript 传统的编程风格。下面具体介绍一下如何编写这些回调函数，以完成对响应数据的处理。

根据 XMLHttpRequest 对象的 responseType 属性，我们知道响应数据的类型

大致上可分为纯文本、JSON、DOM 对象以及普通的二进制 4 种。在实际编程中，纯文本数据和二进制数据通常是可以直接使用的，它们与普通的字符串和数组没有多少区别。所以，真正需要做一定处理且比较常用的是 JSON 和 XML/HTML 这两种数据类型。下面我们就分别来看一下 JavaScript 在前端是如何处理这两类数据的。

10.1.5.1 JSON 数据

从字面上理解，JSON 就是一种 JavaScript 对象的表示方法。由于这种表示方法在描述结构化数据时使用的是 JavaScript 中的一些语法格式，这使得它看起来比 XML 这种传统的结构化数据格式更简洁明了，也更易于解析。所以 JSON 更多时候被当作一种描述结构化数据的格式，常用于执行一些轻量级的数据交换任务。需要特别说明的是，JSON 数据并不是只可以在 JavaScript 中使用，Java、Python、C#等多种编程语言也都支持该数据格式的序列化与解析。它如今与 XML 一样，是一种描述结构化数据的通用格式。

但从语法上来说，JSON 数据格式仍然可被认为是 JavaScript 语法中字面直接量表示法的一个子集，它可以描述的数据只有简单值、对象和数组 3 种类型。下面我们逐一来做个说明。

- **简单值**：这种类型的 JSON 数据通常只有一个单值，该值可以是数字、字符串、布尔值或 `null`，但不能是 JavaScript 中的 `undefined` 值。当然，在实际应用中，我们很少会需要动用 JSON 格式去描述一个单值，它更多时候是作为后两种复杂类型的基础而存在的。
- **对象**：这种类型的 JSON 数据的描述语法与一般 JavaScript 对象的字面直接量是非常相似的，都是被一个大括号括住的一系列键/值对。例如：

  ```
  {
    "name" : "owlman",
    "age"  : 40
  }
  ```

  仔细观察，会发现 JSON 格式描述的对象与用字面直接量描述的 JavaScript 对象之间还是有两点重要区别的。第一，JSON 对象的属性名必须要用双引号引起来；第二，JSON 对象的属性值同样只能是 JSON 格式可描述的简单值、对象或数组，不能是 JavaScript 中的函数、原型对象或 `undefined` 值。
- **数组**：这种类型的 JSON 数据的描述语法与一般 JavaScript 数组的字面直接量也非常相似，都是被一个中括号括住的一组值，这组值可以是一组 JSON 格式的简单值。例如：

  ```
  ["owlman", 40, false, null]
  ```

- 也可以是 JSON 格式的对象，例如：

  ```
  [
    {
      "name" : "owlman",
      "age"  : 40
    },
    {
      "name" : "batman",
       "age" : 45
    },
    {
      "name" : "superman",
      "age"  : 42
    }
  ]
  ```

- 甚至还可以是另一个 JSON 格式的数组，但同样不能是 JavaScript 中的函数、原型对象或 undefined 值。

这些语法只是用于描述结构化数据，但数据本身在程序的输入/输出是以字符串的形式存在的。对此，我们可以写一个脚本验证一下。首先，我们需要在之前用于存放示例代码的 code 目录下创建一个名为 data 的目录，并在其中创建一个名为 hero.json 的文件，该文件的内容如下：

```
[
  {
    "name" : "owlman",
    "age"  : 40
  },
  {
    "name" : "batman",
    "age"  : 45
  },
  {
    "name" : "superman",
    "age"  : 42
  }
]
```

然后在用于测试代码的 code/03_web/03-test.js 脚本文件中调用我们之前封装的 ajax_get() 函数：

```
ajax_get('../data/hero.json', function(data) {
  console.log(typeof data); // 输出：string
  console.log(data);        // 输出内容与 hero.json 文件的内容一致
});
```

在通过 03-test.htm 文件执行上述代码之后，我们就可以看到 data 的数据类型是字符串，且其内容是一段与 hero.json 文件内容相同的 JSON 格式的数据，具体如图 10-1 所示。

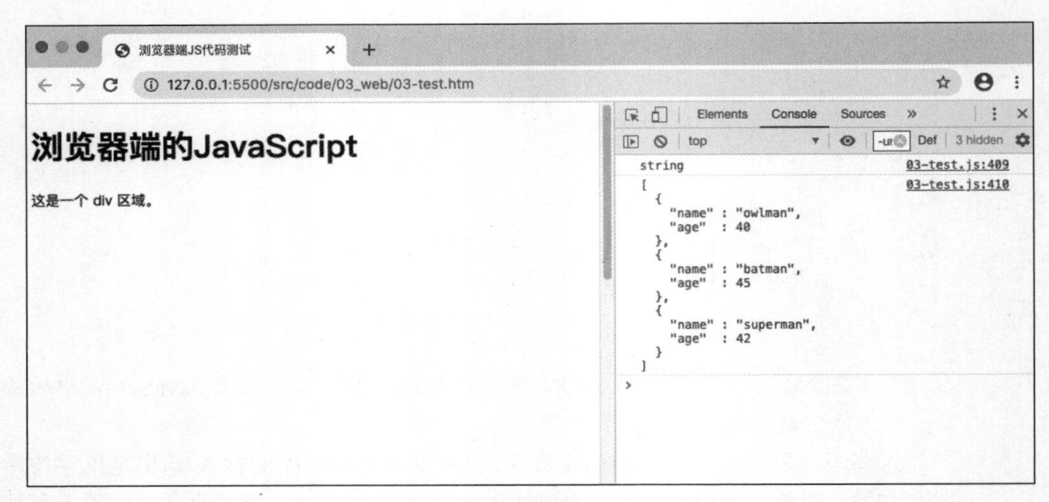

图 10-1　响应数据的类型及其内容

所以，要想在浏览器端用 JavaScript 脚本对 JSON 数据进行处理，首先要将从服务器输入的包含数据内容的字符串解析成 JavaScript 中相应类型的对象，以便进一步处理；然后在处理数据之后，又要将相应的 JavaScript 对象重新序列化成用于描述 JSON 数据的字符串，以便输出给服务器。为了方便解决这些问题，ECMAScript 规范定义了一个名为 JSON 的全局对象，专用于解析和序列化 JSON 字符串。它主要提供了以下两个方法。

- **parse()方法**：该方法的作用是将包含 JSON 数据的字符串解析成 JavaScript 中相应类型的对象。在大多数情况下，我们在调用该方法时只需要提供那个要解析的目标字符串作为实参即可。例如，我们可以像下面这样修改之前对 ajax_get()函数的调用：

```
ajax_get('../data/hero.json', function(data) {
  console.log(typeof data);  // 输出：string
  console.log(data);         // 输出内容与 hero.json 文件的内容一致
  const hero = JSON.parse(data);
  console.log(typeof hero);  // 输出：object
  for(const item of hero) {
    console.log(item.name+ ':' + item.age);
  }
  // 以上循环输出
  // owlman:40
  // batman:45
```

```
  // superman:42
});
```

在通过 03-test.htm 文件执行上述代码之后，我们就可以看到 data 字符串被解析成了一个可在 JavaScript 中被遍历的数组对象，具体如图 10-2 所示。

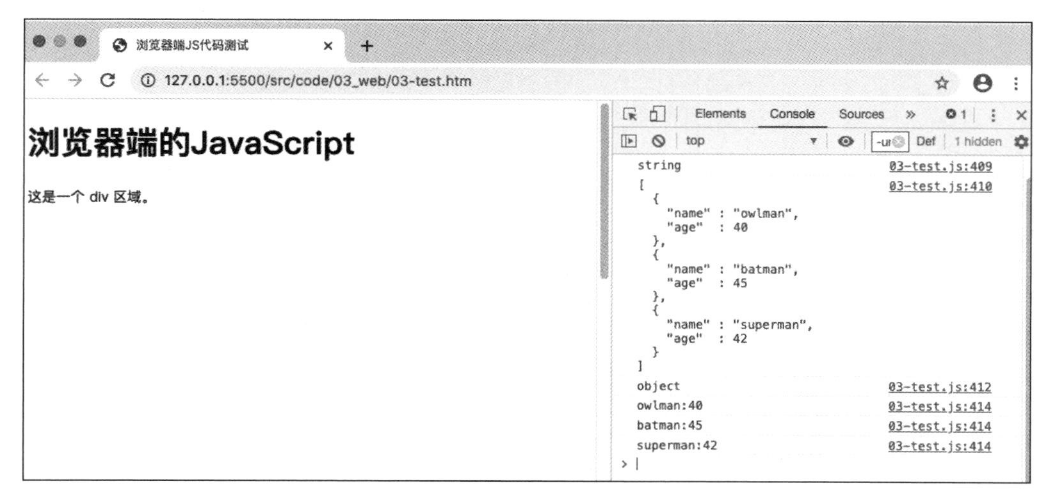

图 10-2　解析响应数据

另外，在特定需求下，我们有时候除了会提供要解析的目标字符串，还会额外提供一个回调函数作为实参，用于排除一些数据或修改一些数据被解析的方式。在专业术语上，我们通常将这个回调函数称为**还原函数**，它有两个形参，分别用于接收键和值。例如在下面的代码中，如果我们不希望解析 JSON 数据中的 age 属性，就可以这样写：

```
const jsonData = `
{
  "name" : "owlman",
  "age"  : 40
}`;

const jsObj = JSON.parse(jsonData, function(key, value) {
  if(key == 'age') {
    return undefined;
  } else {
    return value;
  }
});

console.log(jsObj.name); // 输出：owlman
console.log(jsObj.age);  // 输出：undefined
```

执行上述代码,我们会看到 jsonData 字符串中 JSON 数据在被解析成 jsObj 对象后，age 属性的值变成了 undefined。

- **stringify()方法**：该方法的作用是将 JavaScript 中的对象数据序列化成字符串类型的 JSON 数据。同样地，在大多数情况下，我们在调用该方法时只需要提供要序列化的 JavaScript 对象作为实参即可，例如：

```
const TCPL_Book = {
  title   : 'The C Programmming Language',
  authors : [
    'Brian W.Kernighan',
    'Dennis M.Ritchie'
  ]
};

const jsonData = JSON.stringify(TCPL_Book);
console.log(jsonData);
```

执行上述代码，我们会看到 TCPL_Book 对象被序列化成了如下字符串：

```
{"title":"The C Programmming Language","authors":["Brian W.Kernighan",
 "Dennis M.Ritchie"]}
```

需要注意的是，在 JavaScript 对象被序列化的过程中，值为函数、原型对象或 undefined 的属性会被忽略。在特定情况下，我们也可以在提供被序列化的目标对象之外，再提供一个用于排除一些数据或修改一些数据被序列化的方式的实参。在专业术语上，我们将这个实参称为**过滤器**。它可以有两种形式，如果是一个数组，那么就只有在该数组中列出的属性会被序列化。例如，如果我们将上面的代码修改成这样：

```
const TCPL_Book = {
  title   : 'The C Programmming Language',
  authors : [
    'Brian W.Kernighan',
    'Dennis M.Ritchie'
  ]
};

const jsonData = JSON.stringify(TCPL_Book,['title']);
console.log(jsonData);
```

就会看到其序列化结果中已经没有 authors 属性的数据了。而如果过滤器的实参是个回调函数，那么该回调函数的用法与 parse()方法的还原函数相似，可以改变一些数据被序列化的方式。例如，如果我们希望 authors 属性的数据被序列化之后的结果是个字符串而不再是个数组，就可以将上述代码修改成这样：

```
const TCPL_Book = {
  title   :'The C Programmming Language',
  authors :[
    'Brian W.Kernighan',
    'Dennis M.Ritchie'
  ]
};

const jsonData = JSON.stringify(TCPL_Book, function(key, value) {
  if(key == 'authors') {
    return value.join(', ');
  } else {
    return value;
  }
});
console.log(jsonData);
```

在重新执行脚本之后，就会看到 jsonData 字符串的内容变成了这样：

```
{"title":"The C Programmming Language","authors":"Brian W.Kernighan, Dennis
 M.Ritchie"}
```

另外，为了便于数据的网络传输，默认情况下的序列化结果是不带任何用于缩进或换行的空白符的。如果出于某种考虑，希望序列化的结果能带有缩进或换行的空白符，那么我们可以在调用 stringify() 方法时提供第三个实参，用它来指定缩进的方式。如果该实参传递的是数字，那么代表的就是缩进所用的空格数；如果该实参传递的是一个字符串，那么序列化的结果就会用该字符串来进行缩进，并且在序列化过程中也会在缩进的同时按照属性进行自动换行。例如，如果我们将上面对 stringify() 方法的调用改成这样：

```
const jsonData = JSON.stringify(TCPL_Book, function(key, value) {
  if(key == 'authors') {
    return value.join(', ');
  } else {
    return value;
  }
},4);
```

在重新执行脚本之后，就会看到 jsonData 字符串的内容变成了这样：

```
{
  "title": "The C Programmming Language",
  "authors": "Brian W.Kernighan, Dennis M.Ritchie"
}
```

10.1.5.2　XML数据

XML是一种更为传统的、描述结构化数据的方式，甚至曾经一度是在网络上传输结构化数据的事实标准。从语法层面来看，XML是一门与HTML非常类似，但更为灵活的标记语言。它的大部分语法与HTML语法基本相同，例如每个标签的名称都要用一对尖括号括住，以及严格区分开始标签和结束标签等。它们之间最大的区别在于，HTML使用的标签全部都是预先被定义好的，并且标签名是不区分大小写的；而XML的标签则是可以由使用者自定义的，且标签名要区分大小写。例如对于之前我们在hero.json文件中描述的数据，在XML中可以这样描述：

```
<?xml version="1.0" encoding="UTF-8"?>
<heroes>
  <hero>
    <name>owlman</name>
    <age>40</age>
  </hero>
  <hero>
    <name>batman</name>
    <age>45</age>
  </hero>
  <hero>
    <name>superman</name>
    <age>42</age>
  </hero>
</heroes>
```

当然，这只是最简单的一个XML示例。如果要全面介绍XML的语法，我们可能需要另外写一本书。但是既然我们已经假设本书的读者是具备HTML相关的基础知识和使用经验的，那么相信在理解XML语法上应该不会遇到太大的问题。我们需要重点关注的还是如何在浏览器端用JavaScript来处理XML描述的数据。所以在继续下面的讨论之前，我们需要将上述代码保存到一个名为hero.xml的文件中，然后将其放在code/data目录中，待会会用到它。下面具体介绍如何用JavaScript处理来自服务器端的XML数据。

首先，和之前的JSON数据一样，XML数据被输入JavaScript程序中时通常是以字符串的形式存在的，而XML在JavaScript中也是以DOM对象的形式存在的。所以，我们需要先将其解析成JavaScript更方便处理的XML DOM对象，这部分的工作可以通过DOMParser对象来完成。例如我们可以这样调用之前封装的ajax_get()函数：

```
ajax_get('../data/hero.xml', function(data) {
  console.log(typeof data); // 输出：string
  const parser = new DOMParser();
```

```
  const xmldom = parser.parseFromString(data, 'text/xml');
  console.log(typeof xmldom); // 输出: object
  const heroes = xmldom.querySelectorAll('hero');
  for(const hero of heroes) {
    const name = hero.querySelector('name').textContent;
    const age = hero.querySelector('age').textContent;
    console.log(name + ':' + age);
  }
  // 以上循环输出
  // owlman:40
  // batman:45
  // superman:42
});
```

在上述调用中,我们异步请求了之前保存的 hero.xml 文件,得到的响应数据 data 是一个字符串对象。然后，我们新建了一个 DOMParser 对象，并用该对象的 parseFromString()方法将包含响应数据的字符串解析成了相应的 XML DOM 对象。该方法接收两个实参，第一个实参用于指定要解析的字符串，在这里就是 data；第二个实参则用于指定目标字符串内容所描述的数据格式，在这里就是 text/xml。

浏览器对 XML DOM 的支持一直以来是程序员们非常关注的议题，在经过了 DOM 2 的规范之后，XML DOM 的使用方式已经与 HTML DOM 基本大同小异了。在大多数情况下可以直接使用我们已经熟悉了的 HTML DOM 接口，就像上述代码中所做的那样。

最后,如果我们在处理完 xmldom 对象中的数据之后,想将其重新序列化回字符串,以便后续的数据传输或存储，就需要使用 XMLSerializer 对象，例如（如果想测试调用效果，可以将下面 3 行代码都添加至上述调用的回调函数末尾）：

```
const serializer = new XMLSerializer();
const xmlData = serializer.serializeToString(xmldom);
console.log(xmlData); // 输出内容与 hero.xml 文件的内容一致
```

序列化 DOM 对象的过程非常简单，我们只需要创建一个 XMLSerializer 对象，并以 xmldom 为实参调用该对象的 serializeToString()方法即可。由于我们并没有修改 xmldom 中的数据，所以 xmlData 的内容与 data 以及 hero.xml 文件的内容是一致的。

需要特别说明的是，其实在执行 AJAX 异步请求时，解析 XML 数据更简单的方法是直接让 XMLHttpRequest 对象返回它的 responseXML 属性。但这也意味着我们需要修改 ajax_get()函数的实现，让 XMLHttpRequest 对象的 responseType 属性的值等于“xml”时返回它的 responseXML 属性，这里就不做演示了，读者有兴趣的话可自行去实践一下。

10.1.6 响应数据的使用

细心的读者可能已经发现了，到目前为止，我们只是在终端中输出了经过处理的响应数据，但 AJAX 编程的目标是要在不刷新当前页面的情况下使用这些响应数据。所以，仅仅在控制台中使用这些数据是不够的，接下来，我们要来完成 AJAX 编程的最后一步：在不刷新页面的情况下加载响应数据。

首先，让我们在 03-test.htm 页面中添加一个 id 值为 showData 的按钮元素和一个 id 值为 hero 的<div>元素，然后在该页面外链的 03-test.js 脚本文件中为这个新增的按钮元素注册一个单击事件的处理函数，并在其中调用我们之前封装的 ajax_get()函数，以获取存储在 code/data/hero.json 文件中的数据，具体代码如下：

```
const showData = document.querySelector('#showData');
showData.addEventListener('click',function() {
  ajax_get('../data/hero.json', function(data) {
  const hero = JSON.parse(data);
  let jsonData = new Array();
  for(const item of hero) {
    jsonData.push([item.name, item.age].join(':'));
  }
  const heroDiv = document.querySelector('#hero');
  heroDiv.innerHTML = jsonData.join('<br>');
});
},false);
```

然后，我们在浏览器中打开 03-test.htm 页面，并单击刚才新增的按钮就可以看到之前在控制台中输出的那 3 行数据显示在页面中了，并且在整个过程中该页面没有被重新载入。由于这里的执行过程是个动态的效果，无法用静态图片展示，所以我们就不做截图了，读者可自行在浏览器中实验这个效果。

10.2 不要重复发明轮子

细心的读者可能已经发现了，我们在使用 DOM、BOM 以及 XMLHttpRequest 这些对象的接口进行编程时，很大一部分精力都花在将一些相关基础调用封装成工具函数这件事上。这样做有时单纯是为了提高代码的重用率，例如之前封装 ajax_get()和 ajax_post()这两个函数就是出于这方面的考虑；有时则是为了兼容新旧版本的浏览器，例如之前用于创建 XMLHttpRequest 对象的 createXMLHttpRequest()函数，以及使用新老元素选择器接口来选择页面元素的 getElement()函数都是基于这个考虑来设计的。从编程实践的角度来说，经常根据自己的任务需要来封装一些常用的函数和对象是一个不错的习惯，有助于提高我们的编程效率和程序本身对其运行环境的兼容性。

但在编程实践中，我们同时还应该遵守“不要重复发明轮子”这一基本原则。也就是说，在我们亲自动手封装一些函数之前，应该先查看一下当前 JavaScript 运行环境自带的程序库以及一些流行的第三方 JavaScript 程序库中是否已经提供了有类似功能的函数和对象。如果有，就不必再自己编写了。这样不仅可以避免重复劳动，节省时间，提高我们的编程效率，而且这些库提供的函数和对象往往具有更专业的实现，并经历过更严格的测试和优化，直接使用它们来完成相关任务也有助于改善程序本身的性能。

就本章讨论的 AJAX 编程来说，在如今众多的 JavaScript 前端程序库中，jQuery 是一个非常经典的存在，同时也是我们在实际编程中的一个不错的选择。下面，我们就以 jQuery 为例来演示一下如何用前端程序库来完成 AJAX 编程任务。

10.2.1 创建一个 jQuery 项目

要想使用 jQuery 提供的函数和对象，我们首先需要获取 jQuery 库的源文件，并将其加载到我们的 JavaScript 项目中。在实际编程实践中，获取 jQuery 库的源文件的途径有很多种，既可以在命令行终端中打开项目目录并使用 `npm install jquery` 命令来下载它，也可以使用 CDN（Content Delivery Network，内容分发网络）的方式直接在 `<script>`标签中引用它。例如下面就是几个我们经常会引用的 CDN 外链：

```
<script src="https://cdn.staticfile.org/jquery/1.10.2/jquery.min.js">
</script>
<script src="https://apps.bdimg.com/libs/jquery/2.1.4/jquery.min.js">
</script>
<script src="https://upcdn.b0.upaiyun.com/libs/jquery/jquery-2.0.2.min.js">
</script>
```

但以上两种方式都比较依赖于程序员工作时的环境，毕竟谁也不能保证以上 CDN 外链一直有效，或者 NPM（Node Package Manager，node 包管理器）的资源仓库一直可用。所以最简单有效的方法，还是去 jQuery 的官方网站下载自己所需要的库的源文件，该官方网站首页如图 10-3 所示。

图中 jQuery 的最新版本是 3.5.0，但因为我们这里是一个教学项目，通常会希望相关应用能兼容 IE8 之前的老版浏览器，且无须涉及 jQuery 库的最新特性，所以建议下载 jQuery 的 1.12.4 这个版本。另外需要注意的是，jQuery 库每个版本的下载都有压缩版和未压缩版两种。如果是在生产环境中，我们会希望项目中每个文件的体积都尽可能小，以便浏览器能更快速地加载，这时候就应该选择压缩版。但如果是学习研究的用途，我们会希望库文件中的代码有很强的可读性，以及丰富的注释信息，这时候就应该选择非压缩的版本。考虑到本项目的作用，这里选择了非压缩的版本，所以下载了一个名为

jquery-1.12.4.js 的文件。

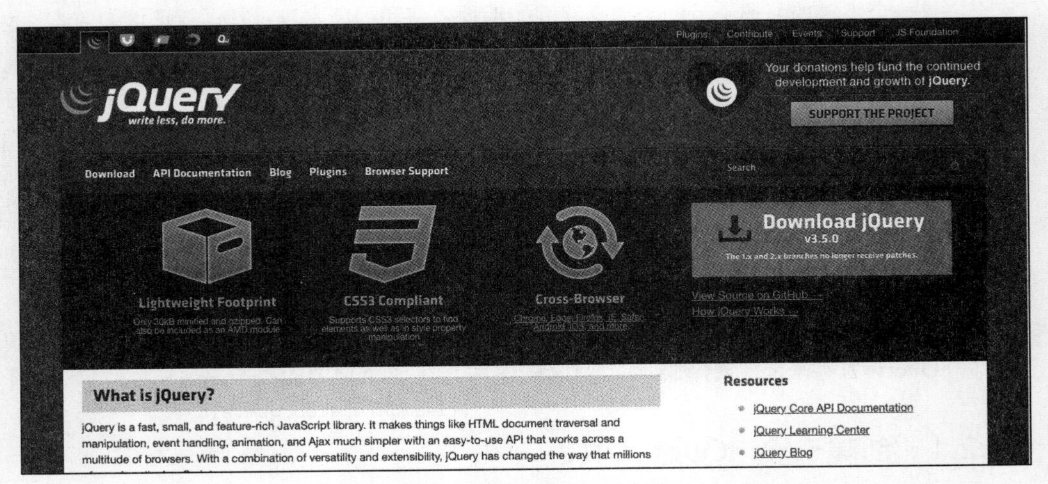

图 10-3 jQuery 官方网站首页

接下来，我们就可以创建这个体验 jQuery 程序库的项目了。首先，在 code/03_web/ 目录下创建一个名为 usejQuery 的项目目录，并在该目录下创建一个名为 js 的子目录，然后再将之前下载的 jquery-1.12.4.js 文件放在这个子目录下。到了这一步，这个用于体验 jQuery 程序库的项目就有了一个基本的架构，下面的问题就是该如何引用这个库的函数和对象。

首先将 jQuery 库的源文件加载到程序中，我们可以在 HTML 文档中用<script>标签的 src 属性以外链的形式来加载它。具体步骤是先在 code/03_web/usejQuery/目录下新建一个名为 usejQuery.htm 的 HTML 文件，然后在其中编写如下代码：

```
<!DOCTYPE html>
<html lang="zh-cn">
<head>
    <meta charset="UTF-8">
    <title>体验 jQuery 程序库</title>
    <script src="js/jquery-1.12.4.js"></script>
    <script defer="defer" src="js/usejQuery.js"></script>
</head>
<body>
    <noscript>
        <p>本页面需要浏览器支持或启用 JavaScript。</p>
    </noscript>
    <h1>体验 jQuery 程序库</h1>
    <h2>载入 JSON 数据：</h2>
    <div id="box_1"></div>
```

```
    <h2>载入 XML 数据：</h2>
    <div id="box_2"></div>
    <input type="button" id="setStyle" value="设置样式">
    <input type="button" id="readJSON" value="读取 JSON 数据">
    <input type="button" id="readXML" value="读取 XML 数据">
</body>
</html>
```

这里需要注意的是，加载 jQuery 库的源文件的`<script>`标签必须放在所有存放或加载自定义 JavaScript 代码的`<script>`标签之前，以确保该源文件先于这些代码被载入浏览器中。只有这样，我们才能正确引用 jQuery 库中定义的函数和对象。接下来，在该项目的 `js` 子目录下新建一个名为 `usejQuery.js` 的脚本文件，并在其中编写使用 jQuery 库的代码。例如，如果我们想验证该库的源文件是否已经成功载入，就可以在 `usejQuery.js` 文件中编写如下代码：

```
console.log($.fn.jquery);
```

然后在浏览器中执行 `usejQuery.htm` 文件，如果在控制台中看到我们所使用的 jQuery 库的版本号（在这里是 1.12.4），就说明该库的源文件已经成功载入，效果如图 10-4 所示。

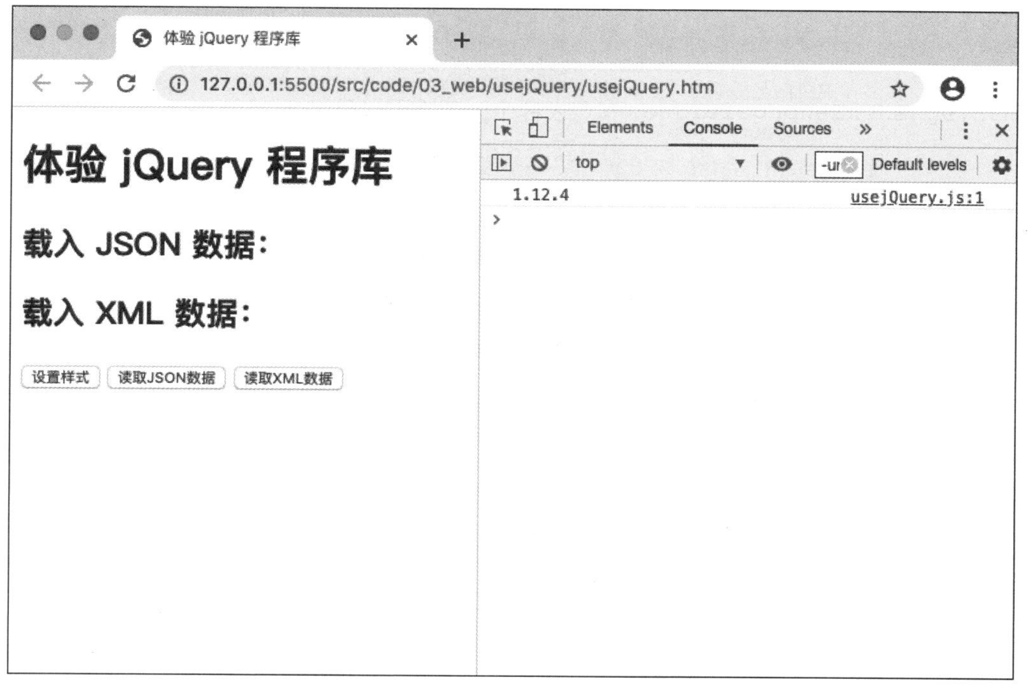

图 10-4 确认 jQuery 库已成功载入

10.2.2 jQuery 的简单入门

在使用 jQuery 库进行编程时，所有的动作都是从对`$()`函数的调用开始的。`$()`是 jQuery 库提供的一个全局工具函数，它的作用由其在被调用时接收到的具体实参来决定，具体情况如下。

- 当`$()`函数的调用实参是个 DOM 对象时，它就是一个对象封装器，负责将实参 DOM 对象封装成相应的 jQuery 对象，并将其返回，例如：

  ```
  $(document);    // 将文档的 DOM 对象转换成相应的 jQuery 对象
  ```

  关于 DOM 对象与 jQuery 对象的区别，我们稍后会做详细说明。

- 当`$()`函数的调用实参是个内容为 CSS 选择器的字符串时，它的作用就是一个元素选择器，使用方式基本与`querySelectorAll()`相同，但返回的是一个 jQuery 对象。我们可以用任何一种 CSS 元素选择语法来选取相关 HTML 文档中所有匹配的元素节点（可能是一个，也可能是多个）。下面是`$()`函数在被当作元素选择器使用时的几个示范：

  ```
  $('div');          // 选取页面上所有的 <div> 元素
  $('#box_1');       // 选取页面上所有 id 值为 box_1 的元素
  $('.call');        // 选取页面上所有 class 值为 call 的元素
  $('div.call');     // 选取页面上所有 class 值为 call 的 <div> 元素
  ```

  同样地，该函数返回的也不是 DOM 对象，而是一个将 DOM 对象重新封装过的 jQuery 对象。

- 当`$()`函数的调用实参是个内容为 HTML 代码的字符串时，它的作用就是创建并返回一个新的 jQuery 对象，其中封装了一个实参内容所描述的 DOM 对象。例如，如果我们想新建一个代表<h2>元素节点的 jQuery 对象，就可以这样写：

  ```
  const newNode = $('<h2>二级标题</h2>');
  ```

- 当`$()`函数的调用实参是个匿名函数时，它的作用就是将该函数类型的实参注册为`document`对象的`ready`事件（在文档对象载入完成时触发）的一个事件处理函数。例如，如果我们在一个加载了 jQuery 库的 HTML 页面中编写如下 JavaScript 代码：

  ```
  $(function() {
    alert('当前页面载入完成！')
  });
  ```

  当该页面被载入完成时，就会弹出一个显示“当前页面载入完成!”信息的对话框，我们常用它来替代`window.onload()`事件处理函数。

总而言之，无论`$()`函数的具体作用是什么，它在大多数情况下会返回一个 jQuery

对象。正如上面所说，jQuery 对象是一个封装了 DOM 对象的实体。那么，它究竟是如何封装 DOM 对象的呢？对于这个问题，我们可以在之前创建的 jQuery 项目中做个小小的分析，在 usejQuery.js 文件中编写如下代码：

```
const box_1 = document.querySelector('#box_1');
console.log(box_1);
console.log($(box_1));
console.log(box_1 === $(box_1)[0]);  // 输出：true

const divs = $('div');
console.log(divs);
console.log(box_1 === divs[0]);       // 输出：true
```

然后在浏览器中执行 usejQuery.htm 文件，其结果如图 10-5 所示。

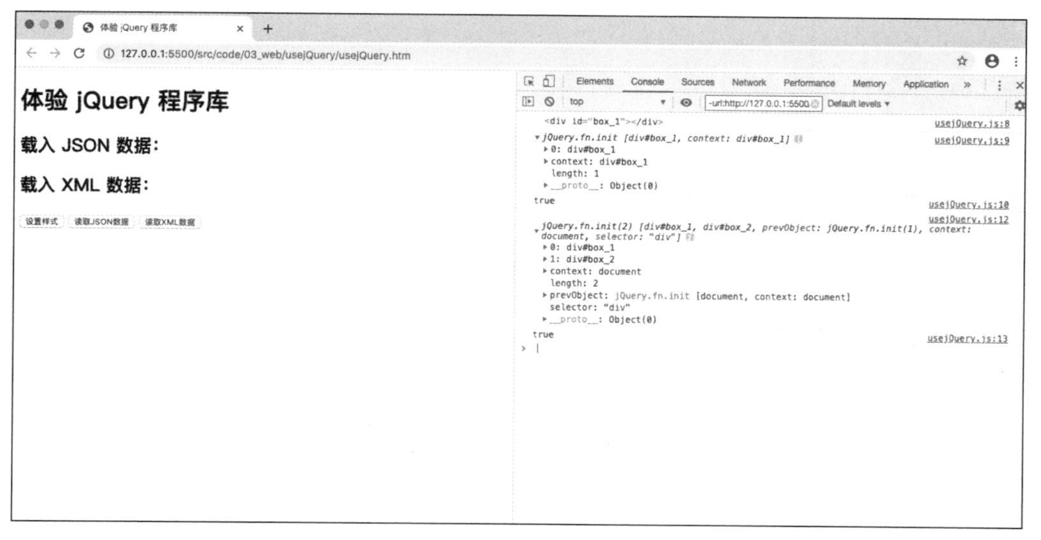

图 10-5 分析 jQuery 对象

现在，让我们来分析一下这段代码与它的输出结果。首先，我们用 querySelector()选择器从页面中获取了一个 id 值为 box_1 的<div>元素节点，通过将其输出，可以确认这就是一个普通的 DOM 对象。接下来，我们输出了将该 DOM 对象封装之后的 jQuery 对象，从输出结果可以看到，该对象是一个类数组结构的实体，而被封装的 DOM 对象则似乎成了该类数组对象中索引值为 0 的元素。为了证实这一猜想，我们直接对该 jQuery 对象使用了数组索引语法，取出其索引值为 0 的元素，并对其用===操作符与原先的 DOM 对象进行了比较，果然得到了输出为 true 的结果。最后，我们又用$()作为选择器获取了页面中所有的<div>元素，并将得到的 jQuery 对象输出。在输出结果中，我们看到了一个包含了两个 DOM 对象的类数组对象，并且其第一个元素与我们最初获取到的 DOM 对象等价。至此，我们就可以基本得出一个结论：**jQuery 对象是一个以元素形式封装 DOM 对象的类数组结构体。**

jQuery 将 DOM 对象重新封装成一个类数组对象，不仅可以重新定义一组操作 HTML 页面元素的方法，还可以利用数组结构的特性，让 jQuery 对象调用的方法对其数组结构中的每个元素产生作用。这种隐式迭代的效果免去了许多需要显式编写循环迭代的麻烦。下面，我们就以为 usejQuery.htm 页面中的两个<div>元素设置统一的大小和边框为例，演示一下使用 jQuery 编程的基本风格，以及隐式迭代所带来的方便。首先，让我们在 usejQuery.js 文件中添加如下代码：

```
$('#setStyle').click(function() {
  $('div').css({
    'width' : '300px',
    'height': '180px',
    'border': '1px solid black'
  });
});
```

在上述代码中，我们首先为 id 值为 setStyle 的按钮元素注册了一个单击事件的处理函数。在 jQuery 编程方式中，为页面元素注册事件处理函数时，只需要按照[jQuery 对象].[事件名称]([事件处理函数])的语法格式编写即可。在这里，[jQuery 对象]就是$('#setStyle')这个选择器调用返回的结果，而[事件名称]则是 click 事件。在[事件处理函数]中，我们通过调用$('div')这个选择器获取到了包含页面中所有<div>元素的 jQuery 对象，然后对其调用 css()方法。

在 jQuery 库中，css()方法的作用是获取和设置 jQuery 对象所对应 HTML 元素的 style 属性值。根据调用实参的不同，它有如下 3 种调用方式。

- 当我们需要获取 jQuery 对象所对应的 HTML 元素当前的 style 属性值时，可以用无实参的方式调用 css()方法，例如：

```
console.log($('#box_1').css());
```

- 当我们需要为 jQuery 对象所对应的 HTML 元素设置单个样式时，可以用两个字符串实参调用 css()方法，第一个实参用于指定要设置的样式属性名，第二个实参用于指定对应的属性值。例如：

```
$('#box_1').css('backgroundColor', 'red');
```

- 当我们需要为 jQuery 对象所对应的 HTML 元素设置多个样式时，可以用一个自定义对象作为实参调用 css()方法，该对象的每个属性都是一个 CSS 样式。例如我们之前在 usejQuery.js 文件中使用的就是一个设置了多个样式的调用：

```
$('div').css({
  'width' : '300px',
  'height': '180px',
  'border': '1px solid black'
});
```

接下来，我们可以在浏览器中执行一下 usejQuery.htm 页面，然后单击该页面中显示“设置样式”字样的按钮，就看到其执行结果，如图 10-6 所示。

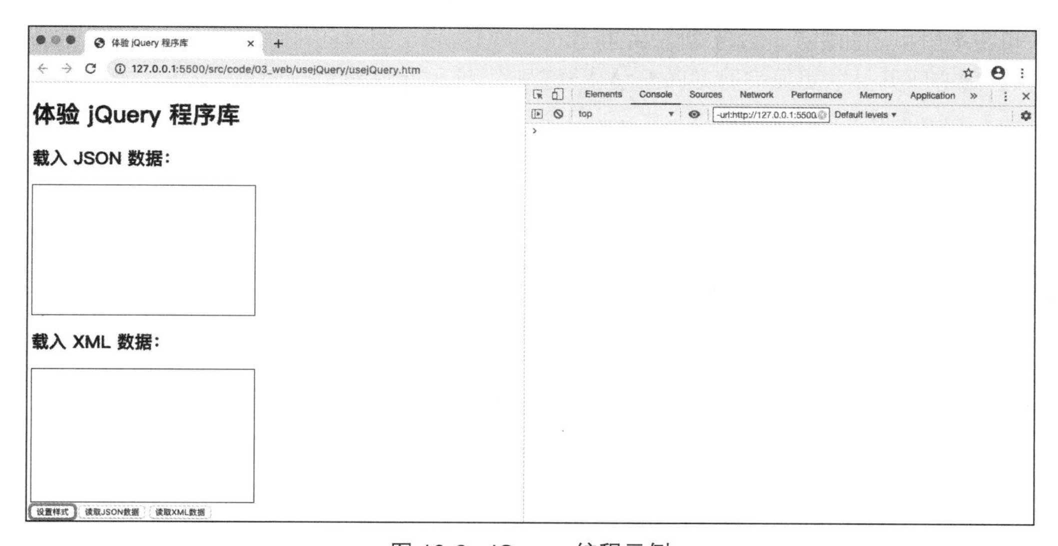

图 10-6　jQuery 编程示例

有了 jQuery 库的帮助，我们只需编写短短数行代码就能完成页面上所有<div>元素样式的设定。如果读者有兴趣，可以自行尝试一下，如果单纯使用 DOM 接口来完成相同的任务，需要编写多少行代码。下面让我们回归主题，看看如何利用 jQuery 库来进行 AJAX 编程，实现浏览器与服务器之间的异步数据通信。

10.2.3　使用 AJAX 相关的接口

和我们之前封装的 ajax_get() 和 ajax_post() 函数一样，jQuery 库也对 XMLHttpRequest 对象的基本操作进行了封装，并将其定义成了$对象的 get()、post()、ajax() 等一系列采用 XMLHttpRequest 对象进行异步数据通信的方法。这意味着，基于“不要重复发明轮子”原则，其实我们是不需要自己来封装这些函数的，在实际编程中只需要引入像 jQuery 这样的第三方库，就可以使用这些封装更专业，且经历过严格测试的工具。下面，我们就用$.get() 方法分别来异步获取一下我们之前存储在 code/data 目录下的 JSON 数据和 XML 数据，并将这些数据加载到 usejQuery.htm 页面中，以此为例来演示一下如何使用 jQuery 库进行 AJAX 编程。

首先，我们要在 `usejQuery.js` 脚本中为 `usejQuery.htm` 页面中 `id` 值为 `readJSON` 和 `readXML` 的两个按钮元素分别注册一个单击事件的处理函数，并在其中调用`$.get()`方法，具体代码如下：

```
$('#readJSON').click(function() {
  $.get('../../data/hero.json', function(data, status) {
    if(status === 'success') {
      let jsonData = new Array();
      for(const item of data) {
        jsonData.push([item.name, item.age].join(':'));
      }
      $('#box_1').html(jsonData.join('<br>'));
    } else {
      $('#box_1').text('数据请求失败了！');
    }
  });
});

$('#readXML').click(function() {
  $.get('../../data/hero.xml', function(data, status) {
    if(status === 'success') {
      let xmlData = new Array();
      const heroes = data.querySelectorAll('hero');
      for(const hero of heroes) {
        const name = hero.querySelector('name').textContent;
        const age = hero.querySelector('age').textContent;
        xmlData.push(name + ':' + age);
      }
      $('#box_2').html(xmlData.join('<br>'));
    } else {
      $('#box_1').text('数据请求失败了！');
    }
  });
});
```

`$.get()`方法的调用方式与我们自己封装的 `ajax_get()`函数大同小异。相同之处是，它们都只需要提供两个实参，第一个实参用于指定被请求数据所在的 URL，第二个实参用于设置处理响应数据的回调函数。不同之处在于，这里的回调函数除了有一个接收响应数据的 `data` 形参，还有一个用于接收异步请求状态的 `status` 形参。异步请求的状态包括 `success`、`notmodified`、`error`、`timeout`、`parsererror` 共 5 种状态，这里只用到了代表请求成功的状态，其他几种状态都或多或少地涉及服务器端的处理，我们将会在本书的第三部分讨论它们。

这里的回调函数接收到的响应数据是一个已经被解析好的对象。也就是说，当我们请求的是 JSON 数据时，data 形参接收到的就已经是一个完成了解析、存储有 JSON 数据的普通 JavaScript 对象了。同样地，当我们请求的是 XML 数据时，data 形参接收到的已经是一个完成了解析、存储有 XML 数据的 DOM 对象了。这就节省了我们之前解析数据所花费的精力。

最后，读者应该也可以观察到调用 jQuery 对象方法所带来的变化。例如，我们在这里用 jQuery 对象的 text()和 html()方法代替了 DOM 对象的 innerText 和 innerHTML 这两个属性，避免了因个别浏览器对 DOM 对象的个别属性（例如 innerText 属性）不支持所带来的兼容性的问题。

接下来，在浏览器中执行 usejQuery.htm 页面，然后分别单击该页面中显示"读取 JSON 数据"或者"读取 XML 数据"字样的按钮，就会看到相应的数据显示在 id 值分别为 box1 和 box2 的<div>元素中，如图 10-7 所示。

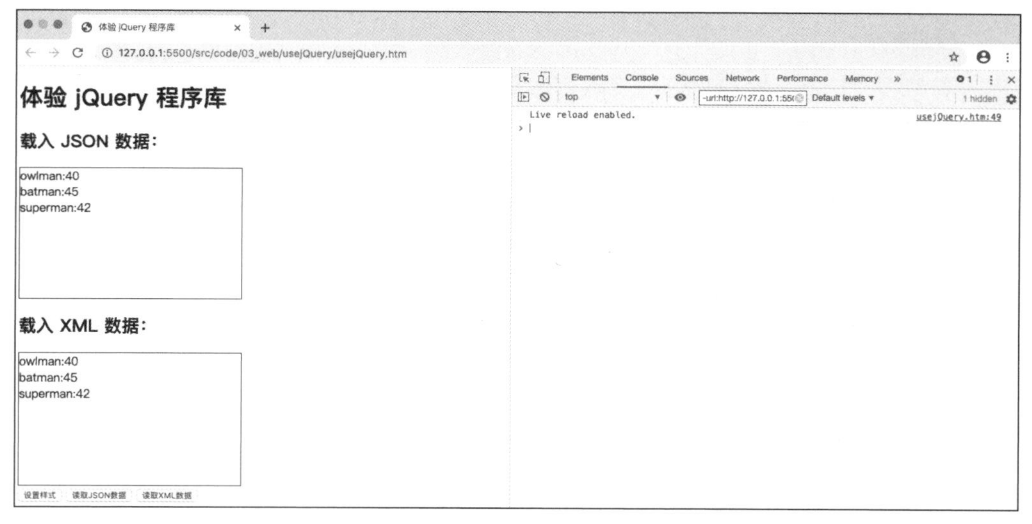

图 10-7　jQuery AJAX 编程示例

当然，jQuery 库提供的方法远不止这些，即使是用于 AJAX 编程的方法也不止这些。如果想要更全面地介绍这个第三方程序库，可能需要另外写一本书。在这里，我们只是希望通过简单介绍 jQuery 库的基本用法和编程思维，让读者了解到"不要重复发明轮子"这一原则的重要性。如果读者需要更深入地了解并使用 jQuery 程序库，还需要去阅读更具针对性的专著。除此之外，读者还可以关注一些封装粒度更大的前端框架，VueJS、AngularJS、ReactJS 等框架都提供了功能丰富的工具，给开发 Web 应用程序的程序员们带来了很大便利，使他们从琐碎的基层调用及其兼容性问题中解脱出来，将更多的精力放在应用程序本身的功能设计与实现上。

10.3 综合练习

按照本书的惯例，在每一章的“综合练习”部分，我们通常会试图将在这一章中学习到的知识运用到“电话交换机测试”程序这个用于穿针引线、连贯全书的项目中。但由于 AJAX 编程涉及浏览器与服务器之间的异步数据通信，而我们目前还没有介绍到如何在服务器端接收、处理数据，并根据不同的请求返回特定的数据给浏览器，所以将 AJAX 编程技术运用到该项目中的时机尚不成熟，毕竟目前我们还没有办法在服务器端处理浏览器通过 POST 请求发送的数据。基于同样的原因，本节之前的 AJAX 编程示例也都以单纯文件访问性质的 GET 请求为主。

但这并不妨碍我们以 AJAX 编程的思路来重新审视一下这个“电话交换机测试”程序，以调整它的下一步发展方向，这也是实际编程中非常重要的一步。在编程过程中，我们很多时候必须要根据项目发展的实际情况做出调整，以保持足够的灵活性，避免墨守成规。

很显然，“电话交换机测试”这个程序到目前为止基本上只实现了一个用户界面，以及能对用户的操作做出正确的响应。但它的电话簿是在浏览器载入页面时临时生成的，并且用户在浏览器中对电话簿增、删、改、查的操作结果都只存在于该用户自己的浏览器中。这样做的结果是，不仅该应用的其他用户不能共享电话簿中的数据与同步获取该用户的操作结果，即使是该用户自己，只要一刷新页面，电话簿就会恢复到初始状态，之前所有的操作结果都会消失，这显然不是该应用程序该有的业务逻辑。在正常情况下，电话簿中的数据应该存储在 Web 应用程序的服务器端，且所有用户对电话簿中数据的增、删、改、查操作都应该同步到服务器端。这就需要我们要有在服务器端接收、处理、发送相关数据的能力，而在浏览器端，我们只需要用 AJAX 方法加载来自服务器端的数据，并将用户修改之后的数据发送给服务器即可。

除此之外，电话簿中也不该只存储姓名和电话号码这两项简单的数据，它至少还应该包含用户年龄、性别、地址等基本信息，所以该应用程序在服务器端存储的应该是一个更为复杂的结构化数据。这时候需要的可能就不仅是 JSON 或 XML 这样的轻量级数据存储文件，必要时或许还需要在服务器端开启数据库服务，以应对复杂数据的海量存取操作。与此同时，为了获取这些用户数据，我们还需要在应用程序的浏览器端再新增一个“用户信息管理”模块。在这过程中，我们可以用 AJAX 方法来设计用于注册和修改用户信息的表单元素，以便在将用户数据发送给服务器的时候给用户带来更好的体验。

所以，我们接下来的任务就是介绍如何在 Web 应用程序的服务器端响应各种不同的用户请求、如何接收用户从浏览器端发来的微数据、如何读写存储在服务器磁盘上的数据文件，以及如何开启数据库服务，并在数据库中执行对数据的增、删、改、查操作。

这些都是本书第三部分要讨论的议题，等到完成这些议题的介绍之后，我们就会得到一个基本完整的“电话交换机测试”程序。

本章小结

本章对 AJAX 编程方法做了详细的介绍。这是一种让浏览器与服务器单独进行异步数据通信的方法，目的是让浏览器在不刷新当前页面的情况下与服务器进行数据交换，并根据交换的结果局部更新页面中的内容。具体而言，本章首先具体介绍了 `XMLHttpRequest` 对象提供的常用接口，以及用该对象进行异步数据通信的基本操作。然后介绍了如何将 `XMLHttpRequest` 对象执行异步数据通信的基本操作封装成常用的 AJAX 工具函数。

接下来具体演示了如何使用这些封装好的 AJAX 工具函数来请求服务器端的数据。在这过程中，本章还详细介绍了 JSON 和 XML 这两种常用于网络传输的数据格式，以及如何在 JavaScript 代码中解析和序列化它们，并将请求到的数据在不刷新页面的情况下显示在页面中。

当然了，基于“不要重复发明轮子”这一原则，读者应该在封装类似 AJAX 工具函数之前，先看看当前的运行环境或第三方库中有没有提供相同功能的工具函数，如果有现成的工具函数，就应该避免重复劳动。本章简单示范了 jQuery 库的使用方法，以及如何用它来完成与之前类似的 AJAX 编程任务。这种做的目的是展示使用第三方前端程序库和框架给程序员们带来的便利。

最后，本章的“综合练习”部分用 AJAX 编程的方法对“电话交换机测试”程序这个项目的现状进行了分析，整理出了该项目下一步的任务，而这些任务都与本书第三部分要介绍的服务器端的 JavaScript 编程相关，接下来我们将对这部分议题展开讨论。

第三部分

服务器端的 JavaScript

在本书前两部分的内容中，我们分别用 4 章介绍了 JavaScript 语言的核心部分和 5 章介绍了以浏览器为运行环境的 JavaScript 脚本在 Web 应用程序的前端所发挥的作用，接下来是时候将焦点转向服务器了。在本书第三部分的内容中，我们将会以 Node.js 为 JavaScript 的运行环境着重介绍 Web 应用程序开发中后端部分以及前后端交互的相关内容，以完成本书打算用单一编程语言同时解决 Web 应用程序开发中所有编程问题的设计目标。同样地，这一部分也按照不同的主题分为以下 4 章来讨论。

- 第 11 章：Node.js 概述。
- 第 12 章：构建 Web 服务。
- 第 13 章：响应客户请求。
- 第 14 章：实现数据存取。

另外，由于 Web 服务绝大多数都运行在 Linux 操作系统之上，所以为了更好地呈现示例的运行效果，我们接下来会回到第一部分所使用的 UbuntuLinux 系统中来测试并展现在这一部分出现的示例代码。当然，读者也可以使用任何一种安装了 Node.js 运行环境的 Linux 操作系统的发行版，甚至 macOS 和 Windows 操作系统都可以。对于跨平台的 Node.js 来说，这些系统之间的差异并不足以影响它的大部分功能。

[illegible]我们就不再重复介绍了。

- documentElement 属性：在 HTML 文档中，这个属性代表的是当前页面的 <html> 标签，它在 DOM 树结构中对应着一个元素类型的节点。在[illegible]我们可以用下面的代码来验证一下：

```
[illegible] = document.documentElement;
[illegible] document.firstChild;
[illegible] true
```

- body 属性：在 HTML 文档中，这个属性代表的是当前页面的 <body> 标签，它在 DOM 树结构中对应着一个元素类型的节点。由于在 Web 开发中我们要执行的绝大部分操作针对的都是该节点的子节点，所以该属性应该是 document [illegible]。与此同时，它在通常情况下[illegible] documentElement 节点的最后一个子节点，我们可以用下面的代码来验证一下：

```
[illegible] document.body;
[illegible] lastChild [illegible]
```

- title 属性：该属性中存储的是 <title> 标签中的文本，该文本通常会出现在浏览器窗口的标题栏或标签页中，我们可以用该属性来修改当前页面的标题，以[illegible]

```
[illegible] 出现在标题 [illegible]
[illegible] title [illegible]
```

- URL 属性：该属性中存储的是当前页面在浏览器地址栏中显示的 URL，我们是通过该 URL 来向服务器发送访问当前页面的请求的。
- domain 属性：该属性中存储的是当前页面的 URL 所属的域名。例如，假设当前页面的 URL 是 http://owlman.org/index.htm，该属性值就是 owlman.org。
- referrer 属性：该属性中存储的是链接到当前页面的那个页面的 URL。例如，[illegible]是从 http://owlman.org/index.htm 这个页面链接到 http://owlman.org/readme.htm 的，那么后者的该属性值就是 http://owlman.org/index.htm；如果当前页面不是由任何页面链接的，我们是亲自输入 URL 来访问它的，那么该属性值就为 null。
- anchors 属性：该属性是一个类数组对象，其中存储的是当前页面中所有设置了 name 属性的 <a> 元素。
- forms 属性：该属性是一个类数组对象，其中存储的是当前页面中所有的 <form> 元素。
- images 属性：该属性是一个类数组对象，其中存储的是当前页面中所有的 <img> 元素。

第 11 章 Node.js 概述

从本章开始，我们将会以 Node.js 为 JavaScript 的运行环境来介绍这门语言在 Web 应用程序的后端（即服务器端）的使用方法，这部分知识也是构建一个 Web 应用程序所要具备的核心能力。毕竟，浏览器所能提供的计算能力是非常有限的，Web 应用程序运行其业务逻辑所需的计算能力在通常情况下主要由服务器来提供，况且这些计算所需的数据也通常主要存储在服务器端。所以，如果没有服务器端代码的参与，我们在浏览器端中实现的大部分东西都是华而不实的，通常只是一个没有实质性内容的用户界面罢了。

但是，Node.js 无论如何都只是 JavaScript 的一个运行环境，它会成为这门语言在服务器端编程的首选运行环境是有其背后的技术考虑与历史原因的。所以，在进入对服务器端编程相关议题的具体讨论之前，我们先用一章的篇幅来对 Node.js 本身的发展历史和技术特性做一个概要性的说明，以便读者能更好、更深入地理解这个运行环境给 JavaScript 这门语言所带来的革命性变化，并对接下来几章所要使用的这个运行环境有一个更为全面和清晰的认知。总而言之，在阅读完本章内容之后，希望读者能：

- 了解 Node.js 的发展历程及其技术特性；
- 理解 Node.js 给 JavaScript 语言带来的革命性变化；
- 了解 Node.js 的优势与劣势，并加以灵活运用，做到趋利避害；
- 掌握使用 Node.js 编程的基础知识，以及构建一个 Web 后端应用的基本步骤。

11.1 Node.js 的前世今生

对于 JavaScript 这门编程语言，人们一直以来都有一个很深的误解，即认为它是一门只能在浏览器环境中执行的纯脚本语言。然而，这种认识是片面的，因为他只看到了一半的历史事实，即网景公司当年请布兰登·艾克（Brendan Eich）设计的确实是一门用于在浏览器中操作 Web 页面的、类似 Java 的脚本语言。但布兰登·艾克作为一位长期致力于研究函数式编程以及 Schema 这类编程语言的计算机科学家，虽然他自称 JavaScript 是他为了交差而在短短的 10 天时间之内开发出来的产品，但这其实也是一门集 C、Java、Schema、Self 这 4 门语言所长的、符合所有图灵完备条件的编程语言。所以我们需要更正一些被先入为主的认知，即无论现实使用情况如何，至少 JavaScript 从设计上来看不可能只是一个单纯的浏览器扩展。

事实上，早在 1994 年，网景公司在发布用于浏览器端开发的 LiveScript 项目前，就推出过用于服务器端开发的 LiveWire 项目，这可能是人们最早将 JavaScript 应用在服务器端的尝试。同样地，在微软公司早期用于开发 Web 应用程序后端的 ASP 动态页面技术中，除了 VBScript，JScript 也是其可选的脚本语言之一。由此可见，程序员们将 JavaScript 应用于服务器端的努力从来没有停止过。

11.1.1 Node.js 的起源

由于 JavaScript 在服务器端一直面临着 PHP、Java、C#（.Net）等语言的激烈竞争，在性能、安全等方面的问题令其在很长一段时间内都不具备竞争优势。而浏览器端的情况正好相反，由于浏览器作为一种代码运行环境，其所能提供的可编程能力相当有限，Java 这样的语言在浏览器端的表现反而远不如 JavaScript 亮眼。尤其在 AJAX 编程方法被大量推广之后，JavaScript 在 Web 应用程序的前端开发领域就基本确立了王者的地位，其独特的事件驱动、单线程异步调用的编程方式也随着前端工程师队伍的日益壮大而越来越为人所推崇。这一切都给 Node.js 之父瑞安·达尔（Ryan Dahl）带来了新的设计灵感。

瑞安·达尔长期致力于开发一款与 Apache、IIS 类似的高性能 Web 服务器软件。在经历了一系列失败的尝试之后，他得出了自己的结论，即一个高性能的 Web 服务器软件应该要基于事件驱动的模型来构建，并以异步调用的形式提供非阻塞性 I/O 接口。于是，在比较了 C、Lua、Haskell 等一系列编程语言的特性之后，瑞安·达尔最终将目光投向了已经在 Web 浏览器端占据了主导地位的 JavaScript，再一次开始了自己的尝试。

很明显，参照瑞安·达尔对高性能 Web 服务器软件提出的要求，事件驱动和异步调用这两项已经是 JavaScript 这门语言的招牌特性了，他接下来只需要为该语言在服务器端设计一套非阻塞性的 I/O 接口。于是，瑞安·达尔启动了一个名为 Web.js 的项目，从这个名字也可以看出该项目的初衷只是想用 JavaScript 实现一款与 Apache 相似的 Web 服务器软件。但和许多软件工程一样，“无心插柳柳成荫”，项目的发展逐渐超出了其创立者的预期，它最终被实现成了一个可以在任意计算机上构建包括 Web 服务、命令行程序以及桌面应用程序在内的各种网络服务和应用程序的运行平台，这也让 JavaScript 一跃成了近乎全能的编程语言。总而言之，这个项目最终构建的是一个强制不共享任何资源的单线程、单进程系统，这使它非常适合被用来构建大型的分布式系统。正是由于该运行平台在分布式网络中就像是被布置在各处，并提供各种计算服务的基础设施“节点”，故而 2009 年 5 月在 GitHub 上正式发布时，该项目被重命名为 Node.js。

11.1.2 Node.js 的意义

由于瑞安·达尔在实现 Node.js 的过程中成功地移植了让 Google Chrome 浏览器大获成功的 V8 引擎，该引擎赋予了这个 JavaScript 运行平台非常强大的性能，所以该项目一经发布就在开发市场上受到了很大的欢迎，在短短几年之内就得到了包括 macOS、Windows 在内的各大商业操作系统的支持，真正实现了跨平台应用。正因为如此，Node.js 的出现对 JavaScript 有着非常重要的意义。自此之后，这门语言摆脱了浏览器的沙箱机制对其能力的限制，真正发挥出了作为一门图灵完备编程语言应有的实力，一举改变了它在服务器端不具竞争力的局面。

具体来说就是，JavaScript 从此不再是一个只能用来操作 DOM 对象、CSS 样式以及少量浏览器功能的辅助性工具了，这门语言如今可以在 Linux、macOS、Windows 等主流操作系统的支持下直接读写磁盘上的文件、存取或查询数据库中的数据，以及构建各种网络服务和桌面应用，这让它逐渐成了一门无处不在的全能型编程语言。这对开发 Web 应用程序的程序员来说有着非常积极的意义，因为他们现在只需要学习一门编程语言就可以贯穿整个 Web 应用程序的开发过程，免去了从前在前端需要学习使用 JavaScript 编程，在后端还得再另外学习 PHP、Java 等其他编程语言的麻烦。毕竟，这些语言在编程思维、编程习惯上都相差甚远，如果我们想在从前这种情况下成为一名全栈型的 Web 开发者，肯定要付出高昂的学习成本。

在实际的 Web 应用程序的开发中，即使我们所在的工作团队有人力能支撑前后端开发的分工，前端工程师与后端工程师之间也会因其使用语言的编程思维不同而额外增加不少沟通成本。因此开发 Web 应用程序的程序员们在前后端统一使用 JavaScript 有助于缓解这些方面的问题。

11.2 Node.js 的技术特性

在 Node.js 设计与实现的过程中，瑞安·达尔并没有改变 JavaScript 本身的任何特性，不仅保留了 ECMAScript 规范定义的所有接口，而且其编程模型依旧是基于事件驱动、异步回调这些 JavaScript 的传统特性来构建的。下面具体介绍一下这些特性在 Web 应用程序后端服务器上的应用。

- **单一线程**。Node.js 沿用了 JavaScript 单线程执行的特性。这意味着，在 Node.js 中，JavaScript 的执行线程与其他线程之间同样也是无法共享状态的。用单一线程执行代码的最大好处是，它可以让我们不必像在多线程编程中那样处理很容易产生 bug 的同步问题，这就等于从根本上避免了死锁问题，也避免了线程上下文交换所带来的性能上的开销。当然了，单一线程的执行方式也有它自身的弱点，例如，它无法充分发挥多核处理器的性能、在运行过程中任何一个错误就会导致整个程序崩溃，以及执行大量计算时会因长期占用处理器而影响其他异步 I/O 的执行等，这些弱点也是我们在基于 Node.js 进行编程任务时必须要面对的。

当然了，如今的 Node.js 也提供了 `worker_threads` 模块，允许使用并行地执行 JavaScript 的线程，为 CPU 密集型的任务提供了相应的解决方案。但在传统上，我们依然认为 JavaScript 应用程序具有单线程执行的技术特性。

- **事件驱动**。Node.js 也同样沿用了 JavaScript 在前端环境中深入人心的事件驱动模型。区别在于，前端事件主要用于处理应用程序的用户界面，而后端事件则主要用于处理应用程序的 I/O 问题。毕竟在单线程执行模式下，服务器上 I/O 操作带来的阻塞性延时才是影响应用程序性能的主要因素。事件驱动的编程模型虽然具有轻量级、松耦合等优势，但在会同时触发多个事件的应用程序中，由于各个事件之间是彼此独立的，无法共享资源，所以它们之间的协作就成了一个需要我们费心解决的问题。
- **非阻塞性 I/O**。在 Node.js 中，大部分操作都是通过异步调用非阻塞性 I/O 的方式来进行的。正如之前所说，由于单线程执行的关系，JavaScript 对一些会带来阻塞的操作通常会采用异步编程的方式来解决，在浏览器端我们经常处理的是网络请求和数据加载的过程，而在服务器端我们要处理的更多的是一些与 I/O 相关的操作。为此，开发 Node.js 的程序员们在其底层构建了许多执行非阻塞 I/O 操作的异步接口，包括文件读取、网络请求等。这样一来，我们就可以很自然地在语言层面上并行地执行 I/O 操作，这可以使得程序中的每个调用都无须等待之前的 I/O 调用结束，这带来了极大的效率提升。例如，如果我们想读取两个互相不依赖的文件，如果采用的是异步调用，其耗费的时间只取决于读取较慢的那个文件；而如果采用同步调用，其耗时就是两个文件的读取时间之和。因此，异步操作模型带来的优势是显而易见的。
- **回调函数**。回调函数是一种将函数参数化的编程方式。它被认为是处理异步调用结果和响应事件的最佳方式，如今成为使用 JavaScript 编程的标记性动作。但大量使用回调函数也会导致代码的编写顺序与其预期执行顺序不一致，对于很多习惯使用同步思路编程的人来说，在代码的编写和阅读方面可能会遇到不小的挑战。另外在程序执行流程的控制方面，也会由于整个程序中穿插了各种异步调用和回调函数，导致它远没有常规的同步执行过程那么一目了然，同时也会给我们对程序的理解和调试带来一定的麻烦。

- **跨平台**。Node.js 最初只能在 Linux 及其他类 UNIX 系统上运行，但随着这个 JavaScript 运行平台的大获成功，以及在程序员中间的影响力与日俱增，最终吸引了微软公司的关注，使他们派出团队加入对这个开源项目的支持。所以在项目发布 3 年之后的 2013 年 7 月，Node.js 项目组发布的 v0.6.0 这一版本就已经可以在 Windows 系统中直接运行了。这得益于人们为各种软件的跨平台移植设计了一个名为 libuv 的运行时模块，如今很多系统的跨平台都是基于这个运行时模块来实现的，它俨然成了许多开源程序中的常驻组件。
- **高性能**。由于 JavaScript 单线程执行的特性，Node.js 经常被认为不适合用于处理高性能计算的问题。但事实上，单线程执行的特性给 Node.js 带来的性能挑战只在于它无法利用计算机 CPU 的多核心资源。因此在只能使用 CPU 的单一核心资源来处理问题的情况下，当程序被大型计算单元（例如大型循环）长期占用时，它将无法及时发出对非阻塞型 I/O 接口的调用，让后者发挥不出异步并行的优势。所以只要做好任务规划，避免程序中出现占用时间片过长的大型计算单元，以 V8 引擎强劲的性能不至于造成 Web 应用这类程序的性能瓶颈。毕竟 Node.js 这个项目的设计初衷就是要实现一个高性能的 Web 服务器。

切实地理解以上这些特性，对于在 Node.js 这个平台上开展编程工作而言是非常重要的，这决定了我们是否能发挥出这一平台的优势。只要将应用程序要执行的计算任务划分妥当，并灵活运用事件驱动和非阻塞性的异步接口，我们就能在服务器上构建一个既能实现并行安全，又能提供高性能的可跨平台部署的 Web 应用程序的后端。

当然，Node.js 的这些技术特性也决定了确实有些编程问题不适合放在这个平台上来解决。例如，对于一些与数学证明、天体物理、生命科学相关的问题来说，它们都需要长期进行大规模的科学计算，此时充分利用 CPU 的多核心资源就很有必要了（当然，如果非要在 Node.js 上解决这类问题，我们也可以使用 `worker_threads` 模块提供的方案）。但这些任务通常都是在超级计算机上进行的，本书讨论的 Web 应用程序很少执行这一类任务。而对于 Web 应用程序来说，程序中阻塞性 I/O 操作对性能的影响远远超过其纯计算的部分。因此，Node.js 作为一个运行平台所存在的这些劣势，并不影响我们构建一个高性能的 Web 应用程序的后端。

11.3 Node.js 的简单入门

正如之前所说，Node.js 这个项目的本质就是在 ECMAScript 语言核心的基础上定义了一组用于执行非阻塞性 I/O 操作的异步接口。这些异步接口按照功能被划分成了几个不同的模块，它们被称为 **Node.js 的核心模块**。在很大程度上，学习在 Node.js 这个平台上编程，就是从了解如何使用这些核心模块开始的。但在正式讨论这些议题之前，我们先来了解一下 Node.js 中模块的组织形式。

11.3.1 CommonJS 规范

Node.js 发布于 2009 年 5 月，当时 ECMAScript 还没有定义标准的模块化规范（ES6 发布于 2015 年），所以它采用了 CommonJS 这个第三方规范来构建自己的模块机制。下面，我们就来具体介绍一下该模块机制。首先，我们可以先在 code 目录下创建一个名为 04_nodejs 的子目录，用来存放第三部分的演示代码。

在 CommonJS 规范的定义下，在 Node.js 平台中运行的所有 JavaScript 文件都可以被视为一个模块。如果我们想将某一文件中定义的对象（包括函数和变量）暴露给该文件以外的代码使用，可以将该对象动态挂载在一个名为 module 对象的 exports 属性下面（当然，也可以使用该属性的全局引用 exports）。在专业术语中，这个动作被称为**导出**。例如，如果我们想在一个名为 tools.js 的文件中导出一个函数，就可以这样写。

首先，在 code/04_nodejs 目录下创建一个名为 tools.js 的模块文件，并输入如下代码：

```
module.exports.add = function(num1, num2) {
  return num1 + num2;
};
```

然后，只需要在另一个文件中使用 require() 函数来导入这个模块，就可以使用该模块导出的函数了。例如，我们可以在同一目录下创建一个名为 04-test.js 的测试文件，并输入如下代码：

```
const tools = require('./tools');

console.log(tools.add(4,5));      // 输出：9
```

从上述代码可以看出，如果我们在某一模块中通过挂载的方式导出其中定义的对象，那么而后再用 require() 函数导入该模块时，模块所在的文件就会被实例化成一个对象，而模块导出的函数和变量都将成为该对象的成员。当然，我们也可以让某个模块在被导入时直接被实例化为其指定的对象，具体做法就是直接让 module.exports 指向被该模块指定的导出对象。例如，如果我们想在一个名为 hero.js 的文件中导出一个 Hero 类，步骤如下。

- 在 code/04_nodejs 目录下创建另一个名为 hero.js 的模块文件，并输入如下代码：

  ```
  class Hero {
    constructor(name) {
      this.name = name;
  ```

```
  }

  sayhello() {
    console.log('Hello', this.name);
  }
}

module.exports = Hero;
```

- 在 code/04_nodejs/04-test.js 测试文件中添加如下代码：

```
const Hero = require('./hero');
const owl = new Hero('owlman');
owl.sayhello();          // 输出：Hello owlman
```

到目前为止，我们演示的都是单文件的模块构建方式。但随着应用程序的实现需求日益复杂，我们很多时候需要将多个 JavaScript 文件组织成单个模块提供给代码的调用方，这就涉及多文件模块的构建。下面就来具体介绍一下如何创建一个多文件模块，其基本步骤如下。

- 在 code/04_nodejs 目录下创建一个名为 batman 的目录，并用命令行终端进入该目录，执行 npm init -y 命令。该命令会将其初始化成一个 Node.js 可识别的模块目录，并将该目录的初始配置保存在一个名为 package.json 的文件中，其具体内容如下：

```
{
  "name": "batman",
  "version": "1.0.0",
  "description": "",
  "main": "index.js",
  "scripts": {
    "test": "echo \"Error: no test specified\" && exit 1"
  },
  "keywords": [],
  "author": "",
  "license": "ISC"
}
```

这里显示的都是该模块的默认配置，后期我们可以根据自己的需要修改这些配置项。在这个示例中，我们只需要特别关注一下 main 这项配置，它指定该模块索引文件的名称，模块导出的内容需要通过索引文件来指定。当然，即使没有指定这项配置，Node.js 运行环境在发现它载入的模块是一个目录时，默认情况下也会自动查找该目录中是否存在一个名为 index.js 的模块索引文件。关于在 Node.js 中载入模块的更多细节，我们会在下一节做更详细的讨论。

- 在 code/04_nodejs/batman 目录下创建一个名为 functions.js 的 JavaScript 文件，并输入如下代码：

```
module.exports.sayHello = function() {
  console.log([this.name, this.age].join(':'));
};
```

- 在 code/04_nodejs/batman 目录下创建一个名为 data.js 的 JavaScript 文件，并输入如下代码：

```
module.exports.name = 'batman';
module.exports.age = '45';
```

- 在 code/04_nodejs/batman 目录下创建一个名为 index.js 或其他由 main 配置项指定文件名的模块索引文件，并在其中输入如下代码：

```
const func = require('./functions');
const data = require('./data');
const bat = {
  name : data.name,
  age  : data.age,
  sayHello : func.sayHello
};

module.exports = bat;
```

- 在 code/04_nodejs/04-test.js 文件中添加如下代码：

```
const bat = require('./batman');
bat.sayHello();           // 输出： batman：45
```

在上述代码中，我们将 batman 目录下所有的文件组织成了一个单一的模块，为此我们需要创建一个模块索引文件。这个文件通常会被命名为 index.js，我们需要在其中指定当前多文件模块要导出到外部的内容。当然，在多文件模块内部，单个文件之间的相互引用依然遵守的是单文件模块规则。而在外部引用该模块时，只需要将该模块所在的目录路径作为实参传递给 require() 函数即可。相信细心的读者也发现了，这样做不仅有利于实现更复杂的业务逻辑，也便于接口定义与其实现细节的分离；既可以对外隐藏细节，提高安全性，又可以随时更换接口的实现模块，提高灵活性。

11.3.2 模块导入规则

正如上一节示例所示，在 Node.js 中导入模块是通过调用 require() 函数来完成的。该函数接收一个字符串类型的实参，用于指定要导入的模块，我们将其称为**模块标识符**。Node.js 会根据模块标识符的具体内容来判断模块的类型及其查找方式，其具体情况可按照模块所属的类型分为以下 3 种。

- **Node.js 核心模块**。Node.js 的核心模块提供的就是我们之前讨论的执行非阻塞性 I/O 操作的异步接口，其设计者按照功能将它们划分成了以下若干个不同的模块。
  - **assert**：该模块提供了一组简单的断言测试接口，可用于测试不变量。
  - **Buffer**：该模块提供了一种能以字节序列的形式表示与操作二进制数据的对象。
  - **child_process**：该模块提供了衍生子进程的能力。
  - **cluster**：该模块可用于创建共享同一服务器端口的子进程。
  - **crypto**：该模块提供了一整套与加密/解密功能相关的接口。
  - **dgram**：该模块提供了 UDP（User Datagram Protocol，用户数据报协议）数据包 socket 的实现。
  - **dns**：该模块提供了一组与域名解析功能相关的接口。
  - **events**：该模块提供了一个用于构建新的事件触发器对象的基类。
  - **fs**：该模块提供了一组用于让应用程序与本地文件系统进行交互的接口。
  - **http**：该模块提供了一组与 HTTP 服务器功能相关的接口。
  - **http2**：该模块提供了一组与 HTTP/2 实现相关的接口。
  - **https**：该模块提供了一组与 HTTPS 实现相关的接口。
  - **net**：该模块主要用于创建基于流的 TCP 或 IPC 的服务器与客户端。
  - **os**：该模块提供了一组用于让应用程序与本地操作系统进行交互的接口。
  - **path**：该模块提供了一组与文件（或目录）路径处理相关的接口。
  - **perf_hooks**：该模块提供了一组由 W3C 规范定义的 Performance Timing 接口。
  - **querystring**：该模块提供了一组用于解析和格式化 URL 查询字符串的接口。
  - **readline**：该模块提供了一个用于一次读取一行可读流数据的接口。
  - **repl**：该模块提供了一种“读取-求值-输出”循环（Read-Eval-Print Loop，REPL）的实现。
  - **stream**：该模块提供了一组可用于处理流式数据的接口。
  - **string_decoder**：该模块提供了一个接口，它能以一种能保护已编码的多字节 UTF-8 和 UTF-16 字符的方式将 Buffer 对象解码为字符串。
  - **tls**：该模块提供了对安全传输层（Transport Layer Security，TLS）及安全套接层（Security Sockets Layer，SSL）协议的实现。
  - **tty**：该模块提供了 `tty.ReadStream` 和 `tty.WriteStream` 这两个类，但我们在大多数情况下并不会使用到它们。
  - **url**：该模块提供了一组用于处理和解析 URL 的接口。
  - **util**：该模块提供了一组在开发过程中经常会用到的实用工具。
  - **v8**：该模块暴露了特别内置到 Node.js 二进制文件中的 V8 版本的接口。

  - **vm**：该模块使我们可在 V8 虚拟机上下文中编译和执行代码。
  - **worker_threads**：该模块允许使用并行地执行 JavaScript 的线程。
  - **zlib**：该模块提供了一整套与压缩/解压相关的接口。

  当然，这里列出的模块还不包括一些由 Node.js 环境提供的全局对象，它们通常也被认为是核心模块的一部分。另外，核心模块的加载速度是所有模块里最快的，这是因为这些模块通常都已经以二进制的形式被编译进 Node.js 这个平台中了，所以加载它们时是不需要查找定位的。我们在模块标识符中只需要指定要导入的模块名称即可，例如：

```
// 载入 fs 模块
const fs = require('fs');
// 载入 path 模块
const path = require('path');
// 载入 http 模块
const http = require('http');
```

- **单独发布的 Node.js 模块**。这一类型的模块通常是程序员们提供给别人使用的模块，它们既可能是同一开发团队内同事提供的模块，也可能是我们从 NPM 这类资源仓库中获取到的第三方模块。按照 Node.js 的模块规则，这些模块不能与核心模块重名，并被存储在某一级别的 `node_modules` 目录中。我们在导入这类模块时，只需要在模块标识符中指定模块的名称即可。而当 Node.js 检测到要导入的模块不属于核心模块时，它会按照以下顺序在各级 `node_modules` 目录中查找该模块。
  - 当前文件所在目录下的 `node_modules` 目录。
  - 父目录下的 `node_modules` 目录。
  - 父目录的父目录下的 `node_modules` 目录。
  - 沿着上述方向逐级向上的各级目录下的 `node_modules` 目录。
  - 最后是根目录下的 `node_modules` 目录。

  由于要查找的 `node_modules` 目录是不确定的，所以这类模块的导入速度可能是 3 种模块中最慢的。

- **Node.js 项目内部自定义的模块**。这一类型的模块就是我们在上一节中一直在演示的模块，通常只放在项目中供内部各模块之间彼此引用，项目之外通常无法引用。在导入这类模块时，模块标识符中通常需要在模块名称前面加上一个相对路径或绝对路径，用于指定要导入模块所在的位置。例如：

```
// 导入当前目录下的 batman 模块
const bat = require('./batman');
// 导入父目录下的 superman 模块
const sup = require('../superman');
```

```
// 导入根目录下的 owlman 模块
const owl = require('/owlman');
```

而对于模块名称，无论要导入的模块是单一文件还是多文件的目录，都不需要加上任何文件扩展名。Node.js 会自行对导入的模块进行判断，如果目标是一个文件，它会自动为其加上`.js`、`.json`、`.node`等扩展名并尝试进行匹配；如果目标是一个目录，它也会自动在该目录下查找`index.js`或其他由`main`配置项指定的模块索引文件。

另外，Node.js 还会将近期导入的模块编译成二进制文件并缓存起来，所以当我们需要再次导入相同的模块时，其加载速度通常要比第一次导入时快得多。

11.3.3 让服务器说“Hello World!”

为了让读者能对用 Node.js 构建 Web 后端应用有一个整体的概念，接下来我们以 Web 服务器的形式来构建一个“HelloWorld!”程序。需要说明的是，该示例只负责演示在 Node.js 中构建 Web 后端应用的基本步骤，至于示例中使用到的`http`模块及其接口，我们将从下一章开始逐步做详细说明，这里暂时不用纠结于实现细节，我们的目的只是让读者对后续章节中要写的这一类应用程序有一个概念性的了解。

言归正传，在 Node.js 这个平台中创建 Web 后端应用需要用到`http`这个核心模块。下面演示一下该模块的基本使用方法，首先在第 2 章中创建的`code/01_sayhello`目录下新建一个名为`01-webServer.js`的 JavaScript 文件，并在其中输入如下代码：

```
// 用 Node.js 脚本构建 Web 服务器
// 作者：owlman

const http = require('http');
const server = http.createServer();

server.on('request', function(req, res){
  res.end('<h1>Hello World! </h1>');
});

server.listen(8080, function(){
  console.log('请访问 http://localhost:8080/，按 Ctrl+C 终止服务！');
});
```

然后，在保存上述文件后，用命令行终端进入`code/01_sayhello`目录下，并执行`node01-webServer.js`命令。最后，用浏览器访问`http://localhost:8080/`，结果如图 11-1 所示。

用 Node.js 创建 Web 后端应用的基本步骤如下。

图 11-1 在后端说“Hello World!”

(1) 导入 Node.js 中与 Web 服务相关的 `http` 核心模块，创建一个 `http` 实例。

(2) 调用 `http` 实例的 `createServer()` 方法，创建一个代表 Web 服务器的 `server` 实例。

(3) 在 `server` 实例上调用 `on()` 方法，注册 `request` 事件的处理函数，以便将响应数据返回给浏览器端。

(4) 在 `server` 实例上调用 `listen()` 方法，让 Web 服务器监听指定的端口号以接收来自浏览器端的请求。

(5) 在终端输出该服务的使用说明（可选步骤）。

我们在后续章节中编写的所有 Web 后端应用基本是按照以上步骤来创建的，它们之间大同小异。最大的区别就是第 3 步——`request` 事件处理函数的编写，如何根据不同的请求返回不同的数据才是整个后端应用中最为关键的部分。我们可以在第 4 步中为该服务器指定不同的端口号，或在第 5 步中输出更为详细的使用说明。总而言之，构建 Web 后端应用的代码结构基本都是如此，代码重复率是偏高的。为了解决这一问题，我们会在下一章中具体讨论如何像之前处理 AJAX 编程问题一样，将这些步骤封装成一个独立的函数，以便更高效地创建 Web 后端应用。

11.4 综合练习

从本章开始，我们会逐步将之前完全运行在浏览器端的“电话交换机测试”程序扩展成一个真正包含前后端的 Web 应用程序。首先，我们在这里需要为这个项目的结构做个重构，将其转换成一个 Node.js 项目。这样做有助于我们在后续工作中逐步将属于后端的工作转移到服务器端。下面，就让我们开始重构工作吧！

首先，在 code 目录下创建一个专用于存放完整 Web 应用示例的目录，我们将其命名为 05_webApp。然后再将之前位于 code/03_web/ 目录下的 testTelephoneExchange 目录及其下面的所有文件复制到 05_webApp 目录下。由于我们现在需要使用 Node.js 创建的 Web 服务器（而不是 Apache 这类服务器软件）来发送用户请求的页面，所以接下来需要在 code/05_webApp/testTelephoneExchange 目录下执行 npm init-y 命令将其初始化成一个 Node.js 项目，然后在其中创建一个名为 index.js 的 JavaScript 文件，并输入如下代码：

```
const http = require('http');
const server = http.createServer();

server.on('request', function(req, res) {
  const fs = require('fs');
  fs.readFile('./testTelephoneExchange.htm',function(err, data) {
    if ( err !== null ) {
      return res.end('<h1>404 页面没找到！</h1>');
    }
    res.end(data);
  })
})

server.listen(8080, function(){
  console.log('请访问 http://localhost:8080/，按 Ctrl+C 终止服务！')
})
```

正如之前所说，在 Node.js 环境中创建 Web 服务器的基本步骤是大同小异的，其中最关键的是 request 事件处理函数的实现内容。由于我们这一回需要将 testTelephoneExchange.htm 文件的内容作为响应数据发送给请求该页面的浏览器，因此我们使用到了 fs 核心模块中的 readFile()方法。关于 fs 模块中的方法，我们会在后续章节中做详细说明，读者在这里暂时只需要了解我们用它读取了 testTelephoneExchange.htm 文件的内容，并以字符串的形式作为响应数据发送给了浏览器（在读取错误时也以字符串的形式向浏览器发送 404 信息）。

最后，我们只需要用命令行终端进入 code/05_webApp/testTelephoneExchange 目录下，并执行 nodeindex.js 命令，再用浏览器访问 http://localhost:8080/，结果如图 11-2 所示。

由图 11-2 可知，虽然指定的页面已经被证明成功发送到了浏览器端，但我们似乎在载入脚本和样式文件方面遇到了些问题。这些问题与 Web 服务器的具体响应内容相关，我们在这里发送给浏览器的响应数据显然过于简单了。但也不必太担心这些问题，因为它们正是该项目后续工作的内容，一切问题都会在本书后面的讨论中一一得到解决。

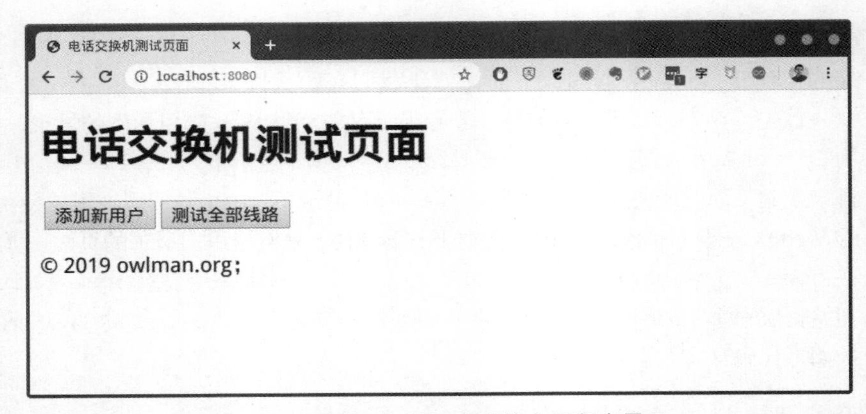

图 11-2 通过 Node.js 发送的应用程序界面

本章小结

本章对Node.js这个可在浏览器之外的地方执行JavaScript代码的运行环境做了一次概要性的介绍，以便读者能有一个更好的基础来学习接下来几章要讨论的议题。本章首先纠正了一些错误或不全面的认知。也就是说，JavaScript 在设计上是一门图灵完备的编程语言，它并非只能运行在浏览器上，计算机科学家们也从未放弃过让 JavaScript 运行在服务器上。当然，由于语言特性的关系，这些努力一直相对于其他服务端编程语言来说不算太成功，直到 Node.js 项目的横空出世才改变了这一局面。

然后介绍了 Node.js 是如何从一个构建高性能 Web 服务器的项目发展成近乎全能的运行平台的。该运行平台在保留 JavaScript 单线程和异步编程等固有特性的基础上增加了一整套用于执行 I/O 操作的异步接口。这套接口给 JavaScript 在单线程执行模型的 I/O 性能问题提供了解决方案，赋予了这门语言在浏览器领域之外与其他编程语言一较高下的能力，意义非常重大。

接下来本章详细地说明了在基于 Node.js 编程时可以利用的几个特性。只要这些特性利用得当，我们就能在 Node.js 平台上用 JavaScript 开发出具有高安全性、高性能、跨平台的应用程序。当然，读者同时也必须要明白单线程的执行方式也有它自身的弱点，应该避免使用 Node.js 来解决一些需要充分利用 CPU 多核资源的问题，例如一些大规模的科学计算任务等。

最后本章具体介绍了在 Node.js 平台上进行 JavaScript 编程的基础知识，这其中包含了在 Node.js 中可以使用的模块类型，以及用于组织这些模块的 CommonJS 规范。此外，还具体示范了在 Node.js 平台下构建一个 Web 后端应用的基本步骤，并遵照这些步骤重构了“电话交换机测试”程序。这既可以让读者对这类应用程序的构建有一个整体性的认知，同时也留下了一堆问题作为悬念，以便在接下来的几章中逐一讨论并解决。

第 12 章　构建 Web 服务

与 PHP、JSP 等传统的服务端 Web 动态技术相比，使用 Node.js 开发 Web 应用程序最大的特点之一就是：其构建的应用程序本身就是一个 Web 服务。也就是说，我们在调试或部署一个基于 Node.js 的 Web 应用程序时，并不需要在完成编程工作之后，再到 Apache、Nginx 或 IIS 这样的 Web 服务器软件中去进行复杂的配置工作。有过相关配置经验的读者肯定很清楚，这些配置工作不仅相当麻烦，而且极易出错，更重要的是配置 Web 服务与 PHP、JSP 等编程工作使用的是两种截然不同的技术。这就意味着，如果我们要用这些传统的服务端动态技术来开发 Web 应用程序，除了要在 JavaScript 之外再学习一门编程语言及其相应的开发框架,还需要另外学习至少一款 Web 服务器软件的使用方法。在这种情况下，想成为一名 Web 领域的全栈开发者，学习成本是非常高的。

而由于 Node.js 一开始就是按照 Web 服务器软件的需求来设计的，所以它的服务配置工作是其编程任务的一部分。也就是说，我们在使用 Node.js 实现 Web 程序业务逻辑的同时也在配置 Web 服务。这意味着，在 Node.js 环境中，我们不仅可以用 JavaScript 这一门语言同时解决 Web 应用程序前后端的编程工作，还可以同步解决 Web 服务的配置问题，完全不必再学习新的编程语言或 Web 服务器软件，这极大地降低了成为 Web 领域全栈开发者的学习成本。

本章具体介绍如何构建一个可被访问的 Web 服务。在阅读完这一章内容之后，希望读者能：

- 了解 HTTP 的基本知识，对基于该协议的通信过程能有一个概念性的认知；
- 详细了解构建一个 Web 服务的基本步骤，并将其封装成可重用的工具函数；
- 掌握编写 `request` 事件处理函数的基本知识，了解如何判断客户端使用的请求方法；

- 了解如何对客户端请求的路径进行解析，并根据解析结果来决定是否将指定数据开放给 Web 服务。

12.1 了解 HTTP

众所周知，计算机之间的通信都是按照某种特定的网络协议进行的，这些网络协议的作用是为计算机网络建立一系列的规范、标准与约定，使移动设备、PC、大型计算机等不同类型的计算机可以采用统一的方式进行数据交互。简而言之，如果说人类世界的通用语言是汉语、法语或英语，那么网络协议就可以被视为计算机世界的通用语言。通常情况下，网络协议大致上可分为基础协议和应用协议两种。基础协议主要指的是类似 TCP/IP 这一类的底层协议，它们共同构成了如今这个互联网的基础，没有这些基础协议来规范计算机之间的基本数据传输方式，计算机网络就无法构建。而在这个基础上，人们往往还会根据自己的使用需求来构建各种具体的通信应用，这就需要用到专门针对这些应用的应用协议，例如收发电子邮件分别采用的是 POP3 和 SMTP 协议、安全远程登录另一台计算机采用的是 SSH 协议、在另一台计算机上下载或上传文件采用的是 FTP 协议等。

这些应用协议都有个共同的特征，那就是不同计算机在应用中的角色是非常明确的。使用应用的一方被称为**客户端**，它们通常是发起通信活动的一方，这个发起动作也被称为**请求服务**。而提供应用的一方被称为**服务端**，它们通常是被要求通信的一方，其回应通信的动作被称为**响应请求**。正因为如此，基于应用类网络协议的应用往往也被称为**服务**，例如收取电子邮件的是 POP3 服务、发送电子邮件的是 SMTP 服务、提供安全远程登录的是 SSH 服务、用来上传或下载文件的是 FTP 服务等。同理，提供 Web 应用的程序就被称为 **Web 服务**，它使用的是 HTTP。鉴于该协议是整个 Web 网络的基础所在，我们在具体构建 Web 服务之前应该要对它做个基本的了解。

HTTP 是超文本传输协议（Hyper Text Transfer Protocol）这一专有名词的英文缩写，被广泛使用的版本是 HTTP/1.1。简而言之，HTTP 是一种用于分布式、协作式和超媒体信息系统的应用协议，该协议的作用是在 Web 服务的服务端与客户端之间传输超文本数据，它有以下 3 个技术特性（至少在 HTTP 长连接出现之前的相当长一段时间内是如此，本书选择了一直以来我们对 HTTP 的处理习惯）：

- **HTTP 是无连接协议**。这意味着，基于该协议每个连接都只处理一个请求。也就是说，服务端每次在响应完客户端的请求之后就会立即切断连接，这样做的主要目的是减轻服务端的负担，以便它可以在单位时间内响应更多的客户端请求。
- **HTTP 是媒体独立的协议**。这意味着，只要客户端和服务端都知道数据的处理方式，任何类型的数据都可以通过 HTTP 来发送，只需要在发送数据的同时为对方指定适合的 MIME-type 即可。

- **HTTP 是无状态协议**。这意味着，服务端对于通过 HTTP 连接发送过来的数据是没有记忆能力的。也就是说，即使是相同的客户端，当它第二次向服务端发送请求时，如果需要服务端处理第一次连接时的发送信息，就必须重新发送这些信息。

在了解了 HTTP 的概念和技术特性之后，我们来了解一下 HTTP 连接的建立过程，其具体步骤如下。

（1）服务端（通常是 Apache 这样的服务器软件）会与客户端约定一个提供 Web 服务的端口（默认是 80 端口）。

（2）客户端（通常是 Web 浏览器）会向服务器上约定提供 Web 服务的端口发起一个连接请求。

（3）服务端会一直监听约定的端口，一旦收到来自客户端的请求就返回一个 HTTP 状态码以及被请求的数据。

（4）客户端会根据其收到的 HTTP 状态码来判断请求的结果，并根据这个结果来显示从服务端返回的响应数据。

12.1.1 HTTP 请求方法

根据 HTTP 的定义，客户端可以用以下 8 种方法向服务端发送请求，它们各自代表了不同的数据操作。

- **GET**：该请求方法的作用是向服务端中指定的数据发出获取请求。当然，在实际使用中，GET 请求方法除了用于正常的数据获取，有时候也会被网络爬虫这样的非正常访问所利用，带来一些安全性问题。后者被认为是该请求方法的一个副作用，这是我们必须要注意的。
- **HEAD**：该请求方法的作用与 GET 方法基本相同，都是用于获取服务端数据的方法，只不过这一回要获取的不是指定数据的全部内容，而是该数据的说明信息。在专业术语中，我们通常称这部分信息为数据的**头信息**（有时候也称之为元信息或元数据）。
- **POST**：该请求方法的作用是向服务端提交数据，并请求对数据进行处理。也就是说，经由该方法发送的请求有可能会修改服务端的现有数据，或者在服务端创建新的数据，抑或是二者皆有。POST 请求方法提交的数据通常有两种格式。其中一种是内容类型为 `application/x-www-form-urlencoded` 的简单表单数据，这种数据通常会以 `key1=value1&key2=value2` 这样的形式被存储在 POST 方法发送的请求体中。另一种数据格式是文件，这种格式的内容类型为 `multipart/form-data`。

- **PUT**：该请求方法的作用是往服务端指定的位置上传最新的数据。
- **DELETE**：该请求方法的作用是请求服务端删除由指定 URI 所标识的数据。
- **TRACE**：该请求方法的作用是回显服务器收到的请求，主要用于对服务端进行测试或诊断。
- **OPTIONS**：该请求方法的作用是让服务端传回指定数据支持的所有 HTTP 请求方法，它也主要用于对服务端进行测试或诊断。
- **CONNECT**：该请求方法是 HTTP/1.1 中预留给能将当前连接改为隧道方式的代理服务器的，通常用于对 SSL 加密服务器的连接。

这些方法通常被声明在请求数据的第一行中的第一个单词上，其数据格式大致如下：

```
GET / HTTP/1.1
Host: www.google.com
```

请注意，请求方法的名称都是严格区分大小写的，当服务端收到其不支持或不认识的请求时，它会通过返回相应的状态码来告知客户端：当前请求使用的方法不被允许或者根本无法识别。通常情况下，一个 HTTP 服务至少应该支持 GET、POST 和 HEAD 这 3 种请求方法，它们也是最常被用到的方法。

12.1.2 HTTP 响应状态

下面，让我们将视线转向 Web 应用的服务端。在收到客户端的请求之后，服务端通常会以 HTTP 状态码的形式告知客户端自己对该请求的响应状态。根据 HTTP 的定义，HTTP 状态码通常位于服务端返回响应数据的第一行，其数据格式大致如下：

```
HTTP/1.1 200 OK
Content-Length: 3059
Server: GWS/2.0
Date: Sat, 11 Jan 2003 02:44:04 GMT
Content-Type: text/html
Cache-control: private
Set-Cookie: PREF=ID=73d4aef52e57bae9:TM=1042253044:LM=1042253044:S=SMCc_HRPCQiqy
X9j; expires=Sun, 17-Jan-2038 19:14:07 GMT; path=/; domain=.google.com
Connection: keep-alive
```

HTTP 状态码通常由 3 个十进制的数字组成，用于表示 Web 应用的服务端对客户端请求的响应状态。我们可按照这些状态码中的第一个数字将其分为以下五大类。

- **1xx 消息**：这一类型的状态码代表客户端的请求已被接受，正在被服务端做进一步的处理。服务端发送这一类状态码代表其目前做出的是临时响应，其响应数据中通常只包含状态行和某些可选的响应头信息，并以空行结束。该类状态码主要包括如下。

- **100 Continue**：该状态码表示服务端已经接收到请求的头信息，并且客户端应继续发送请求的主体数据。如果客户端发送的是 HEAD 请求，则可认为请求已经完成，就忽略这个响应。
- **101 Switching Protocols**：该状态码表示服务端已经理解了客户端的请求，并将通过 Upgrade 消息头通知客户端它将切换到不同的协议来处理这个请求。

- **2xx 成功**：这一类型的状态码代表客户端发送的请求已成功被服务器接收、理解并接受。该类状态码主要包括如下。
  - **200 OK**：该状态码表示请求已成功，请求所希望获取的响应头或数据体将随此响应数据返回。
  - **201 Created**：该状态码表示请求已被实现，服务端已经依据请求创建了相关数据，并将这些数据的URI以Location头信息的形式返回给了客户端。
  - **202 Accepted**：该状态码表示服务端已接收请求，但尚未处理。并且出于某种原因，该请求最终有可能不会被执行。
  - **204 No Content**：该状态码表示服务端成功处理了请求，但响应动作没有返回任何内容。
  - **205 Reset Content**：该状态码也表示服务端成功处理了请求，但没有返回任何内容。与 204 状态码不同的是，发送该状态码的响应动作会要求发送请求的客户端重置文档视图。
- **3xx 重定向**：这一类型的状态码代表需要客户端采取进一步的操作才能完成请求。通常这些状态码用来指示客户端进行重定向，后续的请求地址（即重定向的目标）会在当前响应的 Location 域中被指明。该类状态码主要包括如下。
  - **300 Multiple Choices**：该状态码表示服务端被请求的数据有一系列可供选择的特定地址，客户端可从其返回的信息中自行选择一个地址进行重定向。
  - **301 Moved Permanently**：该状态码表示服务端被请求的数据已永久移动到新位置，并且服务端会将新位置的 URI 返回给客户端。
  - **302 Found**：该状态码表示服务端会要求客户端执行某个临时的重定向操作。
  - **303 See Other**：该状态码表示服务端对当前请求的响应数据可以在另一个 URI 上找到。当服务端响应 POST（PUT 或 DELETE）请求而返回该状态码时，客户端应该假定服务端已经收到请求，并另行使用 GET 方法执行重定向操作。
  - **307 Temporary Redirect**：该状态码表示客户端发送的请求与另一个 URI 重复，但后续的请求应仍使用原始的 URI。

- **4xx 客户端错误**：这一类型的状态码代表客户端在发送请求时可能发生了错误，且该错误妨碍了服务端对该请求的处理。在这种情况下，除非服务端要响应的是一个 HEAD 请求，否则服务器就应该返回一个解释当前错误状况的信息，并说明该状况是临时性的还是永久性的。该类状态码主要包括如下。
  - **400 Bad Request**：该状态码表示由于某种明显的客户端错误（例如格式错误的请求语法、无效的请求消息或欺骗性的路由请求），导致服务端无法处理或识别该请求。
  - **403 Forbidden**：该状态码表示服务端已经理解请求，但拒绝处理它。如果这不是一个 HEAD 请求，而且服务端希望说明拒绝处理请求的原因，那么在响应数据内就应该附带相应的说明信息。
  - **404 Not Found**：该状态码表示当前请求所希望得到的数据在服务端不存在，或对用户不可见。
  - **405 Method Not Allowed**：该状态码表示客户端使用的请求方法不能被用于请求相应的数据。在这种情况下，服务端的响应必须返回一个 `Allow` 头信息，列出被请求数据能接受的请求方法。
  - **406 Not Acceptable**：该状态码表示客户端请求的数据在内容特性上无法满足请求头中的条件，因而服务端无法生成响应实体，自然也就无法处理该请求。
  - **408 Request Timeout**：该状态码表示客户端发出的请求已超时。根据 HTTP 中的规范，如果客户端没有在服务端预设的等待时间内完成一个请求的发送，就需要再次提交这一请求。
  - **409 Conflict**：该状态码表示因为客户端发出的请求存在冲突，使得服务端无法处理该请求。
  - **410 Gone**：该状态码表示客户端所请求的数据已被服务端有意删除或清理，不可再被使用。
  - **411 Length Required**：该状态码表示服务端拒绝在没有定义 `Content-Length` 头信息的情况下接受客户端的请求。
  - **415 Unsupported Media Type**：该状态码表示客户端在请求时所用的互联网媒体类型并不属于服务端所支持的数据格式，因此该请求被拒绝处理。
- **5xx 服务端错误**：这一类型的状态码代表了服务端在处理请求的过程中发生了错误或遇到了异常状态，使其无法完成对客户端请求的处理操作。除非客户端发送的是一个 HEAD 请求，否则服务端应该在返回的响应数据体中说明眼前这个错误的具体信息，并且告知客户端该状态是临时性的还是永久性的。该类状态码主要包括如下。
  - **500 Internal Server Error**：该状态码代表的是通用错误消息，即服务端遇到了一个未曾预料的状况，该状况导致它无法完成对请求的处理操作。在这种情况下，服务端也无法给出具体错误信息。

– **501 Not Implemented**：该状态码表示服务端不支持客户端请求的某个功能。
– **502 Bad Gateway**：该状态码表示作为网关或者代理工作的服务器在处理来自客户端的请求时，从上游服务器接收到的是无效的响应数据。
– **503 Service Unavailable**：该状态码表示服务端正在维护或出现了临时过载的问题，无法处理来自客户端的请求。这个状况是暂时的，通常过一段时间就会恢复。
– **504 Gateway Timeout**：该状态码表示作为网关或者代理工作的服务器在处理来自客户端的请求时，未能及时从上游服务器或辅助服务器（例如 DNS）收到响应数据。
– **505 HTTP Version Not Supported**：该状态码表示服务端不支持或拒绝支持客户端在发送请求时使用的 HTTP 版本。

需要特别说明的是，这里列出的只是作者个人认为较为常见的 HTTP 状态码，并非服务端可能返回的全部状态码。如果读者希望获得全部的状态码列表，请查阅相关的参考资料。

12.2 创建 Web 服务器

正如之前所说，在 PHP、JSP 这类传统的 Web 应用开发中，HTTP 连接的处理只需要交给 Apache 这样的服务器软件即可，但在 Node.js 中，我们得亲自处理这些问题。虽然这样做可以免去我们很多学习成本，但编程工作本身的任务量毫无疑问是增加的，毕竟一切都得从创建 Web 服务器开始。具体来说，该服务器得完成以下任务。

- 监听提供 Web 服务的端口（默认是 80 端口）。
- 识别客户端使用的请求方法，并做出相应的响应。
- 解析请求路径，用于决定服务端可被访问的数据。

幸运的是，Node.js 已经将与这一切相关的基础操作封装在了一个名为 `http` 的核心模块中，我们只需要简单调用该模块提供的接口就可以基本完成 Web 服务器的创建。下面具体介绍一下该模块的基本使用。

12.2.1 `http` 模块的使用

事实上，我们在上一章中已经演示过了使用 Node.js 创建 Web 服务器的基本实现方法，其具体代码如下：

```
// 用 Node.js 脚本构建 Web 服务器
```

```
// 作者：owlman

const http = require('http');
const server = http.createServer();

server.on('request', function(req, res){
  res.end('<h1>Hello World! </h1>');
});

server.listen(8080, function(){
  console.log('请访问 http://localhost:8080/，按 Ctrl+C 终止服务！');
});
```

下面，让我们来具体解析一下这段代码。首先，要想在 Node.js 中创建一个可提供 HTTP 服务的应用程序，我们得先通过调用 `require('http')` 来引入相应的核心模块。`http` 模块中封装了创建 HTTP 服务的所有接口。通常情况下，我们首先会调用该模块的 `createSever()` 方法，该方法会生成一个类型为 `http.Server` 的 Web 服务器实例并将其返回。在上述代码中，该服务器实例被赋给了 `server` 对象。我们在调用 `createSever()` 方法时还可以传递一些实参，例如我们可以在创建 Web 服务器时直接为其指定 `request` 事件处理函数：

```
const server = http.createServer(function(req, res){
  res.end('<h1>Hello World! </h1>');
});
```

接下来，如果我们在创建服务器实例时没有为其指定 `request` 事件处理函数，可以调用 `server` 对象的 `on()` 方法来为服务器注册事件处理函数。该方法可以接收两个实参，其中第一个实参是字符串类型，用于指定要注册的目标事件。按照 `http` 模块的定义，`http.Server` 类的示例可以注册以下事件。

- **checkContinue 事件**：该事件会在服务端收到客户端发出的请求中带有 `Expect: 100-continue` 头信息时被触发。该请求的目的是确认服务端是否愿意接收来自该客户端的请求数据，如果服务器实例上没有注册该事件，它通常会自动响应给客户端值为 `100` 的 HTTP 状态码。
- **checkExpectation 事件**：该事件会在服务端收到客户端发出的请求中带有 `Expect` 头信息，但其内容不是 `100-continue` 时被触发。如果服务器实例上没有注册该事件，它通常会自动响应给客户端值为 `417` 的 HTTP 状态码。
- **clientError 事件**：该事件会在客户端请求发送错误时被触发。如果我们希望亲自处理关闭 HTTP 连接的相关事务，就可以选择在服务器实例上注册该事件的处理函数。否则在默认情况下，服务端会自动响应给客户端值为 `400` 的 HTTP 状态码。

- **close 事件**：该事件会在服务端关闭 HTTP 连接时被触发。
- **connect 事件**：该事件会在服务端收到客户端使用 CONNECT 方法发送请求时被触发。如果服务器实例上没有注册该事件，它通常会自动关闭与发送该请求的客户端的连接。
- **connection 事件**：该事件会在服务端与客户端之间创建 TCP 流对象的时候被触发，这里的流对象通常是 net.Socket 类的实例。
- **request 事件**：该事件会在服务端收到客户端发出的请求时被触发，这是我们在创建 Web 应用时必须要处理的事件。
- **upgrade 事件**：该事件会在客户端要求升级 HTTP 时被触发，这不是一个经常需要处理的事件。

http.Server 类实例的 on()方法接收的第二个实参是一个函数，它就是被注册事件的处理函数。在通常情况下，在 http.Server 对象上注册的事件处理函数也接收两个实参。第一个实参接收的是请求对象，用于读取客户端发送给服务端的各种请求信息；第二个实参接收的是响应对象，用于将服务端的响应数据返回给客户端。例如，下面就是我们为 server 对象注册的另一个 request 事件处理函数：

```
server.on('request', function(req, res){
  switch(req.method) {
    case 'GET':
      res.end('你发送的是 GET 请求！');
      break;
    case 'POST':
      res.end('你发送的是 POST 请求！');
      break;
    case 'PUT':
      res.end('你发送的是 PUT 请求！');
      break;
    case 'DELETE':
      res.end('你发送的是 DELETE 请求！');
      break;
  }
});
```

在上述事件处理函数中，我们通过请求对象的 method 属性对客户端使用的请求方法做了识别，并用响应对象根据不同的请求方法返回了不同的信息。在这里，我们可以在命令行终端中用 curl 命令向服务端发送不同的请求方法，以验证执行结果，如图 12-1 所示。

当然，在实际开发中，我们要做的响应动作可比这里复杂得多。但这属于 Web 应用程序的具体开发，我们将在下一章中具体讨论这些复杂的响应。

在注册完事件处理函数之后，我们还有最后一件事要做，那就是为该 Web 服务器指定一个端口号。这件事可以通过调用服务器实例的 listen() 方法来完成，该方法接收两个实参。第一个实参接收的是数字类型的值，用于指定服务器要监听的端口号。需要注意的是，虽然 HTTP 服务的默认端口是 80，但通常在测试阶段最好不要占用该端口，以免影响我们当前所在计算机上正常运行的 Web 服务，所以我们在 Web 应用程序的开发和测试阶段会将其使用的端口号设置为 3000 或 8080 这种非指定应用的端口号。listen() 方法接收的第二个实参是可选的，是一个函数类型的实参，通常用于在 Web 服务器启动时执行一些动作。在这里，我们用于在终端输出一些说明性信息，告知用户该服务的 URL 和关闭该服务的方法。

图 12-1 响应不同的请求方法

正如上一章所说，创建 Web 服务器的基本步骤大致上是固定的，其中会变化的大致上就只有要注册的事件处理函数和要监听的端口号而已。所以我们可以对这些基本步骤做一些封装，例如：

```
function createWebServer(port, eventHandlers) {
  const http = require('http');
  const server = http.createServer();

  for(let [name, func] of eventHandlers.entries()) {
    server.on(name, func);
  }

  server.listen(port, function(){
    console.log(`请访问 http://localhost:${port}/, 按 Ctrl+C 终止服务！`);
  });
```

```
  return server;
}
```

在这里，我们为 createWebServer()函数设置了两个形参。其中，port 形参用于指定端口号，是个数字类型的参数。eventHandlers 形参用于指定要注册的事件及其处理函数，是一个 Map 类型参数，其中每个元素的 key 是要注册的事件名称，value 是对应事件的处理函数。接下来，我们可以将该函数保存在之前的 04_nodejs/tool.js 文件中，并将其设置为 tools 模块的导出函数，具体代码如下：

```
module.exports.createWebServer = function (port, eventHandlers) {
  const http = require('http');
  const server = http.createServer();

  for(let [name, func] of eventHandlers.entries()) {
    server.on(name, func);
  }

  server.listen(port, function(){
    console.log(`请访问 http://localhost:${port}/, 按 Ctrl+C 终止服务! `);
  });

  return server;
};
```

然后就可以在之前已导入 tools 模块的 04_nodejs/04-test.js 文件中做如下调用：

```
const eventHandlers = new Map();
eventHandlers.set('request', function(req, res) {
  res.end('<h1>Hello World! </h1>');
});

tools.createWebServer(8080, eventHandlers);
```

这样我们就完成了对创建 Web 服务器的基本步骤的封装，之后只要按照上述方法调用 tools 模块提供的函数即可。在大多数情况下，一个 Web 应用程序只创建一个 Web 服务器，且只处理 request 事件，所以更方便的方法是采用 JavaScript 常见的链式调用，例如：

```
const http = require('http');
const port = 8080;
http.createServer(function(req, res) {
  res.end('<h1>Hello World! </h1>');
})
.listen(port, function() {
  console.log(`请访问 http://localhost:${port}/, 按 Ctrl+C 终止服务! `);
});
```

12.2.2 路径解析

Web 服务器除了可以监听指定的端口，然后根据客户端使用的请求方法做出响应，还有一项重要功能就是解析客户端的请求路径，并判断该路径请求的数据是否允许返回给客户端。如果读者有过配置 Apache 这类服务器软件的经历，应该对设置 www 这类目录及其子目录的访问权限还有印象，配置这部分内容就是在做这项工作。下面，我们来介绍一下如何在 Node.js 中完成类似的功能。

首先，在通常情况下，Web 服务器上可被访问的数据可被分为以下两大类。

- **动态资源数据**。动态资源数据指的是服务端程序根据用户的请求动态生成的数据，例如我们在之前示例中返回的响应数据是一个内容为“HelloWorld!”的<h1>标签。该数据在收到客户端请求之前是不存在于服务器端的，而是由服务端的代码在响应请求时生成的，所以被称为**动态资源数据**。这类数据是 Web 应用程序区别于传统 HTML 网站的关键所在，后者没有根据请求产生新的数据或者处理现有数据的能力。这部分内容也是我们构建 Web 应用重点要讨论的议题，将在下一章展开介绍。
- **静态资源数据**。静态资源数据指的是和传统的 HTML 网站一样，预先存储在服务端的数据，例如图片、视频、音频、CSS 文件以及要在客户端执行的代码文件（例如让浏览器执行的 JavaScript 脚本）等。对于这些数据，Web 服务器要做的就只是判断客户端是否有权限访问该数据，然后读取它们有权访问的数据来响应请求。

但是，如何判断客户端请求的是什么类型的数据呢？这一切都要从解析请求路径开始。请求路径开始于请求数据的第一行的第二个单词，位于请求方法的后面，例如在下面的请求数据中：

```
GET / HTTP/1.1
Host: www.google.com
```

请求路径就是/，代表的是 Web 服务器的根目录。这里有必要介绍一下 URI 的概念。URI 本质上是一种在计算机网络中定位资源的字符串，例如我们常用的 URL 就是 URI 的一种形式。这种字符串的标准格式如下：

```
[协议类型]://[服务器地址]:[端口号][资源路径]?[查询参数]#[页面锚链接]
```

其中，[端口号]在指定服务器使用默认端口时可以省略，例如 Web 服务器的 80 端口不用特别指定。[查询参数]和[页面锚链接]都属于可选项，只在必要时才会用到。例如，如果我们想访问谷歌的网站，正常情况下只需要这样写：

```
http://www.google.com/
```

在这里，http 就是我们使用的[协议类型]，而 www.google.com 则是[服务器地址]，接下来的/就是[资源路径]。如果用人类语言翻译一下这个 URL，它想要表达的就是使用 HTTP 访问 www.google.com 这台服务器根目录下的默认可访问资源。那么，Web 服务器根目录下的默认可访问资源又是什么呢？这就要涉及 Web 应用程序的具体结构设置了。

在 Apache 这类传统的 Web 服务器软件的配置中，服务器根目录通常是通过 Apache 安装目录下的 httpd.conf 配置文件中的 ServerRoot 变量或者虚拟主机配置文件中的 DocumentRoot 变量来设置的，例如我们通常会将/www/myweb/这样的目录设置为 Web 服务器的根目录。然后再通过设置该目录的 Indexes 选项来指定默认可访问资源，例如 index.htm、index.php、index.jsp 等。但到了由 Node.js 创建的 Web 服务中，服务器的根目录通常是该 Node.js 项目所在的目录，而根目录下的默认可访问资源是通过在 request 事件处理函数中解析请求对象的 url 属性来决定的。例如：

```
const http = require('http');
const port = 8080;
http.createServer(function(req, res) {
  if(req.url === '/') {
    res.write('<h1>Hello World! </h1>');
    res.end('<img src = "/img/nodejs.jpeg">');
  }
})
.listen(port, function(){
  console.log(`请访问 http://localhost:${port}/, 按 Ctrl+C 终止服务! `);
});
```

在这个 Node.js 程序中，当客户端请求访问服务器根目录时，其默认可访问资源是由服务端动态生成的包含一个<h1>标签和一个<img>标签的响应数据（关于响应对象的 write()方法和 end()方法的使用，我们会在下一章中做具体介绍，在这里只需要知道它们都是用来写响应数据的即可），这属于之前所说的动态数据资源。仅仅做这样的响应是不够的，当我们运行上述代码并用浏览器访问它提供的 Web 服务时会发现<img>标签引用的图片无法显示。这是因为浏览器在遇到<img>、<link>、<script>这类用于外链资源的标签时，会针对这些标签外链的 URI 再向服务器发送请求。例如，这里第二次的请求路径是/img/nodejs.jpeg，下面我们来对这部分的请求做出响应：

```
const http = require('http');
const fs = require('fs');
const port = 8080;
http.createServer(function(req, res) {
   if(req.url === '/') {
     res.write('<h1>Hello World! </h1>');
     res.end('<img src="/img/nodejs.jpeg">');
```

```
    } else if(req.url.indexOf('/img/') === 0) {
      fs.readFile('.${req.url}', function(err, data) {
        if ( err !== null ) {
          return res.end('<h1>404 页面没找到! </h1>');
        }
        res.end(data);
      });
    }
})
.listen(port, function(){
  console.log(`请访问 http://localhost:${port}/, 按 Ctrl+C 终止服务! `);
});
```

由于这回请求的是图片这样的静态资源数据，而按照 Web 站点开发的惯例，图片资源往往都会统一被存储到名称为 `img` 的目录中，所以我们可将该目录下的所有文件都开放给客户端访问。具体做法就是判断 `req.url` 是否以`/img/`开头，如果是，就用 `fs` 模块读取该请求路径指定的文件并将其作为响应数据返回。当然，在读取时要注意将针对服务器的请求路径转化为操作本地文件的相对路径，即在请求路径之前加一个.。关于 `fs` 模块的具体用法，我们将在下一章中讨论文件读写问题时再做具体介绍，在这里读者暂时只需要知道它是用来读取本地文件且读取到的数据被存储在 `data` 参数中的即可。上述代码的运行效果如图 12-2 所示。

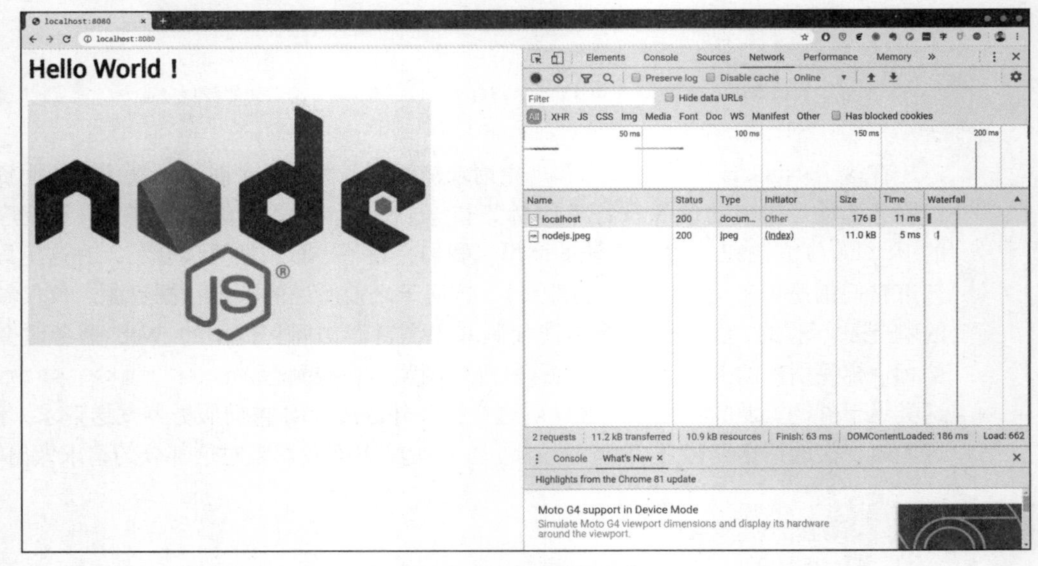

图 12-2 请求路径解析

上述代码中还存在另一个问题，即我们在发生文件读取错误时只是以字符串的形式返回了一个 `404` 信息，并没有将 HTTP 状态码写入响应数据的头信息中，这是不规范的。而且，我们在收到不予处理的请求路径时，也应该返回一个 404 的 HTTP 状态码。在 Node.js 中，HTTP 状态码可以通过调用响应对象的 writeHead() 方法来设置。所以我们还可以继续规范一下上述代码，使其对客户端请求的响应行为更接近标准的 Web 服务器：

```
const http = require('http');
const fs = require('fs');
const port = 8080;
http.createServer(function(req, res) {
  if(req.url === '/') {
    res.writeHead(200);
    res.write('<h1>Hello World! </h1>');
    res.end('<img src="/img/nodejs.jpeg">');
  } else if(req.url.indexOf('/img/') === 0) {
    fs.readFile('.${req.url}', function(err, data) {
      if ( err !== null ) {
        return res.writeHead(404);
      }
      res.writeHead(200);
      res.end(data);
    })
  } else {
    res.writeHead(404);
    res.end('你访问的资源不存在！');
  }
})
.listen(port, function(){
  console.log('请访问 http://localhost:${port}/，按 Ctrl+C 终止服务！');
});
```

12.3 综合练习

现在，我们可以用本章学习到的知识来解决上一章中尚未得到解决的问题了，即用 Node.js 创建的 Web 服务器来发布之前开发的“电话交换机测试”程序。由于该程序目前所有的代码都是在客户端的浏览器上执行的，对于服务端来说都属于静态资源数据，所以为了方便之后路径解析的工作，我们需要先对程序的目录结构做些整理。经过了整理之后，“电话交换机测试”程序现在的目录结构如下。

- **public 目录**：该目录下设置了 img、css、js3 个子目录，分别用于存放图片、CSS 样式以及在客户端执行的 JavaScript 脚本文件这类静态资源数据，这部分的所有数据都开放给客户端。
- **views 目录**：该目录中主要用于存放一些要发送给客户端的 HTML 文档，由于 Node.js 在发送这些代码的时候常常会替换其中的一些数据，所以它们通常被视为生成动态资源数据的“模板”。这部分文件通常只有在服务端运行的

JavaScript 代码才有权访问。

- **modules 目录**：该目录用于存放一些具有独立功能的自定义 Node.js 模块，这部分文件也只能在服务端被访问。
- **package.json 文件**：由 npm init-y 命令生成的项目配置文件，可用于配置程序入口文件、测试脚本以及第三方库依赖等选项。
- **index.js 文件**：项目的入口文件，该文件的名称必须与 package.json 文件中配置的入口文件的名称保持一致。只有这样，Node.js 运行环境才能自动找到入口文件，并开始执行程序。

在整理好项目的目录结构之后，我们就可以开始修改之前的程序了。首先，我们要修改程序的入口文件 index.js，其具体代码如下：

```
const http = require('http');
const tools = require('./modules/tools');
const port = 8080;

http.createServer(function(req, res) {
  switch(req.method) {
    case 'GET':
      tools.getRequest(req, res);
      break;
    case 'POST':
      tools.postRequest(req, res);
      break;
  }
})
.listen(port, function(){
  console.log(`请访问 http://localhost:${port}/，按 Ctrl+C 终止服务！`);
});
```

入口文件执行的任务就是完成 Web 服务器创建的基本步骤，并判断客户端使用的请求方法。在这个程序中，我们只处理 GET 和 POST 这两种请求，具体做法就是在 modules 目录下创建一个名为 tools 的模块，在其中定义用于处理 GET 请求的 tools.getRequest() 方法和用于处理 POST 请求的 tools.postRequest()方法，并在入口文件中调用它们。下面我们来编写 tools 模块，具体做法就是在 modules 目录下创建一个名为 tools.js 的文件，并在其中编写如下代码：

```
const fs = require('fs');

module.exports.getRrequest = function (req, res) {
  if(req.url === '/') {
    res.writeHead(200);
    fs.readFile(`./views/testTelephoneExchange.htm`, function(err, data)
```

```
{
      if (err !== null) {
        return res.writeHead(404);
      }
      res.writeHead(200);
      res.end(data);
    });
  } else if(req.url.indexOf('/public/') === 0) {
    fs.readFile('.${req.url}', function(err, data) {
      if ( err !== null ) {
        return res.writeHead(404);
      }
      res.writeHead(200);
      res.end(data);
    });
  } else {
    res.writeHead(404);
    res.end('你访问的资源不存在！');
  }
};

module.exports.postRequest = function (req, res) {};
```

两种请求方法的处理函数都接收与 request 事件处理函数相同的实参，分别用于处理请求数据和响应数据。由于该程序目前还不具备在服务端存储或修改数据的能力，所以我们暂时无须具体实现 POST 请求的处理细节，眼下只需重点处理 GET 请求即可。在 GET 请求的处理函数中，我们执行了路径解析任务，并对/和/public/*这两种请求路径做出了具体响应。当客户端的请求路径为/时，我们会将 views 目录下的 testTelephoneExchange.htm 文件的内容原封不动地返回给客户端。为了让该文件中的 HTML 标签能正确外链到 public 目录中的静态资源数据，我们还需要对该文件做一些修改，将其中所有外链资源的路径一律改成基于 Web 服务器根目录的绝对路径，具体代码如下：

```
<!DOCTYPE html>
<html lang="zh-cn">
<head>
  <meta charset="utf-8" />
  <link rel="stylesheet" type="text/css" href="/public/css/style.css" />
  <link rel="icon" type="image/x-icon" href="/public/img/owl.png" />
  <script defer="defer" src="/public/js/TelephoneExchange.js"></script>
  <script defer="defer" src="/public/js/testTelephoneExchange.js"></script>
  <title>电话交换机测试页面</title>
</head>
<body>
  <header>
```

```
      <h1>电话交换机测试页面</h1>
  </header>
  <!-- 主页内容开始 -->
  <div class="main">
   <form>
    <ul id="callList"></ul>
    <table><tr>
      <td><input id="addUser" type="button" class="controlBtn" value="添加新用户"></td>
      <td><input id="callAll" type="button" class="controlBtn" value="测试全部线路"></td>
    </tr></table>
   </form>
  </div>
  <!-- 主页内容结束 -->
  <div class="clear"></div>
  <footer>
    <div class="copyright">
      <p>&copy; 2019 owlman.org; </p>
    </div>
  </footer>
</body>
</html>
```

现在，我们在命令行终端中打开该程序的根目录，并执行 `node index.js` 命令来启动该 Web 服务器。然后，在浏览器中访问 `http://localhost:8080/`，效果如图 12-3 所示。

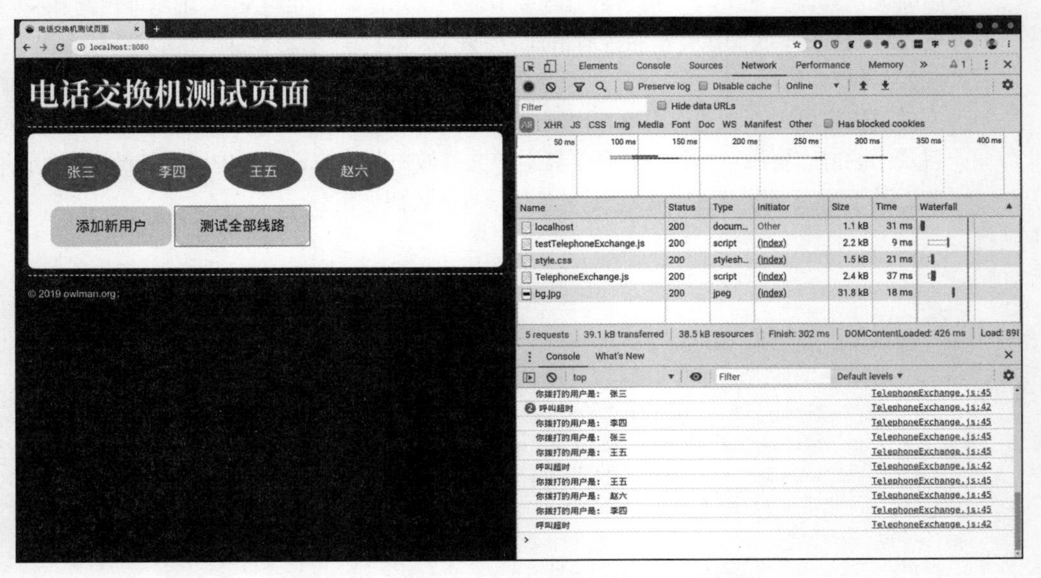

图 12-3　访问用 Node.js 创建的 Web 服务器

需要特别说明的是，目前我们只是用 Node.js 创建了一个 Web 服务器来部署之前开发的 Web 前端应用程序，并没有赋予其任何后端处理能力。换句话说，我们目前所做的只是 Apache 这类服务器软件所要做的事情，还没有真正开始 Web 应用程序的后端开发，万里长征才刚刚迈出了第一步，下一章继续讨论如何赋予该程序后端处理的能力。

本章小结

本章讨论了如何在 Node.js 平台中创建 Web 服务器。这是用 Node.js 开发 Web 应用程序与 PHP、JSP 等 Web 应用开发方式的重大区别之一，后者通常需要借助 Apache、Nginx、IIS 这类服务器软件来创建 Web 服务器。这无疑增加了 Web 全栈开发人员的学习成本。但使用 Node.js 来创建 Web 服务器也增加了编程本身的工作量。所以两种 Web 开发方式各有利弊，读者需根据自己的需要来选择。

具体而言，本章首先对 Web 服务器的基础、HTTP 做了具体介绍。这部分的议题包括该协议的技术特性、客户端与服务端是如何连接的、客户端可以使用的请求方法以及服务端可能返回的 HTTP 状态码等。在介绍了这些创建 Web 服务器所需要的基础知识之后，我们就进入如何使用 Node.js 创建 Web 服务器的具体讨论。这部分的议题包括如何判断客户端使用的请求方法、如何对请求路径进行解析、如何返回给客户端动态或静态资源数据以及如何正确地返回 HTTP 状态码等。

最后在“综合练习”的环节中综合利用了本章学到的知识对“电话交换机测试”程序做了进一步的修改。首先，按照静态资源数据和动态资源数据的分类对程序的目录结构做了调整。然后，按照 Web 服务器的工作流程依次执行了判断客户端使用的请求方法、解析客户端的请求路径、根据路径解析的结果返回相应的 HTTP 状态码和响应数据等任务。这部分任务都是传统 Web 应用程序开发中 Apache 等服务器软件所要做的事情，我们发布的依然是一个没有服务端处理能力的 Web 前端应用程序，并不是一个完整的 Web 应用程序。所以在下一章中，我们还会进一步完善这个“电话交换机测试”程序，赋予它在服务器端处理数据的能力。

第 13 章　响应客户请求

本章将接着上一章学习的内容继续讨论如何构建 Web 应用程序的后端。想必读者还记得，我们在上一章中详细介绍了如何基于 Node.js 这个运行平台来创建并启动一个与 Apache 功能类似的 Web 服务，这项工作的意义相当于我们为客户端提供了一种访问服务端的方式（即 HTTP 连接），并通过这种方式来要求服务端提供某种类型的 Web 服务。但该服务具体是像 Facebook、新浪微博这样的社交网络呢？还是像 Google、百度这样的搜索引擎呢？抑或是像 YouTube、哔哩哔哩这样的视频分享呢？这就取决于服务端要返回什么样的响应数据了，而这就是我们要在服务端实现的具体应用。

换言之，无论我们想开发什么样的服务端应用，编写代码的任务事实上都要围绕着分析客户请求、生成响应数据和返回响应数据这 3 项基本工作来展开。具体对应到基于 Node.js 创建的 Web 服务中，这 3 项工作通常要交由注册在 `http.Server` 对象上的 `request` 事件的处理函数来完成。正如上一章所介绍的，`request` 事件的处理函数有两个形参：第一个形参用于接收客户端发来的请求信息；第二个形参则用于设置服务端将要返回的响应数据。虽然我们之前对这两个形参的使用方式已经有所演示，但在那时我们讨论的焦点是 Web 服务本身的创建，并没有系统地介绍它们，现在是时候补上这一课了。在阅读完本章内容之后，希望读者能：

- 了解如何处理 `request` 事件，掌握如何使用它们来分析请求数据并返回响应数据；
- 了解 `fs` 模块中操作磁盘文件的常用接口，并掌握如何使用它们来读写服务端的文件；
- 了解模板引擎的基本使用方法，并掌握如何使用模板引擎来构建动态的响应数据。

13.1　分析客户请求

request 事件处理函数的第一个参数是 http.IncomingMessage 类的一个实例。该实例通常由 http.Server 类或 http.ClientRequest 类的对象来负责创建，它主要用于接收并存储来自客户端的 HTTP 请求信息，其中通常包括 HTTP 请求的头部信息、主体数据以及尾部信息。如果我们想知道客户端具体向服务端请求了什么内容，就需要学习如何使用该实例来进行请求信息的分析。下面介绍一下 http.IncomingMessage 类提供的常用属性。

- **aborted 属性**：当客户端与服务端之间的 HTTP 连接被中止时，该属性值为 true，并触发 http.IncomingMessage 对象上的 aborted 事件。
- **complete 属性**：当服务端已收到并成功解析完整的客户端请求信息时，该属性值为 true，并触发 http.IncomingMessage 对象上的 data 事件。它通常用于判断客户端是否已经将请求信息完整地发送到服务端。
- **headers 属性**：该属性是一个 JSON 格式的数据对象，它以键/值对的形式存储当前 HTTP 请求中的头部信息。其中常见的键/值对包括 age、authorization、content-length、content-type、from、host、location、server、user-agent 等。
- **httpVersion 属性**：该属性返回的是发送当前请求的客户端使用的 HTTP 版本，目前常见的值是 1.1 和 1.0。
- **method 属性**：该属性返回的是发送当前请求的客户端使用的请求方法，可能返回的值包括 GET、POST、PUT、DELETE 等。
- **socket 属性**：通常情况下，该属性是一个与当前 HTTP 连接关联的底层套接字对象，大多数时候是一个 net.Socket 类的实例，除非用户额外指定了 net.Socket 类以外的套接字类型。
- **statusCode 属性**：该属性只有在当前 http.IncomingMessage 类实例由 http.ClientRequest 对象创建时有效，其内容是一个由 3 位数字组成的 HTTP 响应状态码，例如 200、404 等。
- **statusMessage 属性**：该属性只有在当前 http.IncomingMessage 类实例由 http.ClientRequest 对象创建时有效，其内容是与上面 statusCode 属性相对应的说明性字符串，例如 OK、NotFound 等。
- **trailers 属性**：该属性也是一个 JSON 格式的数据对象，其中存储的是当前客户端请求的尾部消息，这些消息只会在 end 事件中被填充。
- **url 属性**：该属性只有在当前 http.IncomingMessage 类实例在 http.Server 对象获得来自客户端的请求信息时有效，其内容是一个 URL 字符串，代表的是客户端所请求的资源数据在服务端的位置。

这些属性中最常用的属性大概是用于判断客户端采用何种请求方法的 method 属性与了解客户端所要资源位置的 url 属性，这两个属性的用法事实上我们在上一章中已经示范过了。在某些情况下，服务端还希望了解客户端请求的头部信息和尾部信息，这就需要用到 headers 和 trailers 这两个属性。例如，我们可以像下面这样遍历客户端请求中的头部信息：

```
const http = require('http');
const port = 8080;
http.createServer(function(req, res) {
  // 遍历 HTTP 请求的头部信息
  for (const name in req.headers) {
    console.log('${name}:${req.headers[name]}');
  }
  // 遍历 HTTP 请求的尾部信息
  for (const name in req.trailers) {
    console.log('${name}:${req.trailers[name]}');
  }
})
.listen(port, function() {
  console.log('请访问 http://localhost:${port}/，按 Ctrl+C 终止服务！');
});
```

以上代码至少会输出 3 行键/值对类型的数据，它们分别声明了当前 HTTP 请求的 3 项基本信息，具体说明如下。

- **User-Agent**：该项头部信息主要用于告知服务端当前请求来自什么类型的客户端，例如是 curl 命令还是 Firefox、Chrome 这样的 Web 浏览器。
- **Accept**：该项头部信息主要用于告知服务端可以返回哪些媒体类型的响应数据。关于响应数据的媒体类型，我们稍后会详细介绍。
- **Host**：该项头部信息主要用于指定 HTTP 请求的目标主机名，它可以是来自同一个 IP 地址多个域名（即虚拟主机）。

除了这 3 项基本的头部信息，根据请求方法的不同，HTTP 请求中可能还会附带不同的头部信息。例如，当我们使用 GET 方法发送请求时，请求数据的头部信息中可能经常会包含以下信息。

- **Accept-Language**：该项头部信息主要用于告知服务端响应数据可以使用什么语言，例如 zh-CN 等。
- **Accept-Encoding**：该项头部信息主要用于告知服务端响应数据可以使用什么编码方式，例如 gzip 数据压缩算法等。
- **Accept-Charset**：该项头部信息主要用于告知服务端响应数据可以使用什么

字符集，例如 UTF-8、GB2312 等。

- **Cookie**：该项头部信息主要用于设置与当前页面关联的 Cookie。关于 Cookie 的相关知识和具体使用方法，我们会在下一节中做详细介绍。

当我们使用 POST 方法发送请求时，请求数据的头部信息中可能经常会在 GET 请求的基础上再额外增加以下两项。

- **Content-Type**：该项头部信息主要用于告知服务端其发送的请求数据所属的媒体类型，例如表单数据常用的媒体类型是 application/x-www-form-urlencoded。
- **Content-Length**：该项头部信息主要用于告知服务端请求数据的大小，以字符数为单位。

另外，我们还可以在 http.IncomingMessage 对象上注册以下事件的处理函数。

- **aborted 事件**：该事件会在当前请求被客户端中止且套接字对象所建的连接被关闭时被触发。
- **data 事件**：该事件会在当前请求的主体数据到来时被触发。该事件的处理函数会提供一个用于接收请求数据的实参，以便我们可以对这些数据进行进一步处理。
- **end 事件**：该事件会在当前请求的主体数据传输完毕时被触发，该事件被触发之后当前请求不会再有数据传来。
- **close 事件**：该事件会在当前请求结束时被触发。与 end 事件不同的是，如果客户端强制终止了当前请求的数据传输，也会触发 close 事件。

和在 http.Server 类实例上一样，我们可以通过在 http.IncomingMessage 类实例上调用 on()方法来注册事件处理函数，具体代码如下：

```
const http = require('http');
const port = 8080;
http.createServer(function(req, res) {
  req.on('aborted', function(){
    console.log('客户端请求终止！');
  });
  req.on('end', function(){
    console.log('客户端请求结束！');
  });
  req.on('close', function(){
    console.log('客户端的 HTTP 连接已关闭！');
  });
  req.on('data', function(chunk){
    console.log('客户端发来的数据：', chunk);
  });
})
```

```
.listen(port, function() {
  console.log('请访问 http://localhost:${port}/, 按 Ctrl+C 终止服务! ');
});
```

我们可以在命令行终端中用 curl 命令来模拟客户端请求，以触发这些事件并查看效果，具体做法如图 13-1 所示。

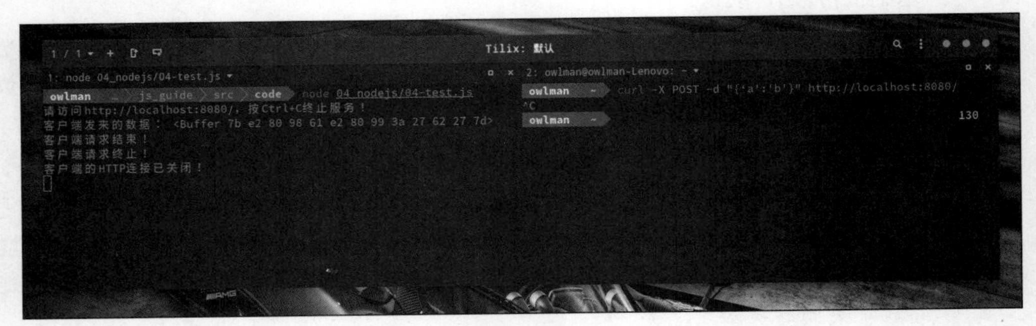

图 13-1　模拟客户端请求的事件

在图 13-1 中，我们开启了两个命令行终端：左侧模拟的是服务端，我们通过 node 命令启动了用上述代码编写的 Web 服务器；右侧模拟的是客户端，我们通过 curl 命令向服务端发送了一个带 JSON 格式数据的 POST 请求，并在数秒后使用 Ctrl+C 组合键终止了请求。在这过程中，我们就可以从左侧服务端的输出中看到之前注册了处理函数的事件一次性被触发。

13.2　返回响应数据

request 事件处理函数第二个参数是 http.ServerResponse 类的实例，它通常只能由 http.Server 对象来创建，主要用于服务端向客户端返回响应数据，服务端返回的响应数据将直接决定用户最终在客户端中看到的内容，它是我们构建后端应用的基本工具。接下来具体介绍一下 http.ServerResponse 类提供的常用属性和方法。

- **socket 属性**：该属性是一个与当前 HTTP 连接关联的底层套接字对象，通常情况下是一个 net.Socket 类的实例，除非用户额外指定了 net.Socket 类以外的套接字类型。
- **statusCode 属性**：该属性主要用于设置 HTTP 状态码，默认值为 200，该属性的值反映的是服务端当前的响应状态。
- **statusMessage 属性**：该属性主要用于设置与 statusCode 属性相对的说明性字符串。例如 NotFound，反映了服务端当前的响应状态。
- **sendDate 属性**：当该属性的值为 true 时，服务端会自动在响应数据中生成一组头部信息，并将其发送给客户端。在默认情况下，该属性的值是被设置为

true 的，除非测试工作的需要，否则不建议手动将该属性的值设置为 false。

- **headersSent 属性**：该属性会在当前响应数据的头部信息被发送给客户端之后被设置为 true。
- **writableEnded 属性**：该属性会在调用 end() 方法之后被设置为 true。但该属性的值为 true 时并不代表响应数据被发送出去了，如果我们想要确认当前响应数据是否已被发送，得去查看 writableFinished 属性。
- **writableFinished 属性**：该属性会在服务端将当前响应数据完全发送出去之后被设置为 true，并触发 http.ServerResponse 对象上的 finish 事件。
- **write() 方法**：该方法主要用于设置当前响应数据的主体信息，它可以接收一个 buffer 类或字符串类型的实参，用于指定要加入响应数据主体的信息。在调用 end() 方法之前，该方法可以被多次调用，因为这些数据不会被发送给客户端。另外，如果用 string 类型的实参来调用该方法，就需要通过设置头部信息的方式指定该字符串使用的字符集，默认为 UTF-8。
- **end() 方法**：该方法主要用于结束这一次的服务端响应动作，并将当前响应数据发送给客户端，它也可以接收一个 buffer 类或字符串类型的实参，用于设置在发送响应数据之前最后要加入其主体部分的内容。当然，该实参只是个可选项，我们在调用该方法时并不是要非提供这个实参不可。另外，需要特别说明的是，在服务端的任何一次响应动作中，无论我们调用过几次 write() 方法或其他方法来设置当前响应数据，要想将这些数据正确地返回给客户端，就必须调用一次 end() 方法，且只能调用一次。
- **writeHead() 方法**：该方法主要用于设置当前响应数据的头部信息。它可以接收两个实参：第一个实参是代表服务端响应状态的 HTTP 状态码；第二个实参是个可选项，是一个 JSON 格式的数据对象，我们可以在该对象中用键/值对的形式设置响应数据中的各项头部信息。
- **flushHeaders() 方法**：该方法主要用于刷新当前响应数据的头部信息。出于效率原因，Node.js 通常会缓冲请求数据或响应数据的头部信息，并尝试尽可能地将这些数据打包到单个 TCP 数据包中。
- **getHeader() 方法**：该方法主要用于查看当前响应数据中某项具体的头部信息，它接收一个字符串类型的实参，用于指定要查看的头部信息。例如，如果我们想查看响应数据的内容类型，可以使用 content-type 这个字符串为实参调用该方法，即 res.getHeader('content-type')。
- **getHeaderNames() 方法**：该方法主要用于获取当前响应数据的头部信息中所有设置项的名称，它返回的是一个数组。
- **getHeaders() 方法**：该方法主要用于获取当前响应数据中所有的头部信息，

它返回的是一个 JSON 数据对象的引用，我们可以通过该引用直接修改当前响应数据中的头部信息。

- **hasHeader()方法**：该方法主要用于查看当前响应数据中是否已经设置了某项指定的头部信息，它接收一个字符串类型的实参，用于指定要查看的头部信息。
- **removeHeader()方法**：该方法主要用于移除当前响应数据中某项指定的头部信息，它接收一个字符串类型的实参，用于指定要移除的头部信息。
- **setHeader()方法**：该方法主要用于设置当前响应数据中某项具体的头部信息，它接收两个字符串类型的实参，分别用于指定要设置的头部信息的键和值。如果该项头部信息不在当前的响应数据中，就将其作为新的头部信息加入进去。
- **addTrailers()方法**：该方法主要用于设置当前响应数据的尾部信息，它接收一个 JSON 格式的数据对象为实参，用于设置要加入当前响应数据的尾部信息中的各项数据。

对于 http.ServerResponse 类提供的这些常用属性和方法，我们在上一章中已经演示过如何利用 write()和 end()这两个方法来构建响应数据的主体部分。它们之间最大的区别就是，write()方法只负责添加响应数据，而 end()方法除了可以添加响应数据，还会立即将响应数据发送给客户端。由于服务端在每一次响应动作中只能发送一次响应数据，所以通常在服务端响应客户端的事件处理函数中，write()方法既可以不必调用，也可以被调用多次，但 end()方法必须要调用一次，且只能调用一次。

除了响应数据的主体部分，其头部信息也很重要。客户端需要通过解析响应数据的头部信息来了解服务端的响应状态、响应数据的类型和具体字符集等关键信息，以便更好地呈现响应数据。例如，对于上一章中根据不同的请求路径返回不同响应数据的那段代码，我们还可以再做些修改，为其响应数据增加一些头部信息，具体代码如下：

```
const http = require('http');
const fs = require('fs');
const port = 8080;
http.createServer(function(req, res) {
  if(req.url === '/') {
    res.writeHead(200, {
      'Content-Type': 'text/html'
    });
    res.write('<h1>Hello World! </h1>');
    res.end('<img src="/img/nodejs.jpeg">');
  } else if(req.url.indexOf('/img/') === 0) {
    fs.readFile('.${req.url}', function(err, data) {
      if ( err !== null ) {
        return res.writeHead(404);
      }
```

```
    res.writeHead(200,{
      'Content-Type': 'image/jpeg'
    });
    res.end(data);
  })
  } else {
    res.writeHead(404);
    res.end('你访问的资源不存在！');
  }
})
.listen(port, function(){
  console.log('请访问 http://localhost:${port}/，按 Ctrl+C 终止服务！');
});
```

在上述代码中，当服务端的响应数据为 HTML 标签时，我们将其头部信息中的 Content-Type 项设置了成了 text/html；当响应数据为 JPEG 格式的图片时，Content-Type 项就被设置成了 image/jpeg。注意，这里设置的是数据所属的媒体类型。在 Web 应用程序的开发中，我们常用的媒体类型如下。

- text/html：HTML 格式的数据。
- text/plain：纯文本格式的数据。
- text/xml：XML 格式的数据。
- image/gif：GIF 格式的图片数据。
- image/jpeg：JPEG 格式的图片数据。
- image/png：PNG 格式的图片数据。
- application/xhtml+xml：XHTML 格式的数据。
- application/atom+xml：AtomXML 聚合格式的数据。
- application/json：JSON 格式的数据。
- application/pdf：PDF 格式的数据。
- application/msword：Word 文档格式的数据。
- application/octet-stream：二进制流数据（常用于文件下载）。
- application/x-www-form-urlencoded：这是<form>标签提交数据的默认格式，本质上是一种类似 JSON 格式的数据。
- multipart/form-data：这是<form>标签执行文件上传任务时常用的数据类型。

在响应数据的头部信息中，Content-Type 项除了会指定数据所属的媒体类型，还会告知客户端应该用什么字符集来显示这些数据。例如，我们有时候在为 HTML 文档设置 Content-Type 这项头部信息时还会在 text/html 这个媒体类型的后面加上它使用的字符集：

```
// 在 request 事件处理函数中调用
res.writeHead(200, {
  'Content-Type': 'text/html; charset=utf-8'
});
```

Content-Type 只是响应数据的头部信息中比较常需要手动设置的一项。除此之外，比较常用的还有以下这些头部信息。

- Allow：该项头部信息主要用于告知客户端可以用那些方法向服务端发送请求，即服务端支持的请求方法（如 GET、POST、PUT、DELETE 等）。
- Content-Encoding：该项头部信息主要用于告知客户端响应数据采用了什么编码方式，例如 gzip 数据压缩算法等。
- Content-Length：该项头部信息主要用于指定数据的内容长度，这项信息通常只有在使用 HTTP 长连接时才会用到。
- Date：该项头部信息主要用于设置当前的 GMT（Greenwich Mean Time，格林尼治时间）。
- Expires：该项头部信息主要用于设置相关数据的过期时间，过期的数据将不会被存储在缓存中。
- Last-Modified：该项头部信息主要用于设置相关数据的最后修改时间。
- Location：该项头部信息主要用于告知客户端相关数据所在的位置。
- Refresh：该项头部信息主要用于告知客户端应该每隔多长时间刷新一次数据，时间单位为秒。
- Server：该项头部信息主要用于告知客户端 Web 服务器的名称。
- Set-Cookie：该项头部信息主要用于设置与当前页面关联的 Cookie。关于 Cookie 的相关知识和具体使用方法，我们将会在下一节中做详细介绍。

同样地，我们也还可以在 http.ServerResponse 对象上注册以下事件的处理函数。

- **close 事件**：该事件会在当前响应所在的 HTTP 连接关闭时被触发。
- **finish 事件**：该事件会在当前响应发送完所有响应数据时被触发。

要想注册上述事件的处理函数，我们只需要在 http.ServerResponse 对象上调用 on() 方法，其调用实参与我们之前在 http.Server 对象上调用的 on() 方法是一样的，即第一个实参是一个用于指定事件名称的字符串，第二个实参就是我们要注册的事件处理函数。例如，我们可以注册一下 finish 事件的处理函数，让服务端在返回响应数据之后输出一条信息：

```
const http = require('http');
const port = 8080;
http.createServer(function(req, res) {
  res.on('finish', function() {
    console.log('响应数据已成功发送！');
```

```
  });
  res.end();
})
.listen(port, function(){
  console.log('请访问 http://localhost:${port}/, 按 Ctrl+C 终止服务！');
});
```

在启动上述 Web 服务器之后，读者可以用 `curl` 这样的工具模拟向它发送客户端请求，使用方式与之前模拟触发请求对象上的事件相同，具体做法如图 13-2 所示。

图 13-2　模拟触发 `finish` 事件

同样地，我们开启了两个命令行终端：左侧模拟的是服务端，我们通过 `node` 命令启动了用上述代码编写的 Web 服务器；右侧模拟的是客户端，我们通过 `curl` 命令向服务端发送了一个带 JSON 格式数据的 `POST` 请求，并输出了它从服务端接收到的响应数据。在这过程中，我们可以看到左侧的服务端输出了"响应数据已成功发送！"的字样，这说明之前注册了处理函数的 `finish` 事件已被成功触发。

13.3　生成响应数据

在了解了如何分析客户端发来的请求信息，以及如何向客户端发送响应数据之后，我们现在终于可以将注意力集中到生成响应数据的具体工作上来了，毕竟这才是 Web 应用程序所要执行的最核心任务。正如上一章中介绍的，服务端可访问的数据按照生成的方式可以被分为静态资源数据和动态资源数据两种，只不过当时讨论的是如何根据请求路径来识别客户端访问的是哪一种数据。但无论客户端要访问哪一种数据，它们都需要在服务端被打包成 Web 服务器的响应数据之后才能被返回给客户端。所以接下来，我们要回过头来重新说明一下返回静态资源数据和动态资源数据在具体操作上的差异。

13.3.1　响应静态资源数据

当客户端访问的是静态资源数据时，服务端的任务就是将事先存储在 Web 服务器磁盘上的数据文件（包括 HTML 文档、图片、视频、音频等）读取出来，原封不动地写入 http.ServerResponse 类的实例中，然后由该实例将这些数据发送给客户端。正是因为在这整个过程中，Web 应用程序并没有对客户端要访问的数据做任何修改，所以我们认为这部分数据是“静态”的。换句话说，客户端在任何时候、任何地方访问这些数据，得到的结果都是一样的。在 Node.js 中，我们通常是通过 fs 这个核心模块来读写 Web 服务器磁盘上的数据文件的。当然，由于 fs 模块提供了非常多用于操作磁盘文件和目录的接口，列举起来所占篇幅过于巨大，出于对本章整体结构的考虑，我们接下来只选择一些比较常用的对象和方法来介绍。如果读者希望更完整地了解该模块，还需要自行查阅 Node.js 的官方文档。

首先，当我们需要使用 fs 模块操作磁盘文件时，必须要先用 require()方法引入该模块，例如：

```
const fs = require('fs');
```

当然，这里用 const 声明的变量并不是非要命名为“fs”，也可以给它起名为“fileSystem”等，这里让它与模块名称保持一致，纯粹是为了让人一眼看去就明白该变量引用的是 fs 这个核心模块，以增强代码的可读性。在正确引入模块之后，接下来就可以通过调用 fs 变量上的属性方法来操作磁盘上的文件了。让我们先从最基本的文件权限查看、读写与删除操作开始。

- **access()方法**：该方法主要用于以异步的方式验证用户对指定目录或文件的访问权限，不过更多时候，尤其在 fs.exists()方法被弃用之后，我们使用它来确认指定文件是否存在于磁盘中。我们在调用该方法时可以提供 3 个实参。第一个实参是一个表示文件路径的字符串，既可以是相对路径，也可以是绝对路径。第二个实参是可选的，用以传递一些我们需要验证的用户权限。这些权限都是一些预先被定义在 fs.constants 对象上的常量，具体如下。
  - **F_OK**：该常量表示当前用户对指定文件的可见权限，该值也是 access()方法的第二个实参的默认值。
  - **R_OK**：该常量表示当前用户对指定文件的读取权限。
  - **W_OK**：该常量表示当前用户对指定文件的写入权限。
  - **X_OK**：该常量表示当前用户对指定文件的执行权限，该权限在 Windows 系统上无效。

  调用 access()方法的第三个实参是一个回调函数，用于处理调用之后的操作。该回调函数需要设置一个形参，用于在操作失败之后接收错误信息。例如，如果我们想在 code/04_nodejs/04-test.js 脚本中确认 code/data/目录下是否存在某个指定文件，就可以这样写：

  ```
  const fs = require('fs');
  const file = '../data/package.json';
  ```

```
fs.access(file,fs.constants.F_OK, function(err) {
  console.log('${file}${err ?'不存在' : '存在'}!');
});
```

- **accessSync()方法**：该方法主要用于以同步的方式验证用户对指定目录或文件的访问权限，它的使用方式与其异步版本基本相同。唯一的区别是，我们不需要在调用它时提供一个回调函数实参来处理调用之后的操作。例如，如果想改用同步版本的方法在code/04_nodejs/04-test.js脚本中确认code/data/目录下是否存在某个指定文件，我们就需要借助JavaScript本身的异常处理机制：

```
const fs = require('fs');
const file = '../data/package.json';

try {
  fs.accessSync(file, fs.constants.F_OK);
  console.log('${file} 存在!');
} catch(err) {
  console.log('${file} 不存在!');
}
```

- **readFile()方法**：该方法主要用于以异步的方式读取指定文件的内容。它可以接收两个实参，第一个实参是一个表示文件路径的字符串；第二个实参是一个回调函数，用于处理调用之后的操作。该回调函数需要设置两个形参，第一个形参用于接收文件读取失败之后的错误信息；第二个形参用于接收文件读取成功之后，该方法读取到的具体数据。例如，如果我们想在code/04_nodejs/04-test.js脚本中读取code/data/package.json文件的内容，就可以这样写：

```
const fs = require('fs');
const file = '../data/package.json';

fs.readFile(file, function(err, data) {
  if(err !== null) {
    console.log('${file} 文件读取失败!');
  }
  console.log('${file}: \n ${data}');
});
```

- **readFileSync()方法**：该方法主要用于以同步的方式读取指定文件的内容，它的使用方式与其异步版本基本相同。唯一的区别是，我们不需要在调用它时提供一个回调函数实参来处理调用之后的操作。例如，如果想改用同步版本的方法在 code/04_nodejs/04-test.js 脚本中读取 code/data/package.json 文件的内容，就可以这样写：

```
const fs = require('fs');
const file = '../data/package.json';

try {
  const data = fs.readFileSync(file);
  console.log(`${file}: \n ${data}`);
} catch(err) {
  console.log(`${file} 文件读取失败!`);
}
```

- **writeFile()方法**：该方法主要用于以异步的方式将数据写入指定文件中，如果指定文件不存在就创建它，如果指定文件已经存在就用新的内容覆盖它原有的内容。它可以接收 4 个实参，第一个实参是一个表示文件路径的字符串；第二个实参是一个 buffer 类或字符串类型的对象，用于传递要写入指定文件中的数据；第三个实参是可选的，用于指定一些写入文件的选项，例如当写入数据为字符串时，我们可以利用该实参为其指定 UTF-8 等字符编码；第四个实参是个回调函数，用于处理调用之后的操作。该回调函数需要设置一个形参，用于在操作失败之后接收错误信息。例如，如果我们想在 code/04_nodejs/04-test.js 脚本中将某些数据写入 code/data/package.json 文件中，就可以这样写：

```
const fs = require('fs');
const file = '../data/package.json';
const data = {
  "owlman": "40",
  "batman": "45",
  "superman": "43"
};

fs.writeFile(file, JSON.stringify(data), function(err) {
  if(err !== null) {
    console.log(`${file} 文件写入失败!`);
  }
});
```

- **writeFileSync()方法**：该方法主要用于以同步的方式将数据写入指定文件中，它的使用方式与其异步版本基本相同。唯一的区别是，我们不需要在调用它时提供一个回调函数实参来处理调用之后的操作。例如，如果想改用同步版本的方法在 code/04_nodejs/04-test.js 脚本中将数据写入 code/

data/package.json 文件中，就可以这样写：

```
const fs = require('fs');
const file = '../data/package.json';
const data = {
  "owlman": "40",
  "batman": "45",
  "superman": "43"
};

try {
  fs.writeFileSync(file, JSON.stringify(data));
} catch(err) {
  console.log(`${file} 文件写入失败！`);
}
```

- **appendFile()方法**：该方法主要用于以同步的方式将数据追加到指定文件中。它与 writeFile()方法最大的区别就是，当指定文件已经存在于磁盘上时，新的数据不会覆盖文件中的现有数据，而是会添加到现有数据的后面。该方法可以接收 4 个实参，第一个实参是一个表示文件路径的字符串；第二个实参是一个 buffer 类或字符串类型的对象，用于传递要追加到指定文件中的数据；第三个实参是可选的，用于指定一些被写入文件的选项，例如当要追加的数据为字符串时，我们可以利用该实参为其指定 UTF-8 等字符编码；第四个实参是个回调函数，用于处理调用之后的操作。该回调函数需要设置一个形参，用于在操作失败之后接收错误信息。例如，如果我们想在 code/04_nodejs/04-test.js 脚本中将某些数据追加到 code/data/package.json 文件中，就可以这样写：

```
const fs = require('fs');
const file = '../data/package.json';
const newData = {
  "oldman": "143"
};

fs.appendFile(file, JSON.stringify(newData), function(err) {
  if(err !== null) {
    console.log(`${file} 文件追加数据失败！`);
  }
});
```

- **appendFileSync()方法**：该方法主要用于以同步的方式将数据追加到指定文件中，它的使用方式与其异步版本基本相同。唯一的区别是，我们不需要在调用它时提供一个回调函数实参来处理调用之后的操作。例如，如果想改用同步版本的方法在 code/04_nodejs/04-test.js 脚本中将数据追加到

code/data/package.json 文件中，就可以这样写：

```
const fs = require('fs');
const file = '../data/package.json';
const newData = {
  "oldman": "143"
};

try {
  fs.appendFileSync(file, JSON.stringify(newData));
} catch(err) {
  console.log(`${file} 文件追加数据失败！`);
}
```

- **unlink()方法**：该方法主要用于以异步的方式删除指定文件。它可以接收两个实参，第一个实参是一个表示文件路径的字符串；第二个实参是一个回调函数，用于处理调用之后的操作。该回调函数需要设置一个形参，用于在操作失败之后接收错误信息。如果我们想在 code/04_nodejs/04-test.js 脚本中删除 code/data/package.json 文件，就可以这样写：

```
const fs = require('fs');
const file = '../data/package.json';

fs.unlink(file, function(err) {
  if(err !== null) {
    console.log(`${file} 文件删除失败！`);
  }
});
```

- **unlinkSync()方法**：该方法主要用于以同步的方式删除指定文件，它的使用方式与其异步版本基本相同。唯一的区别是，我们不需要在调用它时提供一个回调函数实参来处理调用之后的操作。例如，如果想改用同步版本的方法在 code/04_nodejs/04-test.js 脚本中删除 code/data/package.json 文件，就可以这样写：

```
const fs = require('fs');
const file = '../data/package.json';

try {
  fs.unlinkSync(file);
} catch(err) {
  console.log(`${file} 文件删除失败！`);
}
```

下面是 fs 模块中用于操作目录的一些常用接口。

- **mkdir()方法**：该方法主要用于以异步的方式创建一个新的目录。它可以接收 3 个实参，第一个实参是一个用于指定新建目录所在路径的字符串；第二个实参是可选的，用于指定一些创建目录的选项，例如当我们希望第一个实参指定的路径上不存在的目录也能同时被创建时，就将其设置为{recursive : true}；第三个实参是一个回调函数，用于处理调用之后的操作。该回调函数需要设置一个形参，用于在操作失败之后接收错误信息。例如，如果我们想在 code/data 目录下创建一个名为 test 的目录，就可以在 code/04_nodejs/04-test.js 脚本中这样写：

```
const fs = require('fs');
const dir = '../data/test';

fs.mkdir(dir, function(err) {
  if(err !== null) {
    console.log(`${dir} 目录创建失败!`);
  }
});
```

- **mkdirSync()方法**：该方法主要用于以同步的方式创建一个新的目录，它的使用方式与其异步版本基本相同，只是不需要再提供一个回调函数实参来处理调用后的操作。例如，如果我们想用同步版本的方法在 code/data 目录下创建一个名为 test 的目录，就可以在 code/04_nodejs/04-test.js 脚本中这样写：

```
const fs = require('fs');
const dir = '../data/test';

try {
  fs.mkdirSync(dir);
} catch(err) {
  console.log(`${dir} 目录创建失败!`);
}
```

- **readdir()方法**：该方法主要用于以异步的方式读取指定目录中的内容。它可以接收 3 个实参，第一个实参是一个用于指定目录路径的字符串；第二个实参是个可选项，用于设置一些读取目录操作的选项，例如，如果我们想用 UTF-8 字符编码来读取目录，就可以将该实参的值设置为{encoding : utf8}；第三个实参是一个回调函数，用于处理调用之后的操作。该回调函数需要设置两个形参，第一个形参用于在操作失败之后接收错误信息，第二个形参用于读取成功之后接收读取到的文件名。例如，如果我们想读取之前创建的那个 test

目录，就可以在 code/04_nodejs/04-test.js 脚本中这样写：

```
const fs = require('fs');
const dir = '../data/test';

fs.readdir(dir, function(err) {
  if(err !== null) {
    console.log(`${dir}目录读取失败!`);
  }
  console.log(`${dir}目录下有以下文件：`)
  for (const file of files) {
     console.log(file);
  }
});
```

- **readdirSync()方法**：该方法主要用于以同步的方式读取指定目录，它的使用方式与其异步版本基本相同，只是不需要再提供一个回调函数实参来处理调用后的操作。例如，如果我们想用同步版本的方法读取之前创建的 test 目录，就可以在 code/04_nodejs/04-test.js 脚本中这样写：

```
const fs = require('fs');
const dir = '../data/test';

try {
  const files = fs.readdirSync(dir);
  console.log(`${dir} 目录下有以下文件：`)
  for (const file of files) {
    console.log(file);
  }
} catch(err) {
  console.log(`${dir} 目录读取失败!`);
}
```

- **rmdir()方法**：该方法主要用于以异步的方式删除指定目录，前提是指定目录是一个空目录。它可以接收 3 个实参，第一个实参是一个用于指定目录路径的字符串；第二个实参是个可选项，用于设置一些删除操作的选项，但按照 Node.js 官方文档的声明，目前该方法对递归删除这一功能的实现还尚不稳定，因此我们并不常使用该实参；第三个实参是一个回调函数，用于处理调用之后的操作。该回调函数需要设置一个形参，用于在操作失败之后接收错误信息。例如，如果我们想删除之前创建的那个 test 目录，就可以在 code/04_nodejs/04-test.js 脚本中这样写：

```
const fs = require('fs');
const dir = '../data/test';
```

```
fs.rmdir(dir, function(err) {
  if(err !== null) {
    console.log(`${dir}目录删除失败!`);
  }
});
```

- **rmdirSync()方法**：该方法主要用于以同步的方式删除指定目录，它的使用方式与其异步版本基本相同，只是不需要再提供一个回调函数实参来处理调用后的操作。例如，如果我们想用同步版本的方法删除之前创建的 test 目录，就可以在 code/04_nodejs/04-test.js 脚本中这样写：

```
const fs = require('fs');
const dir = '../data/test';

try {
  fs.rmdirSync(dir);
} catch(err) {
  console.log(`${dir}目录删除失败!`);
}
```

读者可能已经注意到了，fs 模块中对所有的文件操作都提供了异步和同步两种操作方式，这是我们在选择使用什么方法来操作磁盘中的文件和目录时需要考虑的另一个因素。通常情况下，如果是在命令行终端程序中，我们通常会选择调用同步版本的方法来执行相关操作；而到了 Web 应用程序中，由于它本身就是依靠事件驱动模型来异步执行的，所以我们也得“入乡随俗”地尽可能采用异步版本来执行文件操作。对于如何将磁盘上现有的静态资源数据打包成 Web 服务器的响应数据，我们在上一章中已经演示过了，基本上就是分 3 个步骤来执行，具体代码如下：

```
const http = require('http');
const port = 8080;
http.createServer(function(req, res) {
  // 第一步：分析客户端的请求路径，确定其访问的是否是静态资源目录
  if(req.url.indexOf('/img/') === 0) {
    // 第二步：读取磁盘上的静态资源文件
    fs.readFile(`.${req.url}`, function(err, data) {
      if ( err !== null ) {
        return res.writeHead(404);
      }
      // 第三步：将其打包为响应数据并发送给客户端
      res.writeHead(200, {
        'Content-Type': 'image/jpeg'
      });
      res.end(data);
    })
```

```
  } else {
    res.writeHead(404);
    res.end('你访问的资源不存在！');
  }
})
.listen(port, function(){
  console.log(`请访问 http://localhost:${port}/，按 Ctrl+C 终止服务！`);
});
```

当然，我们还需要对上述步骤做些说明。首先，在执行第一步之前，我们需要预先将允许客户端访问的静态资源数据存放在特定的目录中。例如在这里，我们就将图片资源放在了该 Web 服务根目录下的 `img` 目录中。然后在第二步中，我们在使用 `readFile()` 方法读取磁盘上的文件时，需要将针对 Web 服务器的绝对路径转换成脚本代码在本地的相对路径，具体做法要视代码文件所在的位置而定。例如在这里，代码文件存储在其项目的根目录下（即其启动的 Web 服务器的根目录），那就只需要在 `req.url` 之前加个.以表示相对路径从当前目录开始。最后在第三步中，我们在将读取到的内容返回给客户端之前，最好还是为响应数据设置一些头部信息，例如 HTTP 状态码、`Content-Type` 等，以便客户端能更好地处理其接收到的响应数据。

13.3.2 响应动态资源数据

当客户端访问的是动态资源数据时，服务端的任务是在程序运行时根据客户端的请求来生成响应数据。之所以要这么做，主要是因为这类响应数据的生成需要客户端提供相关的必要条件。例如，如果我们要提供的是一个查询年龄的服务，那么服务端必须要在知道客户端查询的是哪个人之后，才能生成并返回与此人年龄相关的响应数据。例如：

```
const http = require('http');
const port = 8080;
http.createServer(function(req, res) {
  const data = {
    "owlman": "40",
    "batman": "45",
    "superman": "43"
  };
  if(req.url === '/') {
    res.end(`请问你要查询谁的年龄？`);
    return ;
  }
  const name = req.url.substring(1);
  if(name in data) {
    res.end(`${name}今年${data[name]}岁！`);
  } else {
```

```
      res.end(`我们不知道${name}的年龄！`);
    }
  })
  .listen(port, function(){
    console.log(`请访问 http://localhost:${port}/，按 Ctrl+C 终止服务！`);
  });
```

在上述代码中，我们根据客户端请求的 URL 生成了不同的响应数据。首先，如果客户端请求的 URL 只是/时，我们就返回一个字符串来询问要查询谁的年龄。如果客户端请求的 URL 是/后面跟任意数量字符的字符串时，我们就截取/后面的部分，并将其赋给新建的字符串对象 name。然后，查找 name 的值是否存在于 data 中，如果存在就返回带有被查询人年龄的字符串，否则就返回相关数据不存在的字符串。从整个过程我们可以看到，服务端生成的响应数据需要客户端提供相关的参数，这样的数据只能在程序运行过程中动态生成。

但是，在实际的 Web 应用程序中，服务端返回的通常是一个完整的 HTML 文档的代码，而不是一两个简单的字符串或独立的 HTML 标签。换句话说，我们在上述代码中其实至少应该这样调用 res.end()：

```
res.end(`
  <!DOCTYPE html>
  <html lang="zh-cn">
  <head>
    <meta charset="UTF-8">
    <title>年龄查询</title>
  </head>
  <body>
    <h1>${name} 今年 ${data[name]} 岁！</h1>
  </body>
  </html>`);
```

显然，每次调用 res.end()时都要写那么一大段 HTML 代码是很麻烦的，毕竟即使是我们上面那么简短的代码都调用了 3 次 res.end()。更何况，这段 HTML 代码都已经简单到不能再简单了，我们实际编写的代码远比这复杂得多。所以像上面这样直接在 JavaScript 代码中编写 HTML 代码是不被推荐的。在实际开发中，这个问题更常见的解决方案是，先以某种占位符的方式编写一段 HTML 代码，例如：

```
<!DOCTYPE html>
<html lang="zh-cn">
<head>
  <meta charset="UTF-8">
  <title>年龄查询</title>
</head>
<body>
```

```
  <h1>{{msg}}</h1>
</body>
</html>
```

在这里，{{msg}}就是我们的占位符，我们将它设置在了<h1>标签中。接下来，只需要将这段 HTML 代码保存在 code/04_nodejs/目录下，并命名为 temp.htm 文件，然后在相同目录下的 04-test.js 脚本中编写如下代码：

```
const http = require('http');
const fs = require('fs');
const port = 8080;
http.createServer(function(req, res) {
  const ageData = {
    "owlman": "40",
    "batman": "45",
    "superman": "43"
  };

    fs.readFile('./temp.htm', function(err, data) {
      if(err !== null) {
        return res.writeHead(404);
      }
      let msg = '';
      if(req.url=== '/') {
        msg =`请问你要查询谁的年龄？`;
      } else {
        const name = req.url.substring(1);
        if(name in ageData) {
           msg = `${name} 今年 ${ageData[name]} 岁！`;
        } else {
           msg = `我们不知道 ${name}的年龄！`;
      }
    }
    const resData = data.toString();
    res.end(resData.replace(/{{msg}}/, msg));
  });
})
.listen(port, function(){
  console.log(`请访问 http://localhost:${port}/，按 Ctrl+C 终止服务！`);
});
```

在上述代码中，我们先像之前一样根据 req.url 的值生成了不同的字符串，并该字符串存储在 msg 变量中。接着，再像读取静态资源数据一样用 fs.readFile()方法读取了存储在 temp.htm 文件中的 HTML 代码。只不过我们这一回没有直接将读取到的内容返回，而是先将之前设置在 HTML 代码中的占位符`{{msg}}`替换成了`msg`变量的值，然后再将其返回，以完成对动态资源数据的响应动作。

在编程方法论中，我们把这种带占位符的 HTML 代码称为**模板**，而替换模板中占位符的动作被称为**模板渲染**。从作用上来说，设置模板的目的就是降低用户界面、应用数据与业务逻辑三者之间的耦合度。也就是说，模板只专注于用户界面的布局，而用户界面所呈现的具体内容则交由应用程序在运行时根据其获得的应用数据来进行模板渲染。

13.4　模板引擎简介

上述代码中演示的模板是最简单的一种，我们只是用它来介绍在动态资源数据响应中使用模板的工作原理。在实际开发中，我们在模板中使用的占位符要复杂得多，经常还需要通过不同的条件判断显示不同的 HTML 元素，或者循环显示某些相同的 HTML 标签。在这种情况下，我们就经常需要借助一种被称为**模板引擎**的第三方扩展来构建动态的 HTML 页面。目前市面上较为常用的模板引擎是 EJS 和 Jade，无论是在 Web 应用程序的前端还是后端，程序员们对它们都有大量的使用。但在这里，为了在更合理的篇幅内介绍模板引擎的使用方式，我们接下来会更倾向于使用一款被称为 art-template 的模板引擎。

总体而言，art-template 是一款可同时在前后端使用的、轻量级的模板引擎。它采用了作用域预声明的技术来优化模板渲染速度，从而获得接近 JavaScript 极限的运行性能。该模板引擎具有以下特性。

- **速度极快**：拥有接近 JavaScript 渲染极限的性能。
- **调试友好**：语法、运行时错误日志精确到模板所在行。
- **体积较小**：在前端使用的版本仅 6KB 大小。

下面，让我们来创建一个比年龄查询略复杂的个人信息页面，以此来演示如何在基于 Node.js 的服务端使用模板引擎来生成动态响应数据，并将其返回给客户端。首先，我们要在`code/04_nodejs`目录下创建一个项目目录，将其命名为`useTemplating_engine`，并使用`npm init-y`命令将其初始化为 Node.js 项目。然后陆续执行以下步骤。

（1）由于在 Node.js 平台中，几乎所有的模板引擎都通过`npm`命令来安装，所以我们现在可以直接在`code/04_nodejs/useTemplating_engine`目录下执行`npm install art-template --save`命令（在 Ubuntu 系统中，有时候甚至需要用到 sudo 权限），将 art-template 安装到当前项目中。

（2）使用 art-template 模板引擎。具体做法是在`code/04_nodejs/use Templating_engine`目录下创建一个名为`tpl.art`的模板文件，并在其中编写如下代码：

```
<!DOCTYPE html>
<html lang="zh-cn">
<head>
  <meta charset="utf-8"/>
  <title>个人信息查询</title>
</head>
<body>
  {{ if name }}
  <h1>{{ name }}的个人信息</h1>
  <table>
    <tr><td>姓名：</td><td>{{ name }}</td></tr>
    <tr><td>年龄：</td><td>{{ age }}</td></tr>
    <tr><td>性别：</td><td>{{ sex }}</td></tr>
    <tr>
    <td>爱好：</td>
    <td>{{ each items }} {{ $value }} {{ /each }}</td>
    </tr>
  </table>
  {{ else }}
  <h1>请问要查询的是谁的信息？</h1>
  {{ /if }}
</body>
</html>
```

(3) 在 Node.js 脚本中对模板进行渲染。我们只需在 code/04_nodejs/useTemplating_engine 目录下创建一个名为 index.js 的脚本文件，并在其中编写如下代码：

```
const http = require('http');
const fs = require('fs');
const template = require('art-template');

class hero {
  constructor(name, age,sex, items=[])
  {
     this.name  = name;
     this.age   = age;
     this.sex   = sex;
     this.items = items;
  }
};

const port = 8080;
http.createServer(function(req, res) {
```

```
    let boy = null;
    if (req.url === '/owlman') {
      boy = new hero('owlman', '40', '男', ['做黑客','制造麻烦']);
    } else if (req.url === '/batman' ) {
      boy = new hero('batman', '45', '男', ['做侦探','拯救世界'])
    } else {
      boy = new hero(null,null,null,null);
    }

    fs.readFile('./tpl.art', function(err, data){
      if ( err !== null ) {
        res.writeHead(404);
        return res.end('<h1>404 没找到模板文件！</h1>')
      }

      const strHtml = template.render(data.toString(),{
        name : boy.name,
        age  : boy.age,
        sex  : boy.sex,
        items: boy.items
      });

      res.end(strHtml);
      });
})
.listen(port, function(){
  console.log(`请访问 http://localhost:${port}/, 按 Ctrl+C 终止服务！`);
});
```

(4) 在保存所有文件之后，在 code/04_nodejs/useTemplating_engine 目录下执行 nodeindex.js 命令，就可以启动这个 Web 服务器了。

当然，这个个人信息查询服务相当简陋，事实上它只能支持 http://localhost:8080/owlman 和 http://localhost:8080/batman 两种数据查询，并且数据是即时生成的。但这个简单的示例已经完整地演示了模板引擎的基本使用方法。首先，在模板文件中以变量的形式填充相关 HTML 标签的内容，在 art-template 的模板语法中，变量采用的是{{变量名}}的形式，这里变量名的命名规则与 JavaScript 是一致的。然后，我们可以通过条件语法来让模板文件根据变量的值显示不同的 HTML 标签。例如在上述例子中，当{{name}}等于 null 时，页面就只显示一个带有“请问要查询的是谁的信息？”字样的<h1>标签。在 art-template 的模板语法中，条件语句有以下 3 种形式。

- **单分支语句**：这种条件语句只在某个条件满足时显示指定的 HTML 标签。具体语法如下：

```
{{ if [条件] }}
<!--要显示的 HTML 标签-->
```

```
{{ /if }}
```

- **双分支语句**：这种条件语句会根据某个条件在两组指定的 HTML 标签之间二选一。具体语法如下：

```
{{ if [条件] }}
<!--[条件]满足时要显示的 HTML 标签-->
{{ else }}
<!--[条件]不满足时要显示的 HTML 标签-->
{{ /if }}
```

- **多分支语句**：这种条件语句会根据多个条件来选择要显示的 HTML 标签。具体语法如下：

```
{{ if [条件 1] }}
<!--[条件 1]满足时要显示的 HTML 标签-->
{{ else if [条件 2] }}
<!--[条件 2]满足时要显示的 HTML 标签-->
{{ else if [条件 3] }}
<!--[条件 3]满足时要显示的 HTML 标签-->
...
{{ else if [条件 n] }}
<!--[条件 n]满足时要显示的 HTML 标签-->
{{ /if }}
```

最后，如果我们需要模板文件循环显示某些元素，可以使用循环语句。例如在上述例子中，人物的爱好是一个字符串类型的数组，所以我们可以对其进行循环遍历。在 art-template 的模板语法中，循环语句的语法是：

```
{{ each [被遍历的对象] }}
    <[HTML 标签]>{{ $index }} {{ $value }}</[HTML 标签]
{{ /each }}
```

在上述语法中，[被遍历的对象]是一个数组类型的对象，它是可被迭代的。[HTML 标签]可以是任何一个可呈现内容的 HTML 标签。`$index` 是当前迭代项的索引值，通常是一个从 0 开始计数的整数，而`$value` 则是被迭代项的值。有时候，我们只需用到迭代项的索引值，有时候只需用到它本身的值，这需要根据具体情况而定，但可以肯定的是，这两个值不必同时使用。总体而言，art-template 的模板语法是相当简单的，虽然它也提供了一些用于组织模板文件的、较为复杂的语法，例如模板继承、子模板等，但基本上也只需要稍加学习就能上手，读者如果有兴趣可以查阅一下该模板引擎的官方文档[1]，这里由于篇幅的局限，就不展开讨论了。

完成了模板文件的编写后，接下来我们就可以在 Node.js 脚本中对其进行模板渲染

1 官方文档可在 GitHub 上找到。

了。在 art-template 模板引擎中，模板渲染的具体做法如下。

- 在确保成功安装了 art-template 模板引擎的情况下，使用 require()将这个第三方包引入当前作用域中，并将其赋给一个变量。例如：

```
const template = require('art-template');
```

- 我们可以调用 template 对象的 render()方法来将模板文件渲染成要发给客户端的响应数据。该方法可以接收两个实参，第一个实参是一个字符串，接收的是模板文件的原始数据，通常需要使用 fs.readFile()方法预先将这些数据读取出来；第二个实参是一个 JSON 格式的数据对象，用于传递模板变量的值，因此该数据对象的每个属性名需要与模板文件中设置的模板变量名一一对应。例如在上述示例中，我们是这样写的：

```
fs.readFile('./tpl.art', function(err, data){
  if ( err !== null ) {
    res.writeHead(404);
    return res.end('<h1>404 没找到模板文件！</h1>')
   }

   const strHtml = template.render(data.toString(),{
     name : boy.name,
     age  : boy.age,
     sex  : boy.sex,
     items: boy.items
  });

  res.end(strHtml);
});
```

当然，除了 template.render()方法，art-template 模板引擎还提供了其他渲染模板的方法。例如，如果我们不想每次渲染 tpl.art 文件中的模板时都要先用 fs 模块中的方法读取文件，毕竟 I/O 操作是直接影响程序运行效率的，那就可以选择先使用 template.compile()方法先将模板文件编译成一个可重复调用的渲染函数。例如，对于上述示例，我们也可以这样写：

```
const http = require('http');
const fs = require('fs');
const template = require('art-template')
const port = 8080;
class hero {
  constructor(name, age,sex, items=[])
  {
    this.name  = name
```

```
    this.age   = age
    this.sex   = sex
    this.items = items
  }
};
let render = null;
fs.readFile(' /tpl.art', function(err, data) {
  if ( err !== null ) {
    throw err;
  }
  // 将模板文件编译成一个名为 render 的渲染函数
  render = template.compile(data.toString());
});

http.createServer(function(req, res) {
  let boy = null;
  if (req.url === '/owlman') {
    boy = new hero('owlman','40','男', ['做黑客','制造麻烦']);
  } else if (req.url === '/batman' ) {
    boy = new hero('batman', '45', '男', ['做侦探','拯救世界'])
  } else {
    boy = new hero(null,null,null,null);
  }
  const tempData = {
    name : boy.name,
    age  : boy.age,
    sex  : boy.sex,
    items: boy.items
  };
  // 调用事先编译好的渲染函数
  const strHtml = render(tempData);
  res.end(strHtml);
})
.listen(port, function(){
  console.log(`请访问 http://localhost:${port}/, 按 Ctrl+C 终止服务! `);
});
```

调用 `template.compile()`方法时，只需要传递模板文件的原始数据作为实参即可，而它会返回一个可用于渲染模板的函数对象，在这里我们将该对象命名为 `render`。然后，我们在后续操作中以一个 JSON 格式的数据对象为实参调用这个 `render()`函数就可以完成模板渲染了。这样做的好处是将模板的编译和渲染独立成了两个不同的任务。这样一来，我们就可以将模板文件的读取操作移出 `request` 事件的处理函数之外，使其不必在每次响应客户请求时都要重新读取模板文件，从而达到提高程序运行效率的目的。

同样地，出于篇幅方面的考虑，关于 art-template 模板引擎中的更多方法，这里就不再赘述了，读者可以自行查阅其官方文档。

13.5 综合练习

现在，我们可以继续用在本章学习到的知识来改进之前的“电话交换机测试”程序了。这一回该将这个完全在前端运行的程序中应该属于后端的部分迁移到服务端来处理。首先是电话簿中的数据，它应该存储在服务端，并且可被客户端的操作更新。由于我们目前尚未介绍与数据库相关的知识，所以暂时将数据存储为 JSON 文件。为了实现这一目标，我们需要先进入 `code/05_webApp/testTelephoneExchange/`这个项目的根目录（为书写方便，我们将用[项目根目录]这个符号来指代该目录）中，创建一个 `data` 目录，并在其中新建一个名为 `user.json` 的文件，然后在其中预留一些数据以便调试：

```
[
  {
    "name": "张三",
    "number": 1001
  },
  {
    "name": "李四",
    "number": 1002
  },
  {
    "name": "王五",
    "number": 1003
  }
]
```

接下来，我们要修改[项目根目录]`/public/js/`目录下的 `TelephoneExchange.js` 文件，让其能够根据 JSON 数据来构建并操作电话簿，具体代码如下：

```
// 电话交换机测试 7.0 版
// 作者：owlman

class TelephoneExchange{
  constructor(data) {
    this.map = new Map();
    this.firstNum = 1000;                // 该电话交换机的第一个未被占用的号码

    for(let item of data) {
```

```
      const number = parseInt(item.number);
      if(this.firstNum <= number) {
        this.firstNum = number;
      }
      this.map.set(number, item.name);  // 为初始名单分配电话号码
    }
  }

  add(name) {                             // 为新客户添加线路
    this.firstNum++;
    this.map.set(this.firstNum, name);
    return [this.map, this.firstNum];
  }

  delete(number) {                        // 删除线路
    this.map.delete(number);
    return this.map;
  }

  update(number, name) {                  // 修改已有线路的所属人
    if (this.map.has(number)) {
      this.map.set(number, name);
    } else {
      console.log(number + '是空号！');
    }
    return this.map;
  }

  call(number) {                          // 拨打指定线路
    const me = this;
    return new Promise(function(resolve, reject) {
      const time = Math.random()*5000;
      setTimeout(function() {
        if (me.map.has(number)) {
          let name = me.map.get(number);
          if(time > 3000) {
            console.log('呼叫超时');
            resolve(2);
          } else {
            console.log('你拨打的用户是：  ' + name);
            resolve(1);
          }
        } else {
          console.log(number + '是空号！');
          resolve(3);
```

```
      }
    }, time);
  }).then(function(status) {
      return status;
  });
}

async callAll() {
  console.log('-----开始测试系统所有线路------');
  const promises = new Array();                    // 拨打所有线路
  for(let number of this.map.keys()) {
    promises.push(this.call(number));
  }
  return await Promise.all(promises).then(function() {
    console.log('-----系统全部线路测试结束------');
  });
}
};

async function testTelephoneExchange(phoneExch) {
  await phoneExch.callAll();
  phoneExch.add('owlman');
  await phoneExch.callAll();
  phoneExch.delete(1002);
  await phoneExch.callAll();
  phoneExch.update(1003,'batman');
  await phoneExch.callAll();
}
```

我们在这次修改中做了两件事情：第一件事是修改了 TelephoneExchange 类的构造函数，使其能根据接收到的 JSON 格式的数据对象来构造电话簿对象 this.map；第二件事是让所有会修改电话簿数据的方法都返回 this.map，以便其调用者能将修改后的数据发回服务端。下面，我们继续修改 TelephoneExchange 类的调用者 testTelephoneExchange.js 文件，具体代码如下：

```
// 设置全局变量
let btns = null;
let phoneExch = null;

// 选取 HTML 元素的工具函数
function getElement(query) {
  if(typeof document.querySelector == 'function') {
    return document.querySelector(query);
  } else {
```

```
    switch(query[0]) {
      case '#':
        return document.getElementById(query.substring(1));
      case '.':
        return document.getElementsByClassName(query.substring(1))[0];
      default:
        return document.getElementsByTagName(query)[0];
    }
  }
}

// 创建异步请求对象
function createXMLHttpRequest() {
  if (window.XMLHttpRequest) { // Chrome、Firefox、Safari、IE7+ ...
    return new XMLHttpRequest();
  } else if (window.ActiveXObject) { // IE6 及更老版本的 IE 浏览器
    return new ActiveXObject("Microsoft.XMLHTTP");
  } else {
    throw new Error('你的浏览器不支持 XMLHttpRequest 对象！');
  }
}

// 用 AJAX 方法发送 GET 请求
function ajax_get(url, useData) {
  const xhr = createXMLHttpRequest();
  xhr.open('GET', url, true);
  xhr.send(null);
  xhr.onreadystatechange = function(){
    if(xhr.readyState === XMLHttpRequest.DONE) {
      if(xhr.status >= 200 && xhr.status < 300 || xhr.status == 304) {
        useData(xhr.response);
      } else {
       throw new Error('请求数据失败！');
      }
    }
  }
}

// 用 AJAX 方法发送带 JSON 数据的 POST 请求
function ajax_post(url, jsonData, useData) {
  const xhr = createXMLHttpRequest();
  xhr.open('POST', url, true);
  xhr.send(JSON.stringify(jsonData));
  xhr.onreadystatechange = function(){
    if(xhr.readyState === XMLHttpRequest.DONE) {
```

```
        if(xhr.status >= 200 && xhr.status < 300 || xhr.status == 304) {
          useData(xhr.response);
        } else {
          throw new Error('请求数据失败！');
        }
      }
    }
  }

// 设置信号灯
function addBtn(key, name) {
  const item = document.createElement('li');
  const btn = document.createElement('input');
  btn.type = 'button';
  btn.className = 'callme';
  btn.id = key;
  btn.value = name;

  btn.addEventListener('click', async function(){
    const status = await phoneExch.call(key);
    switch(status) {
      case 1:  // 拨出成功，线路正常
        this.style.backgroundColor = '#4CAF50';
        break;
      case 2:  // 拨出失败，呼叫超时
        this.style.backgroundColor = '#f44336';
        break;
      case 3:  // 拨出失败，线路丢失
        this.style.backgroundColor = '#008CBA';
        break;
    }
  }, false);

  btn.addEventListener('dblclick', function(){
    for(let i = 0; i < btns.length; ++i) {
      if (this.id === btns[i].id) {
        const item = btns[i].parentNode;
        callList.removeChild(item);
      }
    }
    const tempMap = phoneExch.delete(key);
    // 更新服务端数据
    let jsonObj = new Array();
    for(const [key, value] of tempMap) {
      jsonObj.push({
```

```
        'name': value,
        'number': key
      });
    }
    ajax_post('/data', jsonObj, null);
  }, false);

  item.appendChild(btn);
  btns.push(btn);
  callList.appendChild(item);
}

// 创建程序实例
function createPhoneExchange() {
  return new Promise(function(resolve, reject) {
    // 获取服务端数据
    ajax_get('/data', function(data) {
      const userList = JSON.parse(data);
      phoneExch = new TelephoneExchange(userList);
      resolve();
    });
  }).then(function() {
    // 开始构建界面
    btns = new Array();
    for(const [key, name] of phoneExch.map.entries()) {
      addBtn(key, name);
    }

  // 设置添加新用户功能
  const addUser = getElement('#addUser');
  addUser.addEventListener('click', function(){
    const name = prompt('请输入新用户的姓名：');
    if(name != null) {
      const [tempMap, newkey] = phoneExch.add(name);
      addBtn(newkey, name);
      // 更新服务端数据
      let jsonObj = new Array();
      for(const [key, value] of tempMap) {
        jsonObj.push({
          'name'  : value,
          'number': key
        });
      }
      ajax_post('/data', jsonObj, null);
    }
```

```
  }, false);

  // 设置测试全部线路功能
  const callAll = getElement('#callAll');
  callAll.addEventListener('click', function(){
    for(const btn of btns) {
      btn.click();
    }
    }, false);
  });
}

// 启动程序
createPhoneExchange();
```

在上述文件中，我们引入了在第 10 章中编写的 AJAX 方法。然后在程序载入时，我们调用 `ajax_get()`方法来向服务端请求电话簿中的数据，并用它构建我们的 `TelephoneExchange` 类实例。接下来，每当客户端增加或删除了电话簿中的数据时，我们都会调用 `ajax_post()`方法将其以 JSON 数据的形式同步到服务端。最后，我们只需要在`[项目根目录]/modules/tools.js` 这个服务端脚本中分别修改一下 GET 和 POST 请求的处理方法即可，具体代码如下：

```
const fs = require('fs');

// 处理 GET 请求
module.exports.getRequest = function (req, res) {
  if(req.url === '/') {
    res.writeHead(200);
    fs.readFile('./views/testTelephoneExchange.htm', function(err, data)
  {
      if (err !== null) {
        return res.writeHead(404);
      }
      res.writeHead(200);
      res.end(data);
    });
  } else if(req.url.indexOf('/public/') === 0) {
    fs.readFile('.${req.url}', function(err, data) {
      if ( err !== null ) {
        return res.writeHead(404);
      }
      res.writeHead(200);
      res.end(data);
    });
  } else if(req.url === '/data') {
```

```
    fs.readFile('./data/user.json', function(err, data) {
      if ( err !== null ) {
        return res.writeHead(404);
      }
      res.writeHead(200);
      res.end(data);
    });
  } else {
    res.writeHead(404);
    res.end('你访问的资源不存在！');
  }
};

// 处理 POST 请求
module.exports.postRequest = function (req, res) {
  if(req.url === '/data') {
    req.on('data', function(chunk){
      fs.writeFile('./data/user.json',chunk.toString(), function(err)
  {
        if ( err !== null ) {
          return res.writeHead(404);
        }
      });
    });
  } else {
    res.writeHead(404);
    res.end('你访问的资源不存在！');
  }
};
```

细心的读者可能已经发现了，我们在客户端请求电话簿数据时使用的 URL 只是 /data，而服务端在收到该 URL 之后会自行去读写[项目根目录]/data/user.json 文件。换句话说，在基于 Node.js 创建的 Web 服务器中，客户端请求的 URL 不一定非得是服务端资源的真实文件路径。这样一来，我们就可以向客户端隐藏数据在服务器上的存储细节，有利于保护数据安全。

本章小结

本章详细讨论了编写基于 Node.js 的 Web 应用程序后端的核心部分：响应客户端请求。在响应客户端请求的过程中，首先要对客户端发来的请求信息进行全面而细致的分析，这通常要借助 http.IncomingMessage 类的实例来完成，它也是 request 事件的处理函数的第一个实参。因此我们详细介绍了该类对象常用的属性和方法，以及可以注册的事件处理函数。

在分析完客户端发来的请求信息之后，下一步就是根据分析的结果构建要返回给客户端的响应数据。这一部分分别介绍了如何构建静态资源的响应数据和动态资源的响应数据。在这过程中，我们通常需要借助 `fs` 模块中的方法将服务端的本地文件读取到程序中。若是静态资源，就直接将读取出来的数据发送给客户端；若是动态资源，读取出来的数据还必须进行一些处理才能发送给客户端，这种时候，我们经常会需要借助模板引擎来构建响应数据。因此，本章也对 `fs` 模块中的常用方法和模板引擎做了介绍。

最后一步是将响应数据发送给客户端，这通常要借助 `http.ServerResponse` 类的实例来完成，它是 `request` 事件的处理函数的第二个实参，本章也对该类对象常用的属性和方法，以及可以处理事件做了详细的介绍。

同样地，在“综合练习”中我们利用本章介绍的知识进一步完善了“电话交换机测试”程序，借助这个过程具体演示了如何实现客户端与服务端之间的数据同步。在这过程中，客户端借助了第 10 章介绍的 AJAX 方法，分别向服务端发送了 `GET` 和 `POST` 请求，以读取和更新服务端的数据，而服务端则根据客户端使用的请求方法做了不同的响应。

第 14 章 实现数据存取

上一章在“电话交换机测试”程序中对数据的处理是相当简单直接的。具体来说就是，在客户端的浏览器负责向服务端发送请求并接收其返回的响应数据，然后以 JSON 格式将这些数据解析成可在浏览器中使用的 JavaScript 对象。如果该对象中的数据在客户端脚本执行过程中被修改了，浏览器还需负责将 JavaScript 对象序列化成 JSON 数据重新发送给服务端。而在服务端的 Node.js 后端程序则只需负责根据客户端的请求来决定是从磁盘文件中读取 JSON 数据并将其作为响应数据返回，还是接收客户端发来的 JSON 数据并将其写入磁盘文件。

由于电话簿数据在结构上非常简单，数据之间并没有复杂的关系，且要处理的数据总量也非常小，因此上述数据处理方式是够用的。但在实际的 Web 应用开发中，我们要处理的数据在结构上通常比这复杂得多，数据之间也存在着盘根错节的依赖关系，并且每一次操作可能都需要成千上万条数据，这时候就不可能只依靠简单地用 Node.js 的 `fs` 模块读写磁盘文件中的 JSON 数据来处理了。在这种情况下，我们就需要用一种被称为**数据库**的软件系统来专门处理数据的存取与查询。本章介绍如何在 Web 开发中使用数据库的相关知识，在阅读完本章内容之后，希望读者能：

- 了解如何在浏览器中保存一些与程序运行状态相关的数据；
- 了解如何在服务端使用 SQLite3 这样的关系型数据库；
- 了解如何在服务端使用 MongoDB 这样的非关系型数据库。

14.1 保存程序运行状态

众所周知，HTTP 在很长一段时间内都被认为是一种无状态的连接协议（在 HTTP

长连接出现之前），客户端的浏览器在正常情况下是无法保持程序的运行状态的。也就是说，在不采取任何额外措施的情况下，浏览器每一次向服务端发送的请求时都会被认为是第一次向该 Web 服务器发送请求，因为它不记得上一次向服务端发送了什么请求。而且，接收请求的 Web 服务器也不会记得该浏览器上一次访问请求了什么。但在实际的 Web 应用开发中，我们需要在浏览器中存储一些数据来维持 Web 应用程序的运行状态，例如在某个用户登录之后，我们就需要在浏览器中将该用户的登录状态维持一段时间。如果某个 Web 应用的用户刷新一下当前页面或者跳转到同一应用的另一个页面上，就会因失去登录状态而需要重新登录，那该应用在用户体验上的表现显然是无法被接受的。目前 Web 应用开发领域对这类问题的解决方案有很多，下面介绍一下最早的解决方案：Cookie。

14.1.1 Cookie

Cookie 最初是由 Lynx 这个纯文本的 Web 浏览器的原作者之一——卢·蒙特利（LouisJ.Montulli ll）为网景公司开发的，其目的就是在服务器与浏览器之间建立起某种可用于在 HTTP 的无状态连接中识别彼此的机制。从技术的角度上来说，Cookie 的设计思路是非常简单的：首先，我们需要在客户端和服务端之间约定一组用于彼此识别的参数；然后将这些参数的名称和值编码成 Cookie 所定义的格式化字符串；最后，我们就只需要让客户端与服务端相互发送数据时将该字符串写到请求数据与响应数据的头部信息中即可。换言之，Cookie 是服务端与客户端必须共同遵守的一种数据存取约定。建立该约定的基本步骤如下。

- 由 Web 服务器向浏览器发送 Cookie 数据，例如在用户登录之后发送一个相关的信号值给客户端。
- 让浏览器接收并保存来自 Web 服务器的 Cookie 数据。
- 之后浏览器在每次访问同一服务器时都会将相应的 Cookie 数据返回给该服务器。

按照 Cookie 的定义，要写入其格式化字符串的参数名与值之间应该用=连接，而各参数之间则用；分隔。例如在某个 Web 应用中，如果我们约定服务端与客户端之间识别彼此的参数是 `userid` 和 `islogin`，那么其 Cookie 格式的字符串应该是这样的：

```
userid=owlman;islogin=0
```

另外，在某些情况下，我们还会为 Cookie 设置以下这些选项。

- **`Path`**：该选项设置的是 Cookie 对应的请求路径。也就是说，如果设置了 `Path` 选项，当前的 Cookie 就只有在浏览器请求该选项指定的路径时才有效。如果不设置该选项，当前 Cookie 就对同一应用下的所有请求路径都有效。
- **`Expires`**：该选项设置的是 Cookie 的有效时间。设置 `Expires` 选项需要使用一个 UTC 格式的字符串来指定当前 Cookie 的具体到期时间。如果不设置该选项，Cookie 的有效期就到浏览器结束当前会话为止。

- **Max-Age**：该选项设置的也是 Cookie 的有效时间，但它的设置方式不是其失效的具体时间点，而是指定当前 Cookie 在多久之后失效，默认单位是秒。
- **HttpOnly**：该选项用于禁止浏览器修改当前 Cookie。也就是说，如果设置了 `HttpOnly` 选项，我们在浏览器端就不能通过 `document.cookie` 来修改当前 Cookie 了。
- **Source**：该选项用于指定当前 Cookie 只能在 HTTPS 连接中传播，目的是进一步保障安全。

所以，如果我们想将上面的示例修改为只针对/路径有效，且有效时间为一个小时的 Cookie，可以将其修改如下：

```
userid=owlman;islogin=0;Path=/;Max-Age=3600
```

和 XML、JSON 等格式的数据一样，对于 JavaScript 代码来说，Cookie 中存储的数据也只是一个普通的字符串而已。所以，为了更方便地在程序中处理这些数据，同样需要做一些解析和序列化的工作。在这里，我们将这些工作封装成了一个独立的 `cookie` 模块，以便日后重复使用，其具体实现代码如下：

```
// 将 cookie 解析成 JavaScript 对象
module.exports.parse = function(cookiesString) {
  let cookies = {};
  if(!cookiesString) {
    return cookies;
  }
  const tmpList = cookiesString.split(';');
  for(let i = 0; i < tmpList.length;++i) {
    const pair = tmpList[i].split('=');
    cookies[pair[0].trim()] = pair[1];
  }
  return cookies;
}

// 将 JavaScript 对象序列化成 cookie
module.exports.serialize = function(cookies) {
  const pair = new Array();
  for(const name in cookies) {
    pair.push('${name}=${cookies[name]}');
  }
  return pair.join(';');
}
```

接下来，为了让读者对上述步骤以及后续将要介绍的数据存取方案有一个更直观的认知，我们会通过实现一个具备最基本功能的留言板应用程序来演示如何在客户端和服务端存取数据。先从构建 Cookie 开始，在此之前我们需要在 `code/05_webApp` 目录下创建一个名为 `MessageBoard` 的目录，并在其中执行 `npm init -y` 命令将其初始化为一个 Node.js 项目目录。然后在该目录下进一步创建以下子目录。

- **public 目录**：用于存放静态资源数据，包括 CSS 样式文件、客户端脚本文件等。
- **template 目录**：用于存放动态资源数据的模板文件。
- **modules 目录**：用于存放服务端 JavaScript 脚本文件。
- **data 目录**：用于存放一些服务端使用的数据文件，例如 JSON 文件等。

这样一来，`MessageBoard` 项目的目录结构就搭建完成了。接下来构建服务器，先在[项目根目录]（即 `code/05_webApp/MessageBoard` 目录）下创建一个名为 `index.js` 的项目入口文件，并在其中编写如下代码：

```
const http = require('http');
const response = require('./modules/response');
const port = 8080;

http.createServer(function(req, res) {
  switch(req.method) {
    case 'GET':
      response.getRequest(req, res);
      break;
    case 'POST':
      response.postRequest(req, res);
      break;
  }
})
.listen(port, function(){
  console.log('请访问 http://localhost:${port}/，按 Ctrl+C 终止服务！');
});
```

这里创建的 Web 服务器与之前在“电话交换机测试”程序中创建的服务器基本相同。也就是说，服务器会根据客户端使用的请求方法来调用不同的响应方法，为降低示例的复杂程度，我们在这里只处理 `GET` 和 `POST` 两种请求。而对于客户端请求的具体响应，我们将在 `modules/response` 模块中定义其处理方法，下面让我们来编写一下这个模块。在[项目根目录]/modules/目录下创建一个名为 `response.js` 的模块文件（当然，与此同时我们也需要将之前创建的 `cookie` 模块放入[项目根目录]`/modules/`目录中，保存为 `cookie.js` 文件），并在其中编写如下代码：

```
const fs = require('fs');
```

```
const queryString = require('querystring');
const template = require('art-template');
const cookie = require('./cookie');

// 读取留言板的历史留言
function readMessage() {
  try {
    const data = fs.readFileSync('./data/message.json');
    const message = JSON.parse(data.toString());
    return message;
  } catch(err) {
    return [];
  }
}

// 更新留言板的历史留言
function writeMessage(data) {
  try {
    fs.writeFileSync('./data/message.json', data);
    return null;
  } catch(err) {
    return err;
  }
}

// 读取留言板的用户数据
function readUsers() {
  const users = new Map();
  try {
    const data = fs.readFileSync('./data/users.json');
    const tmpList = JSON.parse(data.toString());
    for(const item of tmpList) {
      users.set(item.name, item.pword);
    }
    return users;
  } catch(err) {
    return users;
  }
}

/*
    虽然以上代码中使用的是 fs 模块中同步版本的读写文件接口，但这只是为了尽量简化演示代码
    在实际开发中，出于对运行效率的考虑，使用 Promise 对象是更好的选择
*/
```

```
// 处理 GET 请求
module.exports.getRequest = function(req, res) {
  if(req.url === '/') {
   req.cookies = cookie.parse(req.headers.cookie);
   if(req.cookies.islogin) {
     fs.readFile('./template/message.art', function(err, data) {
       if(err !== null) {
         res.writeHead(404,{
           'Content-Type': 'text/html, charset=utf-8'
         });
         return res.end('找不到相关页面！');
       }
       const message = readMessage();
       const strHtml = template.render(data.toString(),{
         'data': message
       });
       res.end(strHtml);
     });
   } else {
     fs.readFile('./template/login.art', function(err, data) {
       if(err !== null) {
         res.writeHead(404, {
           'Content-Type': 'text/html, charset=utf-8'
         });
         return res.end('找不到相关页面！');
       }
       res.end(data.toString());
     });
   }
  } else if(req.url.indexOf('/public/') === 0) {
    fs.readFile('.${req.url}',function(err, data) {
      if ( err !== null ) {
        return res.writeHead(404);
      }
      res.writeHead(200);
      res.end(data);
    });
  } else {
    res.writeHead(404,{
      'Content-Type': 'text/html, charset=utf8'
    });
    res.end('你访问的资源不存在！');
  }
};
```

```
// 处理 POST 请求
module.exports.postRequest = function(req, res) {
  if(req.url === '/login'){
    let formData = "";
    req.on('data', function(chunk) {
      formData += chunk;
    });
    req.on('end', function() {
      const user = queryString.parse(formData.toString());
      const users = readUsers();
      if(users.get(user.name) === user.pword) {
        res.writeHead(302,{
          'Set-Cookie': cookie.serialize({'islogin':1}),
          'Location':'/'
        });
        res.end();
      } else {
        res.writeHead(302,{
           'Set-Cookie':cookie.serialize({'islogin':0}),
           'Locaton':'/'
        });
        res.end();
      }
    });
  } else if(req.url === '/sendMessage') {
    let formData = "";
    req.on('data', function(chunk) {
      formData += chunk;
    });
    req.on('end', function() {
      const message = readMessage();
      const tmp = queryString.parse(formData.toString());
      message.push({
        'user': tmp.name,
        'message': tmp.message
      });
      const err = writeMessage(JSON.stringify(message));
      if ( err !== null ) {
        res.writeHead(404,{
          'Content-Type': 'text/html, charset=utf-8'
        });
        return res.end('数据没能存储到服务器上！');
      }
      res.writeHead(302,{
        'Location' : '/'
```

```
      });
      res.end();
    });
  }
};
```

在上述代码中，我们首先定义了一组在服务端读写数据的工具函数。这里暂时沿用上一章的数据存取方式，即用 JSON 格式的文件来存取数据。但我们会在后面逐步将它们改成面向数据库的存取操作，所以为了届时的替换能实现，这里需要预先将这些操作封装成独立的函数。其中，`readMessage()`和 `writeMessage()`这两个方法用于读取留言板中的历史留言，而 `readUsers()`方法则用于读取有权登录该留言板的用户及其密码。

接下来，我们定义的是处理 `GET` 请求的 `getRequest()`方法，它的大部分代码都与我们之前实现过的、对 `GET` 请求的处理方法基本相同，只是当 `req.url` 为/时，代码会先读取请求数据头部信息中设置的 Cookie，并且为了方便使用，我们将其解析之后直接挂载在 `req` 对象上。然后，当 `req.cookies` 中不存在 `islogin` 这个成员，或存在该成员但其值为 0 时，服务端就返回以`[项目根目录]/template/login.art` 文件为模板的登录页面；而当 `req.cookies` 的 `islogin` 成员存在并且值为 1 时，服务端就返回以[项目根目录]`/template/message.art` 文件为模板的留言板页面。请注意，这里使用的依然是 art-template 模板引擎，所以在使用之前需要在[项目根目录]中执行 `npm install art-template --save` 命令来安装该模板引擎。下面编写 `login.art` 模板文件，具体代码如下：

```
<!DOCTYPE html>
<html lang="zh-cn">
  <head>
    <meta charset="utf-8"/>
    <title>留言板</title>
  </head>
  <body>
    <h1>请先登录你的留言板</h1>
    <form action="/login" method="POST">
    <table>
        <tr>
            <td>用户名：</td>
            <td><input type="text" name="name"></td>
        </tr>
        <tr>
            <td>密　码：</td>
            <td><input type="password" name="pword"></td>
        </tr>
```

```
          <tr>
              <td><input type="submit"></td>
              <td><input type="reset"></td>
          </tr>
      </table>
      </form>
    </body>
</html>
```

这个模板呈现的主要内容实际上就是一个常见的“用户登录”的<form>元素。该表单会接收用户输入的用户名和密码，并将它们通过 POST 方法发送给服务端，请求的 URL 是/login。根据这个表单设计，我们在[项目根目录]/modules/response.js 文件中处理 POST 请求的 postRequest()方法中做了相关的响应：当 req.url 等于/login 时，我们会监听 req 实参的 data 事件，但由于表单数据通常都不是一次性发送的，所以我们在 data 事件的处理函数中只负责将服务端接收到的表单数据收集在一个名为 formData 的字符串变量中。一旦表单数据发送完成，就会触发 req 实参上的 end 事件，我们对表单数据的具体处理会在该事件的处理函数中进行。

在 end 事件的处理函数中，我们需要先使用 Node.js 的核心模块 querystring (querystring 模块主要用于处理 GET 和 POST 请求传递的参数数据，使用方式非常简单，读者可以自行查阅 Node.js 的官方文档，我们在这里就不再展开介绍了）将 formData 变量中存储的表单参数解析成更方便处理的 JavaScript 对象。然后，我们通过 readUsers()读取当前留言板应用允许登录的用户名单，并在其中查找是否存在与表单数据相匹配的用户，如果找到了匹配用户，就将响应数据头部信息中的 Set-Cookie 项设置为 islogin=1，否则就将该项设置为 islogin=0。最后，我们只需要让客户端重定向回/路径即可。在 Node.js 中，让客户端重定向首先需要将 HTTP 状态码设置成 301 或 302，然后将响应数据头部信息中的 Location 项设置成要重定向的路径。由于设置 Cookie 和重定向操作都是通过设置头部信息来完成的，所以我们调用一次 res.writeHead()方法就可以同时完成这两项操作。

接下来，让我们继续来编写 message.art 模板文件，其具体实现代码如下：

```
<!DOCTYPE html>
<html lang="zh-CN">
  <head>
    <meta charset="utf-8">
    <title>留言板</title>
  </head>
  <body>
    <h1>留言板</h1>
    <form action="/sendMessage" method="POST">
    <table>
```

```
        <tr>
          <td>你的昵称：</td>
          <td><input type="text" name="name"></td>
        </tr>
        <tr>
          <td>留言信息：</td>
          <td><textarea name="message"></textarea></td>
        </tr>
        <tr>
          <td><input type="submit"></td>
          <td><input type="reset"></td>
        </tr>
      </table>
      </form>
      <div>
        <h2>历史留言：</h2>
        <table>
          {{ each data }}
          <tr>
            <td>{{ $value.user }} 说：</td>
            <td>{{ $value.message }} </td>
          </tr>
          {{ /each }}
        </table>
      </div>
    </body>
</html>
```

该模板的内容分为两部分，第一部分是用于发布留言的<form>元素，它负责接收用户输入的留言数据，并将它们用 POST 方法发送给服务端，请求的 URL 是/sendMessage。根据这个表单设计，我们同样在[项目根目录]/modules/response.js 文件中的 postRequest()方法中做了相关的响应。整个响应过程与对“用户登录”表单的响应大同小异，即当 req.url 等于/sendMessage 时，我们会先在 req 实参的 data 事件处理函数中收集来自客户端的表单数据，然后在 req 实参的 end 事件处理函数中将收集到的数据用 writeMessage()方法写入留言板的留言记录中，最后同样重定向回/路径。

然后，message.art 模板的第二部分就是用于显示留言板中留言记录的<table>元素。对于这部分，我们已经在之前介绍的 getRequest()方法中做了处理。具体的做法是当程序判断用户已登录时，它就去调用 readMessage()函数，以读取留言板中的留言数据，然后用它们渲染 message.art 模板，并构成响应数据返回给客户端。

从上述示例可以看出，Cookie 就是一个附带在请求数据和响应数据的头部信息中的一个字符串。我们可以通过在该字符串中设置少量的状态值，然后让客户端与服务端彼此交互时都附带这项头部信息，以此达到相互识别的效果。这就是我们解决在客户端保存应用程序状态数据的最初方案。该方案的优点如下。

- **可配置有效时间**：Cookie 既可以在浏览器结束当前会话时失效，也可以在浏览器中保留 30 天，甚至更久，这取决于客户端所允许的有效期。
- **结构简单**：Cookie 是一种基于文本的轻量级结构，基本上只是一个由若干组简单的键/值对组成的字符串。
- **数据持久性**：虽然 Cookie 的有效时间取决于我们为其配置的有效时间以及浏览器本身的一些规则，但 Cookie 通常依然是在浏览器上持续时间最长的数据保留形式。

当然，Cookie 的缺点也是显而易见的，主要存在于以下几个方面。

- **大小受到限制**：由于 Cookie 需要被放在请求数据和响应数据的头部信息中来回传输，在其中设置太多数据是会影响请求和响应速度的，所以大多数浏览器对 Cookie 的大小有一定的限制，一般都限制在 4KB 到 8KB 之间。
- **存在安全风险**：从技术上来说，用户是完全有能力在客户端修改 Cookie 的，这会带来一定的安全问题，并有可能会让一些依赖于 Cookie 的应用程序运行失败。另外，虽然 Cookie 只能被将它们发送到客户端的域访问，但事实上已经有黑客发现了从用户计算机上的其他域访问 Cookie 的方法。用户可以手动加密和解密 Cookie，但这需要进行额外的编程，并且加密和解密需要耗费一定的时间从而会影响应用程序的性能。
- **可能被用户禁用**：正是因为存在着安全风险，有些用户可能会直接选择禁用浏览器或客户端设备接收 Cookie 的能力。一旦出现这种情况，该解决方案就根本起不了作用。

14.1.2 `localStorage` 与 `sessionStorage`

为了最大限度地发挥 Cookie 的优点，并尽可能地减少其缺点给程序带来的不良影响，我们应该坚持只在 Cookie 中存储需要在客户端和服务端来回传递的状态数据。例如之前示例中使用的 `islogin`，不仅客户端需要用它来维持用户的登录状态，服务端也需要根据它的值来决定要返回的响应数据，所以它本来就需要在客户端和服务端之间来回传递，像这样的数据就应该坚持存储在 Cookie 中。但对于像用户名或用户头像这样的数据，我们有时候也希望它们能持久地保存在客户端，但它们就不适合存储在 Cookie 中了。我们想将这类数据存储在客户端的原因是它们在客户端会被频繁地使用，存储在客户端可以减少程序向服务端发送请求的次数。在这种情况下，如果我们将这类数据存储在 Cookie 中，就等于让它们在程序每次执行请求和响应操作时都要在客户端与服务端之间往返，这显然是与我们的初衷背道而驰的。

对于需要在客户端频繁使用，且出于减少请求次数的目的而希望存储在客户端的这类数据，HTML5 为我们提供了更好的解决方案，那就是使用 localStorage 与 sessionStorage 这两个对象来实现数据在客户端的持久化存储。从概念上来说，localStorage 与 sessionStorage 都属于键/值对结构的对象，它们是 HTML5 为解决在浏览器中存储一些持久性数据而定义的一组接口，目前已被大多数浏览器提供商实现为 window 对象的一个成员。换句话说，如果我们将一些数据存储到了 localStorage 对象或 sessionStorage 对象中，那么在刷新页面时，或者等待一段时间后重新打开同一页面，这些数据依然会存在于客户端。

从接口的角度来看，localStorage 与 sessionStorage 这两个对象在实现上是完全一样的，它们之间唯一的区别是数据存储的时间。也就是说，存储在 localStorage 的数据可以长期保留；而当前会话[1]结束时，或者说当前页面被关闭时，存储在 sessionStorage 的数据会被清除。所以，读者只要掌握了其中一个对象的用法，就自然会使用另一个对象了。下面是 localStorage 对象提供的属性和方法。

- **length 属性**：该属性用于返回 localStorage 对象中当前存储的键/值对个数。
- **setItem() 方法**：该方法用于将数据以键/值对的形式存储到 localStorage 对象中，它接收两个字符串类型的实参，分别用于传递要存储的键和值。
- **getItem() 方法**：该方法用于从 localStorage 对象中获取指定键名的数据，它接收一个字符串类型的实参，用于指定要查询数据的键名。
- **removeItem() 方法**：该方法用于从 localStorage 对象中移除指定键名的数据，它接收一个字符串类型的实参，用于指定要移除数据的键名。
- **clear() 方法**：该方法用于从 localStorage 对象中清除所有数据。
- **key() 方法**：该方法用于从 localStorage 对象中获取指定索引值的数据，它接收一个数字类型的实参，用于指定要查询数据的索引值。

也就是说，我们可以在任意一个 Web 应用程序的客户端脚本中增、删、改、查存储在 localStorage 对象中的数据。例如：

```
const userid = 'owlman';
if(islogin) { // 如果用户已经登录
  localStorage.setItem('userid', userid);
  console.log(localStorage.getItem('userid'));
} else {
  if(localStorage.getItem('userid') !== null) {
    localStorage.removeItem('userid');
```

1 在 Web 应用中，“会话”通常指的是用户从在浏览器中打开 Web 应用程序的首页开始，然后通过一系列的单击超链接、提交表单数据等操作读取或修改 Web 应用程序存储在服务端中的数据资源，并最终关闭浏览器或所有相关的标签页退出 Web 应用程序的整个操作过程。

```
    }
}
localStorage.clear();
```

需要注意的是，虽然 localStorage 对象中可存储的数据要比 Cookie 多得多，但大多数浏览器依然对其大小是有一定限制的，一般会被限制在 5MB 之内。所以，我们在决定将什么数据存储在客户端时需要谨慎地规划，这些数据应该是一些在客户端需要频繁使用的数据。例如，在上述留言板程序中，用户在一次会话中使用的昵称通常应该是一致的，所以我们可以在用户第一次提交留言时将其输入的昵称存储到 sessionStorage 对象中，并在程序重新回到留言页面时用存储在 sessionStorage 对象中的数据自动填充“昵称”所在的输入框。为了实现这一功能，我们需要先将[项目根目录]/template/message.art 模板文件做如下修改：

```
<!DOCTYPE html>
<html lang="zh-CN">
  <head>
    <meta charset='utf-8'>
    <script defer="defer" src="/public/script/message.js"></script>
    <title>留言板</title>
  </head>
  <body>
    <h1>留言板</h1>
    <form action="/sendMessage" method="POST" id="messageForm">
    <table>
       <tr>
         <td>你的姓名：</td>
         <td><input type="text" name="name" id="name"></td>
       </tr>
       <tr>
         <td>留言信息：</td>
         <td><textarea name="message" id="message"></textarea></td>
       </tr>
       <tr>
         <td><input type="submit"></td>
         <td><input type="reset"></td>
       </tr>
      </table>
      </form>
      <div>
        <h2>最新留言：</h2>
         <table>
          {{ each data }}
          <tr>
            <td>{{ $value.user }} 说：</td>
```

```
          <td>{{ $value.message }} </td>
        </tr>
        {{ /each }}
      </table>
    </div>
  </body>
</html>
```

我们在留言板页面中用<script>标签为其引入了一个外链的客户端脚本，并且为相关 HTML 标签设置了 id 属性，以便在客户端脚本中更方便地引用它们。接下来，在[项目根目录]/public/script/目录下创建一个名为 message.js 的客户端脚本文件，并在其中编写如下代码：

```
if(sessionStorage.getItem('userid') != null) {
  const userid = document.querySelector('#name');
  userid.value = sessionStorage.getItem('userid');
}

const messageForm = document.querySelector('#messageForm');
messageForm.onsubmit = function() {
  const userid = document.querySelector('#name');
  const message = document.querySelector('#message');
  if(userid.value == ''|| message.value == '') {
    alert('昵称或留言信息不能为空！');
    return false;
  }
  sessionStorage.setItem('userid', userid.value);
  return true;
}
```

在上述客户端脚本中，代码会在登录页面载入完成之后先判断 sessionStorage 对象中是否已经存储了键名为 userid 的数据，如果数据已经存在，就用该数据填充用于输入昵称的、id 属性值为 name 的<input>元素。接下来，我们为用于提交留言的、id 属性值为 messageForm 的<form>元素注册了 submit 事件的处理函数。该事件的处理函数主要用于在表单数据被提交给服务器之前对其进行一些处理。当 submit 事件的处理函数返回 false 时，表单就会被终止提交。例如在这里，当两个表单输入项中的任何一个的内容为空字符串时，submit 事件的处理函数就会直接在浏览器中弹出一个警告框提醒用户，并返回 false 终止表单提交。

换句话说，只有当两个表单输入项都获取到了有效的内容，submit 事件的处理函数才会将昵称部分的数据存储到 sessionStorage 对象中，并通过返回 true 来允许表单将数据提交给服务器。所以，只要用户成功提交过一次留言，他在这一次留言时所用的昵称就会被存储在 sessionStorage 对象中。然后，只要该用户是在当前会话结束之前再次回到留言页面的，他就会看到自己上次留言时所用的昵称已经被自动填充好了。

14.2 使用数据库存取数据

到目前为止，我们在服务端的数据存取操作都是通过读写 JSON 格式的文本文件来完成的。细心的读者可能已经发现了，这样存取数据存在着一个明显的问题，那就是无论我们是要查找已被存储的数据，还是要添加或删除数据，都需要先将 JSON 文件的数据全部读取到内存中，并将它们解析成普通的 JavaScript 对象才能执行相关的数据操作。而在数据处理完成之后，我们还需要将 JavaScript 对象序列化成 JSON 格式的字符串，并将其重新写入之前读取的文本文件中。显而易见，考虑到 I/O 操作会给 Web 应用程序带来的性能瓶颈，我们之前所采用的这种数据存取方案只能应付一些小规模的数据处理需求。一旦面对较大规模的数据，我们就必须要学习如何使用数据库来存取数据。

顾名思义，“数据库”就是一种可以让人们像管理物品仓库一样组织、增减以及存储数据的专用软件系统，人们通常用它来解决大规模数据的存取问题。接下来，我们将按照关系型数据库和非关系型数据库的分类方式来介绍如何在 Node.js 运行环境中使用数据库。

14.2.1 关系型数据库

关系型数据库是以关系代数和集合论为理论基础来设计的数据管理系统，诞生于 20 世纪 70 年代。在 MongoDB、Redis 这类非关系型数据库出现之前，我们在实际开发中使用的绝大部分数据库，例如企业级应用开发中常用的 Oracle、DB2，开源社区常用的 MySQL、PostgreSQL 以及嵌入式程序开发中常用的 SQLite 都属于关系型数据库。在关系型数据库中，我们通常会用表结构来存储不同的数据集，然后在这些表之间建立联系不同数据集的关系。例如在上面的留言板应用中，`users.json` 和 `message.json` 这两个文件中的数据到关系型数据库中就可以分别被存储为 `users` 和 `message` 两张表，然后我们可以在登录时使用的用户名与留言时使用的昵称之间建立起一对多的关系，即同一用户可以使用多个不同的昵称，这样两个数据之间的联系就建立起来了。接下来，我们就可以根据这两个表的结构和它们之间的关系来对数据进行增、删、改、查等操作。

通常情况下，关系型数据库中的数据操作都是通过 SQL 来完成的。SQL 是一种专用于描述关系型数据库中的表结构以及它们之间关系的语言。目前主流的关系型数据库都提供了对 SQL 的支持，并且也都各自做了相应的扩展。但是，本书的目的是希望展示如何只使用 JavaScript 这一门编程语言来完成 Web 应用程序开发中的所有任务，这里是否与绕不开的 HTML 一样，读者也必须先学会 SQL 才能继续后面内容的学习呢？答案是不必。幸运的是，即使是熟悉 SQL 的程序员，其实也不喜欢直接在 JavaScript 代码中编写 SQL 语句，因为这样做不仅极易出错，而且还会严重影响代码的可读性和可维护性，所以他们通常都会希望将执行 SQL 语句的操作封装成可重复使用的独立接口。基于这样的需求，Node.js 社区开发出了许许多多专用于操作关系型数据库的第三方程序库，这样我们就可以像调用普通 JavaScript 函数一样操作关系型数据库了。接下来，我们就以 Knex 这个具有代表性的、操作关系型数据库的第三方程序库为例来演示一下如何在 Node.js 运行环境中使用 SQLite3 数据库。

首先，我们需要在 `code/04_nodejs` 目录下创建一个名为 `useSqlite3` 的示例目录，并在其中执行 `npm init-y` 命令将其初始化为一个 Node.js 项目。接下来，我们需要继续在该项目的根目录下执行 `npm install knex --save` 命令将 Knex 库安装到当前项目中。在安装过程中，执行 `npm` 命令可以查看当前安装的 Knex 库的版本号，以及所对应的 sqlite3 程序库的版本号。因为 Knex 库是基于 sqlite3 这个程序库来实现的，所以我们还必须为该项目安装相应版本的 sqlite3 程序库。例如这里，当前安装的是 0.21.2 版本的 Knex 库，其对应的是 4.1.1 版本的 sqlite3 程序库，所以我们要执行 `npm install sqlite3@4.1.1 --save` 命令来安装它。

在以上项目配置工作完成之后，接下来就可以具体编写示例代码了。首先，我们需要在 `code/04_nodejs/useSqlite3` 目录创建一个名为 `index.js` 的文件，然后试着在其中导入 Knex 库，看看它是否已处于可用状态：

```
const knex = require('knex');
```

如果我们在该示例项目的根目录下执行 `node index.js` 命令后没有收到任何报错信息，就说明 Knex 库安装成功并处于可用状态。也就是说，我们现在可以使用 Knex 库提供的接口来操作 SQLite3 数据库了。例如，我们可以接着上面的代码这样写：

```
const sqliteDB = knex({
  client: 'sqlite3',    // 设置要连接的数据类型
  connection: {         // 设置数据库的链接参数
    filename: '../../data/sqlite3db.sqlite'
  },
  debug: true,         // 设置是否开启 debug 模式，true 表示开启
  pool:{               // 设置数据库连接池的大小，默认为{min: 2, max: 10}
    min:2,
    max:7
  }
});
```

在上面这段代码中，我们用 Knex 库创建了一个 SQLite3 数据库的连接对象。具体来说就是将 `require()` 函数返回的模块对象 `knex` 视为一个构造函数，并用它来创建

对数据库的连接。该构造函数会接收一个 JSON 格式的数据对象为实参，用于设置创建该连接对象所需要的各项参数。首先要设置的参数是 client，该参数指定的是该连接对象所要连接的是哪一种数据库，这里设置的是 sqlite3。除此之外，Knex 库也可用于连接 MySQL、PostgreSQL 等其他数据库(当然,和连接 SQLite3 数据库必须安装 sqlite3 程序库一样，如果我们想连接其他数据库，也必须要安装相应的程序库，因为 Knex 库必须依赖它们才能正常运作)。

下一个要设置的参数是 connection，该参数本身是一个 JSON 格式的数据对象，作用是指定该连接对象在实际连接数据库时所要使用的参数，因此其内容取决于我们之前在 client 参数中指定的是哪一种数据库。例如，这里要连接的是 SQLite3 数据库，这是一种文件型数据库，所以我们只需要设置一个 filename 参数，指定一下数据库文件的名称及其所在的位置即可。但如果我们要连接的是 PostgreSQL 这样的服务器型数据库，那就需要指定这个数据库所在的服务器地址，以及登录该数据库服务器所需的用户名、密码和默认的数据库名称等参数了，例如：

```
connection: {
  host : '127.0.0.1',
  user : 'owlman',
  password : 'MyPassword',
  database : 'example'
},
```

通常情况下，以上两个参数是用 Knex 库创建数据库连接对象必须设置的。除此之外，我们还可以根据要连接的数据和其他具体情况来设置一些可选参数，常见的参数如下。

- **debug 参数**：该参数是一个布尔类型的值，用于设置是否开启调试模式，默认值为 ture，表示开启。
- **pool 参数**：该参数是一个 JSON 类型的值，用于设置数据库连接池的大小，默认情况下最大为 10，最小为 2。
- **acquireConnectionTimeout 参数**：该参数是一个数字类型的值，通常应用于连接服务器型数据库，作用是设置判断连接超时的依据，单位为毫秒，默认值为 60000。也就是说，在默认情况下，如果当前连接对象在 60000 毫秒内还未连接上数据库，就会被判断为因超时而连接失败。
- **asyncStackTraces 参数**：该参数是一个布尔类型的值，用于设置是否对当前连接对象上的所有操作进行堆栈追踪，以便调试并排除错误，默认值为 false，表示关闭。由于打开堆栈追踪选项会对程序的性能产生不小的影响，所以建议只在开发/调试阶段打开它。

需要说明的是，以上只是在使用 Knex 库创建数据库连接对象时常用的参数，如果读者希望了解所有可设置的参数，需要去查阅 Knex 库的官方文档。在连接上数据库之后，就可以执行具体的数据库操作了。总体而言，Knex 库支持的数据库操作主要可分为两大类，第一类是对数据表本身及其相关数据库存储单元执行的操作。这部分的操作是通过之前所创建的链接对象的 `schema` 子对象来完成的。`schema` 对象提供的常用接口如下。

- **`hasTable()`方法**：该方法的作用是查看指定的数据表是否已经存在于数据库中。它接收两个实参：第一个实参是用于指定数据表名称的字符串；第二个实参是用于处理查看结果的回调函数。该回调函数接收一个布尔类型的实参，当被查看的数据表存在于数据库中时，该实参值为 true，反之则为 false。
- **`createTable()`方法和 `createTableIfNotExists()`方法**：这两个方法的作用都是在数据库中创建指定的数据表。它们唯一的区别是，`createTableIfNotExists()`方法会先检查指定的数据表是否已经存在于数据库中，如果已经存在，就终止后续操作。这两个方法的调用方法是一致的，它们都接收两个实参：第一个实参是用于指定数据表名称的字符串，第二个实参是用于创建数据表的回调函数。该回调函数接收一个数据表类型的实参，我们可以调用该实参的下列方法来创建表中的字段。
  - **`increments(name)`**：在数据表中创建名称为 `name` 值的自增字段。
  - **`integer(name)`**：在数据表中创建名称为 `name` 值的 `int` 类型字段。
  - **`bigInteger(name)`**：在数据表中创建名称为 `name` 值的 `bigInt` 类型字段。
  - **`text(name)`**：在数据表中创建名称为 `name` 值的文本类型字段。
  - **`string(name)`**：在数据表中创建名称为 `name` 值的字符串类型字段，默认长度为 255 个字符。
  - **`float(name)`**：在数据表中创建名称为 `name` 值的浮点数类型字段。
  - **`boolean(name)`**：在数据表中创建名称为 `name` 值的布尔类型字段。
  - **`date(name)`**：在数据表中创建名称为 `name` 值的 `date` 类型字段。
  - **`dateTime(name)`**：在数据表中创建名称为 `name` 值的 `dateTime` 类型字段。
  - **`time(name)`**：在数据表中创建名称为 `name` 值的 `time` 类型字段。
- **`renameTable()`方法**：该方法的作用是在数据库中修改指定数据表的名称。它接收两个字符串类型的实参，第一个实参用于指定数据表的现有名称，第二个实参用于指定数据表的新名称。
- **`dropTable()`方法和 `dropTableIfExists()`方法**：这两个方法的作用都是在数据库中删除指定的数据表。它们唯一的区别是，`dropTableIfNotExists()`方法会先检查指定的数据表是否存在于数据库中，如果不存在，就终止后续操作。这两个方法的调用方法是一致的，它们都接收一个字符串类型的实参，用于指定要删除数据表的名称。

- **hasColumn()方法**：该方法的作用是查看指定的数据表中是否存在指定的字段。它接收两个字符串类型的实参：第一个实参用于指定被查看的数据表；第二个实参用于指定被查看的字段。
- **alterTable()方法**：该方法的作用是修改数据库中指定数据表的结构。它接收两个实参：第一个实参是用于指定数据表名称的字符串；第二个实参是用于修改数据表的回调函数。该回调函数接收一个数据表类型的实参，实参的用法与创建数据表时的用法是一样的，我们只需要用那些数据表对象的方法重新指定表结构的组成即可。

Knex 库支持的第二类数据库操作是对数据表中存储的具体数据进行的增、删、改、查操作。这部分操作的代码编写方式与 jQuery 库的用法非常类似，是以一种链式调用的方式来进行的。我们可以直接在数据库连接对象上使用括号加字符串的方式选择要操作的数据表，例如，如果想操作数据库连接 sqliteDB 对象上的 users，就可以这样写：

```
sqliteDB('users')
```

由于这个调用返回的是一个 Promise 对象，所以我们可以根据要执行的操作直接在该调用的返回值上调用以下方法。

- **select()方法**：该方法的作用是查询数据表中指定字段中的数据。它接收一个字符串类型的实参，用于指定要查询的字段名称。如果需要列出多个字段，就在这些字段名称之间用英文逗号分隔开。如果要查询的是数据表中的所有字段，可以用英文星号来代替所有字段名称。由于该方法返回的是一个 Promise 对象，所以我们可以使用链式调用 then()方法或者 async/await 语法来处理查询结果。
- **insert()方法**：该方法的作用是将数据插入数据表中，它接收一个 JSON 格式的对象作为实参，用于指定要插入的数据。
- **update()方法**：该方法的作用是更新数据表中的数据，它接收一个 JSON 格式的对象作为实参，用于指定要更新的数据。该方法通常要搭配我们后面要介绍的 where()方法来使用。
- **delete()方法**：该方法的作用是删除数据表中的数据，调用它时不用传递实参，但通常情况下要搭配 where()方法来使用。

同样地，由于以 4 个方法返回的也是 Promise 对象，所以我们可以继续在它们的返回值上调用 where()方法，为参与操作的数据设置限定条件。where()方法设置限定条件的方式有以下 4 种。

- **使用关系操作符**：在这种方式下，where()方法会接收 3 个字符串类型的实参，其中第一个实参用于指定要限定条件的字段，第三个实参用于指定限定条件的内容，第二个实参是作用于指定被限定字段与限定条件的关系操作符，主要包括=、>、>=、<、<=5 种操作符。

- **使用键/值对**：在这种方式下，`where()`方法会接收两个实参，第一个实参用于指定要限定条件的字段，第二个实参用于指定限定条件所要匹配的值。需要注意的是，这种方式只支持等于关系的限定。也就是说，只有当第一个实参所指定的字段中的数据“等于”第二个实参的值时，条件才会被认为匹配。
- **使用 JSON 格式的对象**：在这种方式下，`where()`方法会接收一个 JSON 格式的对象，用于指定涉及多个字段的限制条件。
- **链式调用 andWhere()方法和 orWhere()方法**：对于更为复杂的数据查询条件，我们也可以通过链式调用 `andWhere()`方法和 `orWhere()`方法的方式来叠加数据操作的限定条件。这两个方法的调用方式与 `where()`方法是一样的。

下面具体演示一下如何用 Knex 库操作 SQLite3 数据库中的数据，在 `code/04_nodejs/useSqlite3/index.js` 文件中接着之前的内容编写如下代码：

```
sqliteDB.schema.hasTable('users')           // 查看数据库中是否已经存在 users 表
.then(function(exists) {
  if(exists == false) {                     // 如果 users 表不存在就创建它
    return sqliteDB.schema.createTable('users', function(table) {
      // 创建 users 表
      table.increments('uid').primary();    // 将 uid 设置为自动增长的字段，并将其设为主键
      table.string('userName');             // 将 userName 设置为字符串类型的字段
      table.string('password');             // 将 password 设置为字符串类型的字段
    });
  }
})
.then(function(){
  // 在 users 表中插入数据
  return sqliteDB('users').insert([
    {
      userName : 'owlman',
      password : '0000'
    },
    {
      username : 'batman',
      password : '1111'
    }
  ]);
})
.then(function() {
  // 查询 users 表中的所有数据
```

```
  return sqliteDB('users').select('*')
  .then(function(data) {
    console.log(data);
  });
})
.then(function() {
  // 修改 users 表中的数据
  return sqliteDB('users').update({password : '2222'})
  .where('userName', '=', 'batman')
})
.then(function() {
  // 查看 users 表中被修改过的数据
  return sqliteDB('users').select('userName')
  .where('password', '=', '2222')
  .then(function(data) {
    console.log(data);
  });
})
.then(function() {
  // 删除 users 表中符合条件的数据
  return sqliteDB('users').delete()
  .where('password', '=', '2222');
})
.then(function() {
  // 如果数据库中存在 users 表就将其删除
  return sqliteDB.schema.dropTableIfExists('users');
})
.then(function() {
  // 断开数据库连接，并销毁连接对象
  sqliteDB.destroy();
});
```

由于我们是在命令行终端中演示 Knex 库对 SQLite3 数据库操作的，所以在代码中使用了基于 `Promise` 对象的链式调用，以确保代码执行的先后顺序。在整个演示过程中，我们首先创建了一个拥有 3 个字段的数据表，然后对其中的数据进行增、删、改、查操作，最后再删除这个数据表。接下来，我们在 `code/04_nodejs/useSqlite3/` 目录下执行 `nodeindex.js` 命令，可以看到如下输出：

```
[ { sql: 'select * from sqlite_master where type = \'table\' and name = ?',
    output: [Function: output],
    bindings: [ 'users' ] } ]
[ { sql: 'create table 'users' ('uid' integer not null primary key auto increment,
'userName' varchar(255), 'password' varchar(255))',
    bindings: [] } ]
```

```
{ method: 'insert',
  options: {},
  timeout: false,
  cancelOnTimeout: false,
  bindings: [ '0000', 'owlman', '1111', 'batman' ],
  __knexQueryUid: '2d47ce80-c8c3-11ea-96e7-0b6af899ab48',
  sql: 'insert into 'users' ('password', 'userName') select ? as 'password', ? as
'userName' union all select ? as 'password', ? as 'userName'' }
{ method: 'select',
  options: {},
  timeout: false,
  cancelOnTimeout: false,
  bindings: [],
  __knexQueryUid: '2d62a980-c8c3-11ea-96e7-0b6af899ab48',
  sql: 'select * from 'users'' }
[ { uid: 1, userName: 'owlman', password: '0000' },
  { uid: 2, userName: 'batman', password: '1111' } ]
{ method: 'update',
  options: {},
  timeout: false,
  cancelOnTimeout: false,
  bindings: [ '2222', 'batman' ],
  __knexQueryUid: '2d636cd0-c8c3-11ea-96e7-0b6af899ab48',
  sql: 'update 'users' set 'password' = ? where 'userName' = ?' }
{ method: 'select',
  options: {},
  timeout: false,
  cancelOnTimeout: false,
  bindings: [ '2222' ],
  __knexQueryUid: '2d821860-c8c3-11ea-96e7-0b6af899ab48',
  sql: 'select 'userName' from 'users' where 'password' = ?' }
[ { userName: 'batman' } ]
{ method: 'del',
  options: {},
  timeout: false,
  cancelOnTimeout: false,
  bindings: [ '2222' ],
  __knexQueryUid: '2d826680-c8c3-11ea-96e7-0b6af899ab48',
  sql: 'delete from 'users' where 'password' = ?' }
[ { sql: 'drop table if exists 'users'', bindings: [] } ]
```

如果读者之前学习过 SQL 的相关知识，就可以看到在连接对象使用 debug 选项开启调试模式的情况下每一个数据库操作方法在后台所生成的 SQL 语句。这样一来，我们就可以在完全不使用 SQL 的情况下操作关系型数据库了。再强调一次，这里所介绍的只是在使用 Knex 库操作 SQLite3 数据库的常用接口，如果读者希望了解该库提供的所有接口，需要去查阅 Knex 库的官方文档。

14.2.2 非关系型数据库

非关系型数据库通常也被称为 **NoSQL 数据库**。NoSQL（Not Only SQL）数据库这一概念最早出现于 1998 年，后来逐步发展成了可以不使用 SQL 操作数据的非关系型数据库的统称。相对于传统的关系型数据库来说，NoSQL 数据库提供的是一种弱结构化的数据存取模式，通常不需要事先定义严格的数据表结构以及数据表之间的联系，它允许我们以一种更自由、更松散的方式来操作数据库中的数据。这样做的好处是让人们不再需要为了使用数据库而专门学习 SQL，并且它也提高了相关应用程序与数据库的交互效率；缺点是由于这类数据库本身对其存储数据的结构大多数都缺乏强制性的约束，因此保持数据在结构上的一致性的任务就落在了使用它开发应用程序的程序员身上。我们在选择这类数据库的时候需要谨记“能担负多大的责任才能享受多大自由”，至少在程序设计领域，享受无能力承担相应责任的自由绝对会导致一场无法挽回的灾难。

既然是关系型数据库之外的数据库的统称，那么 NoSQL 数据库必然就有不同的分类。下面简单介绍一下这些分类。

- **以键/值对形式存储的数据库**：这一类数据库主要包括 LevelDB、Redis 等，其数据存储结构是一个散列表，以键/值对的形式来存取数据，其主要优势在于使用简单，且容易部署。
- **以列结构形式存储的数据库**：这一类数据库主要包括 Cassandra、HBase 等，它通常被用来处理分布式存储的海量数据。
- **以图结构形式存储的数据库**：这一类数据库主要包括 Neo4J、OrientDB 等，与列结构的数据库以及刚性结构的 SQL 数据库相比，它具有更为灵活的存取模型，并且能很方便地扩展到多个服务器上。
- **以文档形式存储的数据库**：这一类数据库主要包括 MongoDB、CouchDB 等，其灵感来自 Lotus Notes 办公软件。它本质上是一种针对文档的版本控制系统，而其文档本身采用了某种类似于 JSON 的半结构化格式来存储数据，所以该类数据库也可以被视为以键/值对形式存储数据形式的一种升级。

在本书介绍的 Web 开发领域中，Redis 和 MongoDB 是两种较为常用的 NoSQL 数据库。正如上面所说，MongoDB 所属的数据库类型可以被视为 Redis 所属数据库类型的一种升级，所以我们接下来就以 MongoDB 为例介绍一下 NoSQL 数据库在 Node.js 运行环境中的使用。

MongoDB 不仅是一种以文档形式存储数据的数据库，同时也是一种面向对象的分布式数据库。它在 Node.js 运行环境中非常受欢迎，以至于程序员们专门发展出了一种被称为 MEAN 的 Web 开发模式。这里的 M 就指 MongoDB，另外的 E、A 和 N 分别指的是服务端开发框架 Express、客户端开发框架 Angular 以及 Node.js 运行环境本身。从技术角度上来说，MongoDB 数据库将存储数据的结构分成了 3 级，依次是数据库、数据集和以键/值对形式存储的数据。在这里，数据集是无模式的。也就是说，我们不仅在存储数据之前无须先定义数据集的存储模式，即使在数据存储的过程中也不必按照统一的格式来存储数据。当然，我们并不建议这样做，这里只是在说明 MongoDB 数据库即使对同一数据集中的数据也没有强制性的格式约束，数据在结构上的一致性需要程序员们进行自我约束。

下面演示如何将之前实现的留言板程序在服务端的数据存储方式改为 MongoDB，以此来介绍 MongoDB 在基于 Node.js 的 Web 应用开发中的具体运用。当然，在此之前得做些准备工作。首先，我们需要确保程序所在的计算机安装了 MongoDB 数据库，其在不同操作系统中的安装及配置方式可以参考 MongoDB 的官方文档。在安装完 MongoDB 数据库并启动该数据库的服务之后，我们还需要在留言板程序的[项目根目录]下执行 `npm install mongodb@2.2.33 --save` 命令来安装在 Node.js 环境中用来操作 MongoDB 数据库的第三方程序库。需要说明的是，虽然目前 mongodb 程序库的最新版本是 3.x，但最新版本对原有接口的改变太大，对旧有代码的兼容性不好，不利于我们通过阅读现有项目的源码来学习，所以这里还是坚持使用 2.x 版本来做介绍。如果读者有兴趣，可自行了解一下该程序库最新版本的用法及其带来的变化。

在完成上述准备工作之后，我们只需在相应的 Node.js 脚本代码中通过 `require()` 方法引入 `mongodb` 模块，就可以使用 MongoDB 数据库了。首先，和使用关系型数据库一样，在 Node.js 脚本中使用 MongoDB 数据库也需要先创建一个数据库连接对象，这个操作我们一般是通过调用 `mongodb` 模块中 `MongoClient` 对象的 `connect()` 方法来实现的。该方法最简单的调用方式如下：

```
const MongoClient = require('mongodb').MongoClient;
const serverName = 'mongodb://localhost:27017';
const databaseName = 'MessageBoard';
const databasePath = serverName + '/' + databaseName;

MongoClient.connect(databasePath)
.then(function(database) {
  console.log('数据库连接成功！');
  database.close();  // 关闭连接
}, function(error) {
  console.log('数据库连接失败！');
});
```

调用 `MongoClient.connect()` 方法时必须提供一个用于指定数据库路径的字符

串作为实参，该字符串有时候也被称为**数据库的连接字符串**，其中必须包含数据库服务器所使用的网络协议（即这里的 mongodb://）、数据库的服务器域名或地址（即这里的 localhost）、服务器使用的端口号（即这里的 27017）以及默认要连接的数据库（即这里的 MessageBoard）。我们很多时候还需要在连接字符串中指明在连接数据库时所要使用的用户名和密码。例如：

```
mongodb://owlman:mypassword@localhost:27017/MessageBoard
```

当然，读者在这里看到的只是 MongoClient.connect()方法最简单的调用形式。该方法还有两个可选实参。第一个可选实参是一个 JSON 数据格式的对象，可用于指定连接数据库时需要设置的一些选项，例如，我们在下面设置的是一些常用的选项：

```
MongoClient.connect(databasePath, {
    db: { w: 1, native_parser: false },
    server: {
      poolSize: 5,
      socketOpations: { connectTimeoutMS: 500 },
      auto_reconnect: true
    },
    replSet: {},
    mongos: {}
});
```

读者如果想了解所有可设置的连接选项，可以自行参考 mongodb 程序库的官方文档[1]，这里出于篇幅方面的安排，就不展开介绍了。MongoClient.connect()方法的第二个可选实参是一个回调函数，如果我们不想使用该方法返回 Promise 对象的版本，就可以通过该实参用传统的回调函数来处理连接之后的操作。例如：

```
MongoClient.connect(databasePath,{
    db: { w: 1, native_parser: false},
    server: {
      poolSize: 5,
      socketOpations: { connectTimeoutMS: 500 },
      auto_reconnect: true
    },
    replSet: {},
    mongos: {}
}, function(error, database) {
  if(err) {
    console.log('数据库连接失败！');
  }
  console.log('数据库连接成功！');
```

1 mongodb 程序库的官方文档可以在 GitHub 上找到。

```
  database.close();
});
```

和使用 SQLite3 数据库一样，在创建了数据库的连接对象之后，我们就可以在该对象上对数据库中的数据集及其中的数据执行增、删、改、查操作了。为此，`MongoClient.connect()`方法建立的数据库连接对象提供了以下常用的方法。

- **createCollection()方法**：该方法用于创建一个新的数据集，它接收一个字符串类型的实参，用于指定新建数据集的名称。
- **collection()方法**：该方法用于指定当前要操作的数据集，它接收一个字符串类型的实参，用于指定该数据集。然后，我们可以在其返回的数据集连接上执行以下操作。
  - **insert()方法**：该方法用于插入一条或多条数据，它接收一个 JSON 数据格式的对象或数组为实参，用于指定要插入的数据。
  - **insertOne()方法**：该方法是 `insert()`方法的特别版本，只用于插入单条数据，它接收一个 JSON 数据格式的对象为实参，用于指定要插入的数据。
  - **insertMany()方法**：该方法是 `insert()`方法的特别版本，只用于插入多条数据，它接收一个 JSON 数据格式的数组为实参，用于指定要插入的数据。
  - **remove()方法**：该方法用于删除指定的数据，它接收一个 JSON 数据格式的对象为实参，用于指定要删除的数据。
  - **find()方法**：该方法用于查找指定的数据，它接收一个 JSON 数据格式的对象为实参，用于指定要查找的数据。
  - **findOne()方法**：该方法是 `find()`方法的特别版本，它只返回查找到的第一条数据，它接收一个 JSON 数据格式的对象为实参，用于指定要查找的数据。
  - **update()方法**：该方法用于更新指定的数据，它接收一个 JSON 数据格式的对象或数组为实参，用于指定要更新的数据。
  - **updateMany()方法**：该方法是 `update()`方法的特别版本，专用于更新多条数据，它接收一个 JSON 数据格式的对象或数组为实参，用于指定要更新的数据。
  - **count()方法**：该方法用于返回当前数据集中符合指定条件的数据有几条，它接收一个 JSON 数据格式的对象为实参，用于指定要查找的数据。
  - **drop()方法**：该方法用于删除连接对象当前指向的数据集。

下面，我们就用这些方法来重写一下留言板程序的`[项目根目录]/modules/response.js`文件中对服务端数据存取方面的操作，具体代码如下：

```
const fs = require('fs');
const MongoClient = require('mongodb').MongoClient;
const serverName = 'mongodb://localhost:27017';
const databaseName = 'MessageBoard';
const databasePath = serverName + '/' + databaseName;
const queryString = require('querystring');
const template = require('art-template');
const cookie = require('./cookie');

// 读取留言板的历史留言
async function readMessage() {
  try {
    const database = await MongoClient.connect(databasePath);
    const message = await database.collection('message');
    return message.find().toArray();
  } catch(error) {
    return [];
  }
}

// 更新留言板的历史留言
async function writeMessage(data) {
  try {
    const database = await MongoClient.connect(databasePath);
    const message = await database.collection('message');
    await message.insertOne(data);
    return null;
  } catch(err) {
    return err;
  }
}
// 判断用户是否有权登录
async function isLogin(user) {
  try {
    const database = await MongoClient.connect(databasePath);
    const users = await database.collection('users');
    if(users.count(user) >0) {
      return true;
    } else {
      return false;
    }
  } catch(error) {
```

```
    return false;
  }
}

// 处理 GET 请求
module.exports.getRequest = function(req, res) {
  if(req.url === '/') {
    req.cookies = cookie.parse(req.headers.cookie);
    if(req.cookies.islogin) {
      fs.readFile('./template/message.art', async function(err, data) {
        if(err !== null) {
          res.writeHead(404,{
            'Content-Type':'text/html, charset=utf-8'
          });
          return res.end('找不到相关页面！');
        }
        const message = await readMessage();
        const strHtml = template.render(data.toString(), {
          'data': message
        });
        res.end(strHtml);
      });
    } else {
      fs.readFile('./template/login.art', function(err, data) {
        if(err !== null) {
          res.writeHead(404,{
            'Content-Type': 'text/html, charset=utf-8'
          });
          return res.end('找不到相关页面！');
        }
        res.end(data.toString());
      });
    }
  } else if(req.url.indexOf('/public/') === 0) {
    fs.readFile('.${req.url}', function(err, data) {
      if ( err !== null ) {
        return res.writeHead(404);
      }
      res.writeHead(200);
      res.end(data);
    });
```

```
  } else {
    res.writeHead(404, {
     'Content-Type': 'text/html, charset=utf8'
    });
    res.end('你访问的资源不存在！');
  }
};

// 处理 POST 请求
module.exports.postRequest = function(req, res) {
  if(req.url === '/login'){
    let formData = "";
    req.on('data', function(chunk) {
      formData += chunk;
    });
    req.on('end', function() {
      const user = queryString.parse(formData.toString());
      if(isLogin(user)) {  // 现在执行用户登录操作不用读取所有用户信息了
        res.writeHead(302,{
          'Set-Cookie': cookie.serialize({'islogin': 1}),
          'Location': '/'
        });
        res.end();
      } else {
        res.writeHead(302, {
          'Set-Cookie': cookie.serialize({'islogin': 0}),
          'Locaton' : '/'
        });
        res.end();
      }
    });
  } else if(req.url === '/sendMessage') {
    let formData = "";
    req.on('data', function(chunk) {
      formData += chunk;
    });
    req.on('end', async function() {
      const tmp = queryString.parse(formData.toString());
      const message = {
        user : tmp.name,
        message : tmp.message
```

```
    };
    // 现在添加留言也不必先读取之前所有的留言记录了
    const err = await writeMessage(message);
    if ( err !== null ) {
      res.writeHead(404,{
        'Content-Type': 'text/html, charset=utf-8'
      });
      return res.end('数据没能存储到服务器上！');
    }
    res.writeHead(302,{
      'Location':'/'
    });
    res.end();
  });
 }
};
```

相对于之前的实现，我们在上面代码中修改了 readMessage()和 writeMessage()这两个方法的实现，还将 readUsers()方法替换成了 isLogin()方法，并调整了调用它们的方式。正是因为改用了 MongoDB 数据库来处理服务端数据的存储方式，所以现在我们在查询现有数据或插入新数据之前不必再读取之前存储的数据了。这不仅避免了一系列字符串解析和对象序列化的操作，简化了代码，而且在很大程度上避免了一些不必要的文件读写操作，提高了操作的执行效率。另外，这里需要提醒读者的是，由于 mongodb 程序库提供的接口大多数返回的是执行异步调用的 Promise 对象，所以务必要注意 then()方法的链式调用或 async/await 语法的使用。

同样需要强调的是，这里所介绍的只是使用 mongodb 程序库操作 MongoDB 数据库的常用接口，如果读者希望了解该程序库提供的所有接口，还需要去查阅 mongodb 程序库的官方文档。

14.3 综合练习

在本章的“综合练习”中，我们将继续进一步完善之前的留言板程序，以此来巩固在本章学到的知识。细心的读者可能已经发现了，对于“留言板”程序应该有的基本功能，它目前还缺少一个用户注册的功能，只接受“owlman”这一个用户的登录显然是不够的，下面就让我们来补上这项基本功能吧。

首先，我们需要在登录界面中添加一个用户注册的链接，所以要将[项目根目录]/template/login.art 模板文件修改为如下：

```
<!DOCTYPE html>
```

```
<html lang="zh-cn">
  <head>
    <meta charset="utf-8" />
    <title>留言板</title>
  </head>
  <body>
    <h1>请先登录你的留言板</h1>
    <form action="/login" method="POST">
    <table>
        <tr>
            <td>用户名：</td>
            <td><input type="text" name="name"></td>
        </tr>
        <tr>
              <td>密 码：</td>
              <td><input type="password" name="pword"></td>
        </tr>
        <tr>
              <td><input type="submit" value="登录"></td>
              <td>
                  <input type="reset" value="重置">
                  <a href="/signup">用户注册</a>
              </td>
          </tr>
     </table>
     </form>
  </body>
</html>
```

接下来，我们要创建一个用于“用户注册”的界面，为此需要在[项目根目录]/template 目录下创建一个名为 signup.art 的模板文件，并在其中编写如下代码：

```
<!DOCTYPE html>
<html lang="zh-cn">
  <head>
    <meta charset="utf-8"/>
    <title>留言板</title>
    <script defer="defer" src="/public/script/signup.js"></script>
  </head>
  <body>
    <h1>注册新用户</h1>
    <form action="/adduser" method="POST" id="signupForm">
    <table>
        <tr>
            <td>请输入你的用户名：</td>
```

```
            <td><input type="text" name="name"></td>
        </tr>
        <tr>
            <td>请设置你的密码：</td>
            <td><input type="password" name="pword" id="pword"></td>
        </tr>
        <tr>
            <td>请重复一次密码：</td>
            <td><input type="password" name="pwordAgain" id="pwordAgain"></td>
        </tr>
        <tr>
            <td><input type="submit" value="注册"></td>
            <td>
                <input type="reset" value="重置">
                <a href="/">已注册，去登录</a>
            </td>
        </tr>
    </table>
    </form>
  </body>
</html>
```

新用户注册的界面主体部分又是一个<form>元素，所以同样地，我们需要先在客户端做些处理，减少与服务端不必要的交互。下面在[项目根目录]/public/script/目录下创建一个名为 signup.js 的客户端脚本文件，并在其中编写如下代码：

```
if(sessionStorage.getItem('newuser') != null) {
  const username = document.querySelector('#name');
  username.value = sessionStorage.getItem('newuser');
}

const signupForm = document.querySelector('#signupForm');
signupForm.onsubmit = function() {
  const username = document.querySelector('#name');
  const password = document.querySelector('#pword');
  const password2 = document.querySelector('#pwordAgain');
  if(username.value == '' || password.value == '') {
    alert('用户名和密码不能为空！');
    return false;
  } else if(password.value !== password2.value) {
    sessionStorage.setItem('newuser', username.value);
    alert('你设置的密码不一致！');
    return false;
  }
  return true;
```

```
}
```

对于用户注册界面，我们在客户端主要做了两件事：第一件事是如果用户没有输入用户名和密码就提交表单，就弹出对话框提示用户应输入用户名和密码，并终止表单的提交（通过在表单的 submit 事件的处理函数中返回 false 的方式）；第二件事是如果用户输入了用户名和密码，但两次设置的密码不一致，那就先将用户名存入 sessionStorage 对象中，以便用户即使在刷新当前页面的情况下也不必重复输入用户名（这里主要是为了复习 sessionStorage 对象和 localStorage 对象的用法），然后同样弹出对话框提示用户两次输入的密码不一致，并终止表单的提交。

现在是时候来处理服务端的事务了。首先处理 GET 请求，我们可以在[项目根目录]/module/response.js 文件中的 getRequest()方法中添加一个 else-if 分支，具体代码如下：

```
// 之前的代码不变
else if(req.url === '/signup') {
  req.cookies = cookie.parse(req.headers.cookie);
  if(req.cookies.islogin) {
    res.writeHead(302, {
     'Location' : '/'
    });
    res.end();
  } else {
    fs.readFile('./template/signup.art', function(err, data) {
      if(err !== null) {
        res.writeHead(404, {
          'Content-Type': 'text/html, charset=utf-8'
        });
        return res.end('找不到相关页面！');
      }
      res.end(data.toString());
    });
  }
}
```

在这里，我们让服务端在收到针对/signup 这个 URL 的 GET 请求时做了两件事：第一件事是在发现用户已经处于登录状态时将客户端重定向回/（这里主要是为了复习 Cooike 的用法）；第二件事是在确定用户不处于登录状态之后，就读取用户注册界面的模板文件，并将其作为 HTML 页面发送给客户端。

最后，我们来处理提交表单的 POST 请求。首先添加一个用于添加新用户的数据库处理函数，具体来说就是在 response.js 文件中添加一个 addUser()函数，并编写如下代码：

```
async function addUser(user) {
  try {
    const database = await MongoClient.connect(databasePath);
    const users = await database.collection('users');
    await users.insertOne(user);
    return null;
  } catch(err) {
    return err;
  }
}
```

该函数的实现与之前添加新留言的函数基本相同，就是一个对 MongoDB 数据库的数据进行插入的操作。接下来，我们就只需要在 `response.js` 文件的 `postRequest()` 方法中再添加一个 `else-if` 分支，处理针对`/adduser` 这个 URL 的 POST 请求即可，具体代码如下：

```
// 之前的代码不变
else if(req.url === '/adduser') {
  let formData = "";
  req.on('data', function(chunk) {
    formData += chunk;
  });
  req.on('end', async function() {
     const user = queryString.parse(formData.toString());
     const err = await addUser(user);
     if ( err !== null ) {
       res.writeHead(404,{
         'Content-Type': 'text/html, charset=utf-8'
       });
       return res.end('新用户的数据没能存储到服务器上！');
     }
     res.writeHead(302,{
       'Location':'/'
     });
    res.end();
  });
}
```

相信读者也看出来了，这部分的实现代码也与之前添加新留言的、针对`/sendMessage` 的 POST 请求处理基本相同，这里只是复习一下如何在服务端处理表单数据，并将处理结果写入数据库。至此，我们就实现了一个留言板应用程序该有的基本功能。当然了，这仅仅是该应用程序的基本功能，要想成为实际可用的应用程序，它还有很长的路要走。例如在提交新留言的时候，如果改用 AJAX 的方式来发送 POST 请求会提高程序的运行效率等，这些我们就留给读者自己来复习了。

本章小结

本章着重介绍了如何在 Web 应用程序开发中解决数据持久化存取的问题。首先介绍了客户端最古老的解决方案：Cookie。这是一种将程序执行状态存储在请求数据和响应数据的头部信息中，以便客户端与服务端在彼此交互时能以相互读取头部信息的方式来知晓程序当前某些运行状态的客户端数据持久化方案。该方案虽然具有可自由配置数据有效时间、数据结构简单易用等优点，但也有大小非常有限，以及需要不断地在客户端与服务端来回传送、安全性不佳等缺点。为了解决 Cookie 方案存在的问题，HTML5 为我们提供了新的解决方案，那就是使用 `localStorage` 与 `sessionStorage` 这两个对象在客户端持久化存取不需要在客户端与服务端之间来回传送的数据。在介绍这两种实际上互补的客户端数据持久化方案时，本章通过实现一个具有一定基本功能的留言板应用程序来为读者具体示范它们各自的使用方式及其能解决的问题。

在服务端，数据存取操作通常需要借助数据库这种专用系统来完成。如今数据库主要分为关系型数据库与非关系型数据库两大类。其中，关系型数据库具有定义严格的数据表结构及其彼此之间的关联，并且需要用一种被叫作 SQL 的专用语言来执行数据存取操作。当然，在 Node.js 运行环境中，我们也可以借助 Knex 这种封装了 SQL 操作的第三方库来操作关系型数据库。本章具体示范了如何用 Knex 库来操作 SQLite3 数据库。而非关系型数据库则没有太严格的数据结构限制，它可以用键/值对、列表结构、图结构以及文档结构等不同的形式来存取数据，也不需要通过 SQL 来操作数据，使用起来要自由很多，但这也意味着保持数据结构一致的责任落在了数据库的使用者身上，因此我们需谨记“自由即责任”。本章还通过对留言板应用程序基本功能的实现，具体示范了如何在 Node.js 运行环境中使用 MongoDB 这种具有代表性的非关系型数据库。